Wissenschaftliche Taschenbücher WTB

Texte und Studien

Der Mendelismus und die philosophischen Probleme der modernen Genetik

WTB Wissenschaftliche Taschenbücher

Eine Auswahl lieferbarer Bände:

HEINRICH ARNOLD
Physikalische Chemie der Halbleiter

JOACHIM AUTH / DIETMAR GENZOW
KLAUS H. HERRMANN
Photoelektrische Erscheinungen

HANS BANDEMER
ANDREAS BELLMANN
WOLFHART JUNG / KLAUS RICHTER
Optimale Versuchsplanung

FRANK BEICHELT
Prophylaktische Erneuerung von Systemen

JOACHIM BELLACH / PETER FRANKEN
ELKE WARMUTH / WALTER WARMUTH
Maß, Integral und bedingter Erwartungswert

WOLFRAM BRAUER
HANS-WALDEMAR STREITWOLF
Theoretische Grundlagen der Halbleiterphysik

SIEGFRIED BREHMER
Einführung in die Maßtheorie

SIEGFRIED BREHMER
Hilbert-Räume und Spektralmaße

JOHN CUNNINGHAM
Vektoren

GEORG DAUTCOURT
Relativistische Astrophysik

K. CH. DELOKAROV
Relativitätstheorie und Materialismus

WERNER DÜCK
Diskrete Optimierung

HANNELORE FISCHER
JOACHIM PIEHLER
Modellsysteme der Operationsforschung

GOTTFRIED FRITZSCHE
Grundlagen und Entwurf passiver Analogzweipole
Netzwerke I
Entwurf passiver Analogvierpole
Netzwerke II
Entwurf aktiver Analogsysteme
Netzwerke III

HERBERT GOERING
Asymptotische Methoden zur Lösung von Differentialgleichungen

HERBERT GOERING
Elementare Methoden zur Lösung von Differentialgleichungsproblemen

HELMUT HESS
Der elektrische Durchschlag in Gasen

V. I. KARPMAN
Nichtlineare Wellen in dispersiven Medien

ULRICH KAUSMANN
KLAUS LOMMATZSCH
FRANTIŠEK NOŽIČKA
Lineare parametrische Optimierung

KONRAD KREHER
Festkörperphysik

DIETER KRESS
Theoretische Grundlagen der Signal- und Informationsübertragung

DIETER LEUSCHNER
Grundbegriffe der Thermodynamik

V. S. LETOCHOW
Laserspektroskopie

DIERCK-EKKEHARD LIEBSCHER
Relativitätstheorie mit Zirkel und Lineal

WOLFGANG MEILING
Digitalrechner in der elektronischen Meßtechnik
Teil 1: Meßmethodik
Teil 2: Gerätetechnik und Anwendungen

L. I. MIROSCHNITSCHENKO
Kosmische Strahlung im interplanetaren Raum

PETER PAUFLER
GUSTAV E. R. SCHULZE
Physikalische Grundlagen mechanischer Festkörpereigenschaften
Teil I und II

ULRICH RÖSEBERG
Quantenmechanik und Philosophie

ALBRECHT ROST
Messung dielektrischer Stoffeigenschaften

J. V. SAČKOV
Wahrscheinlichkeit und Struktur

WOLFGANG SCHÄFER
Theoretische Grundlagen der Stabilität technischer Systeme

VOLKMAR SCHURICHT
Kernexplosionen für friedliche Zwecke

NORBERT SIEBER
HANS-PETER LEIDHOLD
Einführung in die Datenverarbeitung

HUBERTUS STOLZ
Supraleitung

GERHARD WUNSCH
Zellulare Systeme

Festkörperphysik
Entwicklungstendenzen und Anwendungsmöglichkeiten

Die Schöpfer der physikalischen Optik
Eine Artikelsammlung

HANS-GEORG SCHÖPF
Von Kirchhoff bis Planck

HORST MELCHER
Albert Einstein wider Vorurteile und Denkgewohnheiten

RENATE WAHSNER
Mensch und Kosmos
Die copernicanische Wende

HELMUT FRIEMEL / JOSEF BROCK
Grundlagen der Immunologie

EBERHARD HOFMANN
Funktionelle Biochemie des Menschen
Band 1 und 2

LOTHAR JÄGER
Grundlagen der Klinischen Immunologie

KARLHEINZ LOHS
DIETER MARTINETZ
Entgiftung – Mittel, Methoden und Probleme

JOACHIM NITSCHMANN
Entwicklung bei Mensch und Tier

STEPHAN SCHNITZLER
Pharmakologische Aspekte von Immunreaktionen

DIETER SPAAR
HELMUT KLEINHEMPEL
HANS JOACHIM MÜLLER
KLAUS NAUMANN
Bakteriosen der Kulturpflanzen

Eberhard Teuscher
Pharmakognosie
Teil I – III

Heinrich Bremer
Klaus-Peter Wendlandt
Heterogene Katalyse

Peter Birner
Hans-Jörg Hofmann
Cornelius Weiss
MO-theoretische Methoden in der organischen Chemie

Werner Döpke
Dynamische Aspekte der Stereochemie organischer Verbindungen

Günter Eppert
Einführung in die Schnelle Flüssigchromatographie

Gerhard Geiseler / Heinz Seidel
Die Wasserstoffbrückenbindung

Falko H. Herrmann
Martina Ch. Herrmann
Das Hämoglobin des Menschen

Helmut Hrapia
Einführung in die Chromatographie

Hans Luppa
Grundlagen der Histochemie
Teil I und II

Hasso Meinert
Fluorchemie

Dieter Onken
Antibiotika – Chemie und Anwendung

Joachim Schuppan
Theorie und Meßmethoden der Konduktometrie

Joachim Schuppan
Anwendungen der Konduktometrie

Kurt Schwabe
pH-Messung

Vorschau auf die nächsten Bände:

Klaus Budde / Helmut Bulle
Helmut Rückauf
Stöchiometrie chemisch-technologischer Prozesse

Klaus Dittrich
Atomabsorptionsspektroskopie

Ernst-Joachim Donth
Glasübergang

Gottfried Fritzsche
Zeitdiskrete und digitale Systeme
Netzwerke IV

Nina Hager
Modelle in der Physik

Martin Heinrich / Heinz Ulbricht
Mechanik der Kontinua

Karl Lanius
Physik der Elementarteilchen

Peter Paufler
Phasendiagramme

Robert Rompe
Hans-Jürgen Treder
Über die Einheit der exakten Wissenschaften

S. Sakata / M. Taketani
Philosophische und methodologische Probleme der Physik

Ernst Schmitz
Organische Zwischenprodukte

Werner Stolz
Reinhold Bernhardt
Dosimetrie ionisierender Strahlung

WTB

BAND 228

I. T. Frolow

S. A. Pastušny

Der Mendelismus und die philosophischen Probleme der modernen Genetik

Autorisierte Übersetzung
in deutscher Sprache herausgegeben von
Rolf Löther

AKADEMIE-VERLAG · BERLIN

WTB TEXTE UND STUDIEN

Herausgeber dieses Bandes:

Prof. Dr. sc. phil. Rolf Löther

Lehrstuhl Philosophie der Akademie für Ärztliche Fortbildung der DDR
Berlin

Übersetzung aus dem Russischen von

MR Dr. med. Rosemarie von Seydlitz

Institut für Sozialhygiene und Organisation des Gesundheitsschutzes
Berlin

Titel der Originalausgabe:

Менделизм и философские проблемы современной генетики

1981
Erschienen im Akademie-Verlag,
DDR-1080 Berlin, Leipziger Straße 3—4
Lektor: Christiane Grunow

Lizenznummer: 202 · 100/481/81
Herstellung: VEB Druckhaus „Maxim Gorki“, 7400 Altenburg
Bestellnummer: 761 968 7 (7228) · LSV 1324
Printed in GDR
DDR 12,50 M
ISSN 0084-0963

Vorwort

Dieses Buch wurde zuerst vor drei Jahren veröffentlicht und war dem XIV. Internationalen Kongreß für Genetik gewidmet, der im August 1978 in Moskau unter dem Motto „Die Genetik und das Wohl der Menschheit“ stattfand. Dieses Motto entspricht, wie der Generalsekretär des Kongresses, Akademiemitglied D. K. Beljaew, sagte, den Hoffnungen der Menschen der ganzen Welt und spiegelt die großen Möglichkeiten der Genetik bei der Lösung lebenswichtiger Probleme wider, vor denen gegenwärtig die Menschheit steht. Das letztere bezieht sich besonders auf die neuen Möglichkeiten der Genetik, die Menschheit mit genügend Nahrungsmitteln zu versorgen, den Schutz der Umwelt zu ermöglichen, die Menschheit von vielen erblichen Krankheiten zu befreien u. a.

Es ist, relativ gesehen, noch nicht lange her — am Ende des vorigen Jahrhunderts —, als L. N. Tolstoi in seinem Artikel „Über die Bedeutung von Wissenschaft und Kunst“ sarkastisch schrieb: „Die Botaniker fanden die Zelle und in den Zellen das Protoplasma, und im Protoplasma noch irgend etwas, und darin noch irgend etwas. Diese Beschäftigung ist offensichtlich noch lange nicht abgeschlossen, weil es für sie wahrscheinlich kein Ende gibt, und daher werden sich die Wissenschaftler nie mit dem beschäftigen, was die Menschen brauchen. Und deshalb ist auch von den Zeiten der alten Ägypter und Hebräer, als bereits Weizen und Linsen eingeführt waren, bis zu unserer Zeit keine andere Pflanze als die Kartoffel hinzugekommen, und das war kein Verdienst der Wissenschaft.“ Die Geschichte hat bewiesen, daß der große russische Schriftsteller nicht recht hatte, der, wie wir wissen, im Verhältnis zur Wissenschaft eine besondere, in vielem nihilistische, Position einnahm, weil er von den Extremen seiner Moralphilosophie ausging.

In den vergangenen Jahren hat die Genetik besonders zu einer wahren Revolution in der Züchtung und in der Medizin geführt, und den Menschen viele praktische Vorteile gebracht. Und das ist kein isolierter Fakt, sondern eine allgemeine Erscheinung, eine charakteristische Besonderheit unserer Zeit, in der man eine markante Beschleunigung des Tempos des wissenschaftlich-technischen Fortschritts beobachtet. Bekannt ist, daß sich, wie Wissenschaftswissenschaftler einschätzen, in der modernen Wissenschaft im ganzen eine Verdoppelung des Wissens im Verlaufe von 10 Jahren vollzieht, in der Biologie in 5 Jahren, und in der Genetik in 2 Jahren! Daher hat sich in den Jahren, die seit der Veröffentlichung dieses Buches vergangen sind, in der modernen Genetik selbstverständlich vieles verändert, und der Internationale Kongreß für Genetik hat das in aller Deutlichkeit gezeigt. Das bezieht sich vor allem auf die Erforschung der molekularen Mechanismen der Vererbung.

Wir wollen ein Beispiel nennen. Im Sommer 1977 berichteten gleichzeitig drei Laboratorien davon, daß die gesamte mRNS, die im letzten Stadium der Infektion mit Adenoviren transskribiert wird, einen einheitlichen Beginn des Moleküls habe (5'-Ende). In der Folgezeit wurde klar, daß diese mRNS aus einigen Abschnitten besteht, die auf der Karte des Genoms des Adenovirus auf verschiedene Stellen verteilt sind, wobei drei Abschnitte in den Bestand des 5'-Endes der gesamten mRNS eingehen (diese Sequenzen wurden als ‚leader' bezeichnet). Gleichzeitig wurde festgestellt, daß diese mRNS (das erste Produkt der Transkription) Vorläufer für die gesamte mRNS des Adenovirus ist, die als ein gigantisches Molekül erscheint (Abb. 1).

Diese Tatsache, daß im Molekül der reifen mRNS Glieder benachbart sind, die in der DNS in größeren Abständen verteilt sind, spricht dafür, daß im Prozeß der Reifung des riesigen RNS-Vorläufers nicht nur eine Zerstörung der nicht benötigten Molekularabschnitte stattfindet, sondern auch eine Wiedervereinigung von Folgegliedern, die in der DNS nicht benachbart sind — *Splicing*.

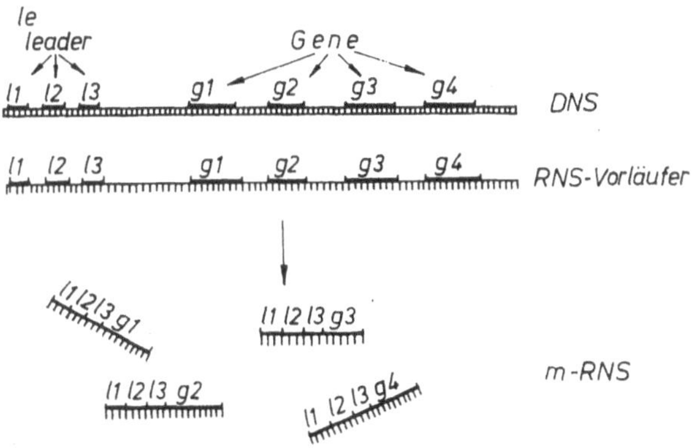

Abb. 1 Schema der Bildung von mRNS für verschiedene Gene mit Splicing beim Reifen.
Die Sequenzen des RNS-Vorläufers, die nicht mit dem leader und dem Strukturteil des Gens übereinstimmen, werden zerstört, dann aber erfolgt eine Wiedervereinigung der leader und der Gene mit Bildung reifer mRNS-Moleküle.

Während dieses Jahres wurde das Splicing nicht nur für die Virusgene, sondern auch für viele untersuchte Gene von Eukaryoten festgestellt. So erwies sich ein solches Gen, d. h. einer der aufeinanderfolgenden Abschnitte der DNS, das die Information für ein bestimmtes Eiweiß enthält, in vielen Fällen als zerstückelt. Die bedeutungstragenden Glieder wechseln sich mit nicht bedeutungstragenden ab, welche die Bezeichnung „Introne" erhielten. Die mittelbare Länge der Gene erweist sich jetzt als bedeutend größer als man früher aufgrund des Ausmaßes der zu kodierenden Eiweiße annahm.

Es wurde bei höheren Organismen, bei denen haploide Genome zusammentreffen, für die Mehrzahl der Gene festgestellt, daß die Introne der paarigen Gene unterschiedlich sind. Dabei wird vorausgesetzt, daß, je „nötiger“ eine Rekombination zwischen diesen gleichartigen Genen ist (z. B. den Genen für die Immunglobuline, bei denen eine große Frequenz der Rekombinationen wichtig ist), um so ähnlicher die Nukleotidfolgen der Introne in diesen Genen sind.

Die Dechiffrierung der Nukleotidfolgen der Introne in den Genen der Immunoglobine und verschiedener anderer Eiweiße hat auch gezeigt, daß der Beginn der Intronsequenzen (grundsätzlich 8—10 Paare) einheitlich ist. Viele Gene enthalten einige Introne. 1978 wurde nachgewiesen, daß die DNS-Sequenz einiger Eukaryoten-Viren vieldeutig ist, d. h., ein und derselbe Teil der Sequenz des RNS-Vorläufers (kein leader) kann in den Bestand verschiedener mRNS eingehen, von denen jede eine besondere Eiweißstuktur ergibt. Somit bestimmt die DNS-Sequenz nicht eindeutig das Eiweißprodukt. In vielen Fällen wird die Realisierung der Informationen der DNS durch den Prozeß der Reifung des RNS-Vorläufers bestimmt. In diesem Zusammenhang tritt die Frage auf: Was ist eigentlich das Gen?

Durch die Entdeckung des „Splicing“ scheint der Prozeß der Transkription und sein Ferment, die RNS-Polymerase, dem früher die entscheidende Bedeutung bei der Regulierung der Bildung der mRNS zugeschrieben wurde, d. h. eigentlich bei der Regulierung der Ausprägung der genetischen Informationen, jetzt bei den Eukaryoten nicht so entscheidend zu sein, obgleich es in vielen Fällen wichtig bleibt. Offensichtlich ist die Funktion der Regulierung gleichmäßiger auf alle Etappen der Realisierung der Information verteilt, als man anzunehmen geneigt war. Viele Hypothesen des Aufbaus des Operons bei höheren Organismen, welche der Regulierung im Prozeß der Transkription eine zu große Bedeutung beimaßen, haben sich als unrichtig erwiesen. Vollständig wurden frühere

Vorstellungen über die Struktur der RNS-Vorläufer bei den Eukaryoten zerstört, (dort wird ein einheitlicher Typ des Aufbaus aller RNS-Vorgänger angenommen, jetzt ist offensichtlich, daß es wenigstens einige Typen geben kann).

Wie wir sehen, gehen in den modernen Forschungen über die molekularen Mechanismen revolutionäre Veränderungen vor sich, und es ist zweifelhaft, ob sie nicht viele fundamentale Grundbegriffe der Genetik verändern — vor allem den Begriff des Gens und der Mutation. Aber das ist offenbar der normale Verlauf der Entwicklung der Erkenntnis auf Gebieten, in denen die Natur noch in vielem eine Sprache spricht, die uns unverständlich und unzugänglich ist.

Trotzdem gibt es etwas, das uns Optimismus und Hoffnung einflößt. Viele Rätsel der Natur der Vererbung und der Variabilität sind uns klar, ihre geheime Chiffre ist entschlüsselt und in die Sprache der Wissenschaft übersetzt. Der tiefe philosophische Gehalt der Gesetze der Genetik und ihrer Erkenntnis wird verständlich. Die letztere verändert sich nicht so schnell wie viele unserer konkreten Vorstellungen über die molekularen Mechanismen der Vererbung und der Variabilität. Aber vor allem davon handelt unser Buch. Der Leser darf hoffen, daß er aus ihm mehr oder weniger beständige Schlußfolgerungen erhält, und das bezieht sich u. a. auf das Kapitel VII „Humangenetik und Humanismus". Schließlich erschienen auch hier viele neue Fakten und Ideen, die zum Diskussionsgegenstand vieler internationaler Foren, vor allem des Symposiums „Der dialektische Materialismus und die moderne Wissenschaft" wurden, das im März 1978 von der Zeitschrift „Probleme des Friedens und des Sozialismus" organisiert worden war (vgl. das entsprechende Buch, das in Russisch, Deutsch und Englisch veröffentlicht wurde), aber auch auf dem XVI. Internationalen Philosophenkongreß Düsseldorf, BRD, August/September 1978.

Selbstverständlich ist nicht daran zu denken, daß hier

alles wiederholt werden soll, was auf diesen wissenschaftlichen Foren über die sozial-ethischen, humanistischen Probleme der Genetik diskutiert wurde, darunter auch von den Autoren dieser Zeilen, besonders auf solchen wichtigen und sich schnell entwickelnden Gebieten, wie es heute zweifellos das sogenannte Genetic Engineering ist. Es genügt schon, zu sagen, daß diese Problematik eine immer grundsätzlichere Bedeutung bei der Entwicklung der Genetik haben wird, besonders auf den Gebieten, die unmittelbar den Menschen berühren. Das steigert die allgemeine Bedeutung der Untersuchung der philosophischen Probleme in der Entwicklung der Genetik, denen das vorliegende Buch gewidmet ist.

Ich hoffe, daß es S. A. Pastušny und mir — wenigstens in bescheidenem Maße — gelungen ist, alles das in unserem Buche darzulegen. Übrigens ist es nicht unsere Sache, das zu beurteilen.

I. T. Frolow
korr. Mitglied der Akademie der Wissenschaften der UdSSR

Prag, Februar 1979

Vorwort des Herausgebers

Das Profil der Biologie des 20. Jahrhunderts wird wohl von keiner anderen ihrer Teilwissenschaften so maßgeblich geprägt wie von der Genetik. Sie wurde 1865 von Gregor MENDEL begründet. Ihre Entwicklung setzte mit der Wiederentdeckung der MENDELschen Vererbungsgesetze im Jahre 1900 ein. Gen- und Chromosomentheorie der Vererbung, Populationsgenetik, Molekulargenetik und Technologie des „genetic engineering“ gehören zu ihren grundlegenden Errungenschaften. Aus der Verbindung von Genetik und Darwinismus erwuchs die moderne biologische Theorie der Evolution. Die molekularbiologische Aufarbeitung des Weges vom Genotypus zum Phänotypus, einschließlich des Verhaltens, führt zur fundamentalen Erklärung der Individualentwicklung der vielzelligen Organismen. In Landwirtschaft und Industrie ist die Genetik als Produktivkraft wirksam, in der Medizin dient sie dazu, menschliche Gesundheit, Leistungsfähigkeit und Lebensfreude zu erhalten, zu fördern und wiederherzustellen.

Die Entwicklung der Genetik ist in vielfältiger Weise mit einzelwissenschaftlichen, philosophischen und ideologischen Auseinandersetzungen verbunden. Den Erkenntnissen der Genetik konnte nur im Kampf gegen vorwissenschaftliche Vorstellungen von der Vererbung und erblichen Veränderung, die sich vor allem um den jahrtausendealten Glauben an eine „Vererbung erworbener Eigenschaften“ rankten, Anerkennung verschafft werden. Dieser Glauben besitzt auch heute noch Anhänger. Darunter befinden sich sogar einzelne Biologen, die in formaler Anpassung an die Molekulargenetik eine gerichtete Informationsübertragung von Proteinen auf Nukleinsäuren postulieren. Der genetischen Forschung und der Anwendung des von ihr erarbeiteten genetischen Wissens sind mannigfaltige und schwierige weltanschauliche, erkenntnistheoretisch-methodologische, sozialphilosophische und moralisch-ethische Probleme immanent, zu denen von unterschiedlichen Standpunkten aus und mit widersprüchlichen Ergebnissen Stellung genommen wird. Die Auseinandersetzungen in der Genetik und über sie münden früher oder später in den vielschichtigen Kampf zwischen der bürgerlich-kapitalistischen Weltanschauung und der wissenschaftlichen Weltanschauung der Arbeiterklasse und des Sozialismus ein.

Die vorliegende Schrift ist eine vorzügliche Einführung in das verwickelte Gebiet philosophischer Aspekte der Genetik und ihrer Geschichte aus der Sicht des dialektischen und historischen Materialismus. In Verbindung mit der Analyse und Wertung des philosophischen Gehaltes der Leistungen MENDELS und des Mendelismus werden in ihr die hauptsächlichen philosophischen Probleme erörtert, die mit der Entwicklung der Genetik bis in die jüngste Zeit verbunden sind. Zugleich ist die Schrift eine Grundlage für die weitere Ausarbeitung der philosophischen Probleme der Genetik und ihrer Geschichte und ein wertvoller Beitrag zur Geschichtsschreibung der Genetik, in die die philosophischen Probleme der Genetik unabdingbar hineingehören. I. T. FROLOW und S. A. PASTUŠNY skizzieren die Konturen wissenschaftsgeschichtlicher Vorgänge, die bei weitem noch nicht so gründlich aufgehellt sind, wie es die relativ weit fortgeschrittene MENDEL-Forschung, deren Ergebnisse von den Autoren umfassend genutzt wurden, für die Entstehung der Genetik bereits erreicht hat.

Die Geschichte der Genetik seit 1900 ist weitgehend erst noch zu schreiben. FROLOW und PASTUŠNY legen einen wichtigen und zur Weiterarbeit anregenden Beitrag zu einer wesentlichen Seite dieser Geschichte vor. Doch bedarf es noch vielfältiger weiterer ins Detail gehender Untersuchungen biografischen, problemgeschichtlichen u. a. Charakters, um das entworfene Gesamtbild der Entwicklung der Genetik und ihrer philosophischen Probleme zu präzisieren und voll auszuführen. In dieser Hinsicht geben die Autoren eine wohlbegründete treffliche Orientierung für die Gesamtauffassung der Geschichte der Genetik als eines dialektischen Prozesses der Wahrheitsfindung, der in der fortschreitenden ideellen Widerspiegelung objektiver Naturdialektik und der Entwicklung des dafür benötigten methodologischen Rüstzeugs besteht.

Mit dem Aufdecken dieses roten Fadens in der Geschichte der Wissenschaft von der Vererbung und erblichen Variabilität widerlegen die Autoren faktisch auch die antimarxistische und antisowjetische Behauptung von einer Unvereinbarkeit von Genetik und dialektischem Materialismus, die den gegen die Genetik gerichteten linksdoktrinären Antiscientismus T. D. LYSSENKOS und seiner Anhänger ausnutzt. Aus den konstruktiven Darlegungen von FROLOW und PASTUŠNY geht überzeugend hervor, wie wenig diese pseudowissenschaftliche Sekte, die unter besonderen historischen Umständen Genetik und dialektischen Materialismus zu verunstalten vermochte und deren verderblicher Einfluß im Vollzug gesellschaftlicher Erfordernisse von Wissenschaft und Praxis durch marxistische Naturwissenschaftler und Philosophen, sowjetische Kommunisten, überwunden wurde, mit den wesentlichen und notwendigen Beziehungen von Naturwissenschaft, Philosophie und Politik in der sozialistischen Gesellschaft zu tun hat. Dieser Sachverhalt wird augenfällig bezeugt durch die hervorragenden vorwärtsführenden Leistungen der sowjetischen Genetikerschule in den 20er und 30er Jahren und den daran anknüpfenden Aufschwung der genetischen Forschung, mit dem die sowjetische Genetik heute wieder einen führenden Platz in der Weltwissenschaft errungen hat. Die Schwäche der antikommunistischen Verleumder wird nicht zuletzt darin offenbar, daß sie genötigt sind, immer wieder auf jene überholten Erscheinungen zurückzugreifen.

Frolow und Pastušny stellen nicht nur antikommunistischen Ladenhütern die historische und theoretische Wahrheit über den inneren Zusammenhang von Genetik und dialektischem Materialismus entgegen. Sie setzen sich auch streitbar mit idealistischen und metaphysischen Fehldeutungen genetischer Erkenntnisse und in der bürgerlichen Ideologie verwurzelten reaktionären sozialphilosophischen und ethischen Schlußfolgerungen aus der Genetik und für ihre Anwendung beim Menschen auseinander. Dabei bleiben sie nicht bei der Kritik solcher Auffassungen auf der Grundlage des gesicherten Wissens stehen, sondern legen darüber hinaus ihre Ansichten zu im aktuellen wissenschaftlichen Meinungsstreit befindlichen Fragen als Beitrag im Ringen um fundierte Problemlösungen dar, sei es zur dialektischen Determiniertheit der Mutabilität oder im Konnex von Humangenetik und sozialistischem Humanismus. Da reizt auch manches zum Widerspruch. Ich halte z. B. nichts von biologisch-sozialen Maßnahmen, die auf eine völlige Gleichheit der biologischen Möglichkeiten und Fähigkeiten der Menschen abzielen, aber sehr viel von solchen Maßnahmen, die zur Optimierung des Gesundheitszustandes der Menschen führen, und meine, daß das sehr verschiedene Angelegenheiten sind (vgl. S. 241).

Allerdings sehe ich darin, daß das Buch auch frag- und diskussionswürdige Thesen enthält, keinen Mangel, sondern einen seiner Vorzüge. Schließlich haben Frolow und Pastušny kein Lehrbuch geschrieben, sondern wenden sich an Leser, die über das genetische und philosophische Lehrbuchwissen verfügen und damit vertraut sind, daß die wissenschaftliche Erkenntnis ein Prozeß ist und die Diskussion ein Mittel, um ihn voranzutreiben.

Fredersdorf, den 17. März 1979

Rolf Löther

Inhalt

Kapitel I.

Mendel — der Begründer der modernen Genetik

Wenn man sich den Ursprüngen der modernen Genetik, Mendel und dem Mendelismus, zuwendet, muß man besonders ein in methodologischer Hinsicht sehr wichtiges Moment hervorheben, das gewissermaßen der Schlüssel ist, um die Orientierung der philosophischen Forschung für die verschiedenen Etappen der Geschichte der Genetik zu verstehen. Vor allem geht es darum, wie man die Geschichte der Genetik behandelt, speziell die qualitativen Unterschiede, die zwischen ihren einzelnen Etappen bestehen (z. B. zwischen dem Mendelismus und der modernen Genetik). Es versteht sich von selbst, daß über die Tatsache dieser Unterschiede kein Zweifel bestehen kann, aber er darf nicht verabsolutiert werden. Tendenzen zur Verabsolutierung dieses Unterschiedes zwischen den einzelnen Etappen gibt es, und sie werden nicht nur bei Versuchen, sie gegeneinander auszuspielen, hervorgebracht, sondern auch dabei, zwischen ihnen durch eine philosophische, methodologische Grenze eine „chinesische Mauer" zu ziehen.

Gegen diese Versuche treten mit Recht viele Wissenschaftler auf, welche die Einheit, die logische Verbindung, zwischen der klassischen und modernen Etappe der Genetik betonen, die Tatsache, daß „die modernen Vorstellungen der molekularen Genetik den ‚klassischen Vorstellungen' nicht nur nicht unerwartet und widersprüchlich entgegenstehen, sondern daß sie durch diese vorbereitet wurden und das Ergebnis ihrer natürlichen Entwicklung sind".[1]) Den Gedanken vom ununterbrochenen Zusammenhang, von der äußerst großen „Dauerhaftigkeit" besonders der Lehre Mendels, der von ihm entdeckten Gesetze, hat der bedeutende sowjetische Genetiker B. L. ASTAUROW ständig betont.[2])

Die Mendelschen Gesetze und die grundlegenden Errungenschaften des frühen Mendelismus sowie der Lehre von den Mutationen gingen als organischer und integrierter Bestandteil in die Grundlagen der Chromosomentheorie der Vererbung ein, und diese bildete ihrerseits die Grundlage der modernen Genetik. Wie S. A. ALICHANJAN betonte, „ist die moderne molekulare Genetik die logische Entwicklung der Chromosomentheorie und der Gentheorie der Vererbung, die in der ersten Hälfte unseres Jahrhunderts erarbeitet wurden. Die Molekulargenetik hob die Prinzipien, die durch MENDEL und MORGAN entwickelt wurden, auf ein höheres Niveau, stellte eine Verbindung zwischen genetischen Prozessen und Begriffen der Chemie und Physik her und konkretisierte viele abstrakte Kategorien“[3]).

Daß die Vorstellungen, die Molekularbiologie sei ohne Zusammenhang mit der vorhergehenden Entwicklung der Genetik entstanden, falsch sind, wurde ebenfalls von S. A. ALICHANJAN in dem Vorwort zu der russischen Ausgabe des Buches von Arnold W. RAVIN „The Evolution of Genetics“ hervorgehoben, wo dieses Problem sehr eingehend behandelt wird. RAVIN beschäftigt sich nicht mit den extrem absurden Formen, die Molekulargenetik der klassischen Genetik gegenüberzustellen, die sogar das Vorhandensein einer Verbindung zwischen ihnen negieren, aber um diese Verbindung geht es in diesem Buch. Sein Autor hält es für eine falsche Vorstellung, „daß die Molekulargenetik — auf sie bezieht er sich vor allem — plötzlich in ihrer heutigen Form als vollkommen formierte Wissenschaft erschienen sei (gleichsam wie Pallas Athene aus dem Haupt des Zeus) und ihr Entstehen nicht so sehr der vorhergehenden Entwicklung wie dem Forschergeist und der Genialität der modernen Vertreter dieser Wissenschaft verdanke.“[4]) Und weiter: „... wie zu erwarten ist, hat die klassische Periode der Genetik, die sich auf die Erfahrungen der normalen Entwicklung anderer Wissenschaften aufbaute, den Boden für die moderne Entwicklung vorbereitet. Wenn wir über die Geschichte der Wissenschaft sprechen, verstehen wir unter den Worten ‚den Boden' vorbereiten, zu einem bestimmten Kreis von Fragen kommen. Dank der historischen Perspektive können wir leicht erkennen, daß die klassische Genetik gerade das getan hat. Es ist auch klar, daß man für die Lösung der Fragen, welche der klassischen Genetik gestellt waren, spezielle Methoden und, was besonders wichtig ist, geeignete Objekte brauchte."[5])

So hat die historische Entwicklung der Genetik bei allen Unterschieden ihrer einzelnen Etappen Züge der Beständigkeit, der logischen Folgerichtigkeit bei der Herausbildung ihrer grundlegenden Ideen und der Konzeptionen für die Theorien der Vererbung und der Variabilität bewiesen. Gleichzeitig wäre es nach unserer Meinung falsch, wenn man diese beständige Verbindung nur als geradlinig betrachten, und dabei nicht nur die Zick-Zack-Linien, sondern auch die „Sackgassen" in der Entwicklung des genetischen Denkens ignorieren würde, und dabei die sehr komplizierten Prozesse des philosophischen Suchens und Verallgemeinerns, die im Verlaufe dieser Entwicklung stattfanden, vereinfachen würde. Das ergäbe ein entstelltes Bild. Aus dem Zentrum des Gesichtsfeldes würden die inneren Widersprüche verschwinden, welche die objektive Grundlage der Entwicklung der Genetik darstellen. Das Ergebnis könnte nur eine höchst subjektivistische Behandlung der Geschichte der Genetik sein, deren Mittelpunkt Faktoren wären, die über den Rahmen der Wissenschaft hinausgingen.

Wenn man die Kontinuität in der Entwicklung der Genetik und das Wesen ihrer ersten historischen Etappe (des Mendelismus) darlegen will, ist es notwendig, sich zuerst der hervorragenden Persönlichkeit ihres Begründers Gregor Johann Mendel (1822—1884) zuzuwenden. Die Ergebnisse seiner wissenschaftlichen Tätigkeit zeigten einen wahrhaft revolutionären Einfluß auf die folgende Entwicklung der Biologie. So stehen nach Meinung von

N. P. DUBININ die Entdeckungen MENDELS — wenn man beachtet, wie tief sie die Prinzipien der Naturerkenntnis verändert haben — in einer Reihe mit so hervorragenden Ereignissen des 19. Jahrhunderts, wie der Begründung der Theorie von der Erhaltung der Energie (S. CARNOT 1824), der Theorie des Aufbaus der Stoffe aus Atomen (J. DALTON 1827), der Theorie des Aufbaus der Organismen aus Zellen (Th. SCHWANN, M. SCHLEIDEN 1837, 1838), der Theorie der Evolution durch natürliche Auslese (Ch. DARWIN 1859) und dem periodischen System der chemischen Elemente (D. I. MENDELEJEW 1869).[6])

S. I. ALICHANJAN weist direkt daraufhin, daß „die modernen genetischen Konzeptionen in ihren Ursprüngen mit dem Namen MENDEL verbunden sind. Die Wissenschaft durchlebte noch ihre Jugendperiode der Naturerkenntnis, sie war noch sehr weit vom Atomzeitalter entfernt, von den Halbleitern, den Datenverarbeitungsanlagen, der phantastisch verkürzten Lösungszeit für komplizierte physikalisch-mathematische Aufgaben. Noch gab es die Phlogistontheorie, aber die Menschheit besaß schon den genialen MENDEL.“[7]) MENDEL brachte der Wissenschaft eine äußerst hohe und ehrerbietige Einschätzung entgegen. Vor allem sein wissenschaftliches Erbe führte nicht nur zum Entstehen einer neuen Wissenschaft, sondern bildet auch bis in die Gegenwart das Fundament dieser Wissenschaft. Tatsächlich hat nach DARWIN vielleicht MENDEL den stärksten Anstoß für die Entwicklung der biologischen Erkenntnis in einer Richtung gegeben, die heute mit der am stürmischsten voranschreitenden und zukunftsreichsten Wissenschaft, der Genetik verbunden ist, in der sich die fundamentalen „Kraftlinien“ der modernen Biologie und des ganzen Komplexes der damit zusammenhängenden Wissenschaften schneiden.

Kompliziert, vielgestaltig und widersprüchlich ist die Literatur über MENDEL als Klassiker und Begründer der Genetik.[8]) Jedoch gibt es trotz des Überflusses an Literatur[9]) noch viele „weiße Flecken“ in der Karte der

Entdeckungen MENDELS. Wie A. E. GAJSINOWIČ betonte, ist MENDELS Entdeckung der Gesetzmäßigkeiten der Vererbung aus dem Jahre 1865 eines der rätselhaften Phänomene in der Geschichte der Wissenschaft. Bis jetzt sind die Historiker der Wissenschaft geteilter Meinung über die wahren Gründe, die es dem unbekannten Mönch und Autodidakten ermöglichten, in der Stille des Klostergartens Versuche zur Kreuzung von Pflanzen durchzuführen, die zu seiner genialen Entdeckung der Gesetzmäßigkeiten der Vererbung führten. Noch erstaunlicher erscheint das Unverständnis und das Vergessen, das die Ergebnisse MENDELS 35 Jahre lang umgab. Erst im Jahre 1900 wurden sie verstanden und bestätigt, und das führte zu der stürmischen Entwicklung einer neuen Wissenschaft, der Genetik.[10])

Unter Berücksichtigung der Kompliziertheit dieser Frage und ohne die Möglichkeit, sich schärfer auf sie zu konzentrieren (wobei der geringe Umfang des Buches und der etwas andere Kreis der gestellten Aufgaben ein Hindernis waren), sahen sich die Autoren genötigt, die Aufmerksamkeit vor allem den wichtigsten Hindernissen, den ungünstigen Momenten im Leben MENDELS zu schenken, die einen dominierenden Einfluß auf die Entwicklung seiner wissenschaftlichen Ansichten ausübten.[11])

Um dem Leser eine richtige Vorstellung von dem Milieu zu geben, in dem sich die Persönlichkeit MENDELS entwickelte, ist es notwendig, eine kurze Charakteristik seines Lehrers in der Elementarschule, J. SCHREIBER, anzuführen. Durch seine Tätigkeit in der Landwirtschaft förderte er die Entwicklung des örtlichen Obstbaus und propagierte unter den Bauern die neuesten Züchtungsmethoden.[12]) Wie L. MARVANOVA[13]) und V. OREL[14]) erwähnen, war SCHREIBER ein gebildeter und liberaler Geistlicher. Als er zuvor in Kunewald in der von der Gräfin Walpurga TRUCHSESS-ZEIL-WALDBURG gegründeten Privatschule arbeitete, hatte er dem Unterricht in den Grundlagen der Naturwissenschaften große Bedeutung beigemessen, weil es ohne sie unmöglich war, ein guter

Arbeiter in der Landwirtschaft zu werden. Aber bald wurde bei einer Inspektion „die Schule in Kunewald des äußersten Liberalismus beschuldigt und im Jahre 1814 geschlossen. J. SCHREIBER galt als der Haupturheber des liberalen Übels.“[15])

Während MENDEL das Gymnasium absolvierte, geriet er in äußerst schwierige materielle Umstände. Anfänglich war es seinen Eltern möglich, ihn zu unterstützen. Jedoch fehlten ihnen nach einem Unfall des Vaters diese Möglichkeiten. Später, im Jahre 1850, schreibt MENDEL in seiner Autobiographie, daß er, „der ehrfurchtsvoll Gefertigte, damals erst 16 Jahre alt, dadurch in die traurige Lage kam, ganz allein für seine Erhaltung sorgen zu müßen. Er besuchte deßhalb den Lehrkurs für ‚Schulkandidaten und Privatlehrer‘ an der Kreis-Hauptschule in Troppau, und da er nach abgelegter Prüfung in dem Befähigungszeugniße bestens empfohlen wurde, gelang es ihm, während der Humanitätsstudien durch Privatunterricht doch soviel zu erwerben, daß er nothdürftig leben konnte.“[16])

Nur mit äußerster Anspannung seiner Kräfte konnte MENDEL, der sich zugleich sein tägliches Brot erarbeitete, einer der besten Schüler des Gymnasiums bleiben. Aber das ging nicht spurlos an seiner Gesundheit vorüber. Er erkrankte durch die Überanstrengung schwer und war genötigt, im Frühjahr 1839 nach Hause zurückzukehren. Er brauchte etwa ein halbes Jahr, um sich wieder zu erholen. Nachdem er sich gekräftigt hatte, kehrte er in das Gymnasium zurück und beendete es 1840 als 18-jähriger junger Mann. Jedoch vermittelte das Troppauer Gymnasium im Unterschied zu den klassischen nicht die volle Oberschulbildung, daher war er nur Absolvent der sechsten Gymnasialklasse. Die zwei obersten Klassen fehlten ihm. Aber MENDEL wollte unbedingt Lehrer werden und mußte daher noch einen „philosophischen Kurs“ besuchen. Er absolvierte ihn an der Universität Olmütz. Solche Kurse waren für die Absolventen von Provinzschulen mit nicht abgeschlossener humanistischer Gymnasialbildung bestimmt.

Es ist interessant, das Programm der „philosophischen Klassen“ kennenzulernen. Die Hälfte der Lehrgegenstände bestand aus theologischen Disziplinen. Hier vermittelte man die katholische Morallehre (Ethik), „theoretische Philosophie“ und „praktische Philosophie“ als Elemente der religiösen Weltanschauung des Katholizismus. Außerdem waren in diesem Programm neben humanistischen und philosophischen Wissenschaften auch eine Einführung in die Mathematik und die Physik vorgesehen, was MENDEL besonders begeisterte. Charakteristisch für die „philosophischen Klassen“ war der Umstand, daß ein großer Teil der Lehrer Geistliche waren. Das besonders erwies sich als wesentlicher Einfluß auf das weitere Schicksal MENDELS. Wir wollen jedoch nicht vorauseilen. Johann verstand, daß für die Fortsetzung des Lernens die Beseitigung der materiellen Schwierigkeiten notwendig war. „Es war seine erste Sorge“, schrieb er, „sich die nöthigen Mittel zur Fortsetzung seiner Studien zu sichern. Er machte deßhalb in Olmütz wiederholte Versuche, seine Dienste als Privatlehrer anzubieten, aber alle seine Bemühungen blieben bei dem Mangel an Freunden und Empfehlungen erfolglos.“[17]) Die ständige Unterernährung und die außergewöhnliche Belastung taten ihre Wirkung. Er erkrankte wieder ernstlich und war genötigt, die Schule zu verlassen.

Und obwohl er 1843 den philosophischen Kurs beendete und sich weiter der Wissenschaft widmete, konnte MENDEL nicht daran denken, sich an einer Universität immatrikulieren zu lassen; dazu fehlten ihm die Mittel. Vielleicht wäre er Lehrer geworden oder Beamter, wenn sich ihm eine freie Stelle geboten hätte, doch blieb ihm nur eine Möglichkeit, „sich von den bitteren Nahrungssorgen zu befreien“. Er mußte Geistlicher werden. Nebenbei gesagt, es war die Hauptaufgabe des philosophischen Kurses, zukünftige Geistliche auf ihre Berufsausbildung vorzubereiten. Einen starken Einfluß auf MENDELS Wahl seines weiteren Lebensweges übte seine Mutter aus. Sie war, wie MENDELS Neffe Alois SCHINDLER bezeugte, sehr fromm und wünschte, daß ihr Sohn Geistlicher werden solle, besonders weil dann seine gesellschaftliche Stellung vollkommen gesichert war. So diktierte die sich immer schwieriger gestaltende Situation nur einen Ausweg: ins Kloster zu gehen. Dieses Ereignis findet in MENDELS Autobiographie folgende Widerspiegelung: „Seine Verhältniße entschieden seine Standeswahl. Er verlangte und erhielt im Jahre 1843 die Aufnahme in das Augustiner-Stift St. Thomas in Altbrünn."[18])

Der Gerechtigkeit halber muß erwähnt werden, daß die oben zitierten Worte in der Literatur durch verschiedene Biographen unterschiedlich kommentiert wurden. Die einen betrachten diese Entscheidung als das Ergebnis einer folgerichtigen Entwicklung der tiefen und aufrichtigen Religiosität MENDELS, die ihm von Kindheit an zu eigen war.[19] Die Vertreter dieses Standpunktes konnten jedoch zur Bestätigung keine überzeugenden Argumente anführen oder sich auf einen direkten Beweis berufen. Andere — und das sind die meisten — betrachteten den Eintritt in das Kloster als den Versuch, die materiellen Schwierigkeiten zu überwinden und gleichzeitig nicht der Wissenschaft zu entsagen.

Tatsächlich wurde in vielen katholischen Klöstern dieser Zeit eine Beschäftigung mit der Wissenschaft nicht nur nicht unterdrückt, sondern es wurde sogar dazu ermuntert. Das Kloster des Heiligen Thomas in Brünn bildete keine Ausnahme. Fast alle Mitglieder des Kapitels interessierten sich für Naturwissenschaften, Ethik, Kunst, Politik. Der Abt des Klosters, Franz Cyril NAPP, war bekannt als Spezialist auf dem Gebiet der Linguistik des Orients (Grammatik der arabischen und armenischen Sprache). Er beschäftigte sich sehr viel mit administrativer Arbeit und nahm intensiv am gesellschaftlichen Leben teil.

Besonders bemerkenswert war seine Rolle als Organisator der Wissenschaft. Als Vorsitzender der Mährisch-Schlesischen Gesellschaft zur Beförderung des Ackerbaues, der Natur- und Landeskunde, schuf NAPP 1850 eine selbständige naturwissenschaftliche Sektion, die 1862 zum Brünner Naturforschenden Verein wurde, in dem MENDEL 1865 mit seinem bekannten Vortrag „Versuche über Pflanzen-Hybriden" auftrat. NAPP war einer der Hauptorganisatoren der 4. Versammlung der Deutschen Land- und Forstwirtschaftler 1840.

Die Tatsache, daß Brünn als Ort für die Durchführung des Kongresses gewählt wurde, spricht für ein außerordentlich hohes Niveau der Landwirtschaft und Wissenschaft in Schlesien und Mähren zu dieser Zeit. Das ist in den Arbeiten des vorangegangenen 3. Kongresses der deutschen Land- und Forstwirte (Potsdam 1839) direkt belegt: „Brünn ist die Hauptstadt einer Provinz, deren Landwirtschaft sich in dem für unsere Zwecke entsprechenden Zustande befindet und die mannigfache und reichste Belehrung gewährt."[20]

Auf dem Kongreß wurden aktuelle praktische Fragen der Landwirtschaft behandelt, z. B. die Möglichkeiten der Züchtung neuer Sorten von Obstbäumen. Die Aufmerksamkeit der Teilnehmer galt den Methoden und Mitteln zur Erreichung dieses Zieles. Eine umfangreiche Diskussion entwickelte sich u. a. zur künstlichen Befruchtung. Eine progressive Position nahm bei dieser Diskussion der Vizepräsident NAPP ein.[21] Er versuchte die Zweifel an der Effektivität der Hybridisation zur Züchtung neuer Sorten von Obstbäumen zu zerstreuen. Seine positive Haltung zur Hybridisation war nicht nur durch seine guten Kenntnisse der landwirtschaftlichen Literatur und der praktischen Ergebnisse begründet. Es ist bekannt, daß er auch Versuche an Bohnen im Klostergarten durchführte, und über Forschungen auf dem Gebiet der Pomologie veröffentlichte er 1831 einen Artikel in Zusammenarbeit mit dem sehr populären Professor Franz DIEBEL.[22]

Eine andere eindrucksvolle Persönlichkeit des Klosters war M. KLÁCEL. In den neuesten Forschungen wird bestätigt, daß er auf MENDEL einen bedeutenden Einfluß ausübte und die Entwicklung seiner wissenschaftlichen

Interessen förderte.[23]) KLÁCEL, ein Vertreter der philosophischen Anschauungen HEGELS, unterrichtete an der Philosophischen Lehranstalt in Brünn. 1844 entfernte ihn der Bischof aus der Lehre. Der Grund dafür waren seine Freigeistigkeit und sein Liberalismus. Es ist bemerkenswert, daß er, als er danach als Journalist arbeitete, ein Buch „Über das Entstehen des Sozialismus und Kommunismus vom Standpunkt der Religion“ in tschechischer Sprache schrieb. Als demokratisch Gesinnter beteiligte er sich an den revolutionären Ereignissen des Jahres 1848. Es ist bekannt, daß er Verbindung zu A. M. BAKUNIN hatte. Das mußte schließlich zum Konflikt mit der Kirche führen. Er verließ das Kloster und wanderte 1848 nach Amerika aus, wo er seine journalistische Tätigkeit und das Studium des utopischen Sozialismus fortsetzte.

Außerdem kannte KLÁCEL die Naturwissenschaften gut, vor allem die Botanik. Wie V. OREL mitteilt, „fand sich im literarischen Nachlaß von M. KLÁCEL in den USA vor kurzem ein Manuskript von ihm über den Darwinismus, in dem er ausdrücklich die Ansichten DARWINS über die Evolution propagierte und sich bemühte, sie auch auf die Entwicklung der Gesellschaft anzuwenden. In diesem Zusammenhang verwies M. KLÁCEL auf eigene Versuche, die er im Garten des Klosters in Brünn durchgeführt hatte, bei denen er den Umfang der Variabilität der Merkmale von Erbsen und Kartoffeln untersucht hatte. Aus anderen Quellen, ebenfalls aus USA, erfahren wir wieder, daß MENDEL wiederholt M. KLÁCEL bei diesen Versuchen half.“[24]) Von den übrigen Mitgliedern des Kapitels erwähnen wir noch BRATRANEK — Naturforscher, Literaturforscher, Naturphilosoph, der 1867 Rektor der Krakauer Universität wurde,[25]) KRIZKOWSKY — Musiker und Komponist, THALER — Mathematiker und Botaniker, der ein Herbarium der mährischen Flora zusammenstellte und beim Kloster einen kleinen botanischen Garten anlegte. Besonders seine mineralogische-botanische Sammlung ermöglichte es MENDEL, seine „naturgeschichtlichen“ Kenntnisse zu erweitern.

Neben ihrer wissenschaftlichen Tätigkeit mußten die Mönche im Dienste des Klosters auch in mährischen Schulen und Gymnasien unterrichten, nicht nur das „Wort Gottes", sondern auch Physik, Mathematik, Weltgeschichte und Botanik, Philosophie und Zoologie. Der Einfluß der Kirche war im Österreichischen Kaiserreich außerordentlich groß. Die Kirche hielt die Schule, wie die Volksbildung überhaupt, eisern in ihren Händen. Es ist bekannt, daß die Römische Kirche diese Tätigkeit so lange förderte, wie diese darauf abzielte, ihre Position zu stärken. Auch die Kaiserlich-Österreichische Habsburgische Regierung war nicht weniger daran interessiert, weil die Kirche ihre Untertanen zu Ergebenheit und Demut erzog und eine religiöse Weltanschauung bei ihnen entwickelte. In den Philosophischen Klassen unterrichtete damals Pater Friedrich FRANZ, ein Mönch des Prämonstratenserordens, Physik. An ihn wandte sich auch MENDEL um Hilfe und erhielt von ihm die notwendige Unterstützung, ohne die er offensichtlich nicht damit rechnen konnte, in das Kloster einzutreten.

Ein freundschaftlicher Brief und ein Empfehlungsschreiben, die an das Brünner Augustinerkloster gerichtet waren, erfüllten ihre Pflicht, und 1843 wurde Johann MENDEL Bruder Gregor, klösterlicher Novize, jüngstes Mitglied der Gemeinschaft, eine Person geistlichen Standes.

Jetzt konnte MENDEL in seiner Autobiographie schreiben: „Seine materielle Lage war durch diesen Schritt eine ganz andere geworden. Mit der für jedes Studium so ersprießlichen Behaglichkeit der physischen Existenz kehrte dem ehrfurchtsvoll Gefertigten auch Muth und Kraft zurück, und er studirte die für das Probejahr vorgeschriebenen klassischen Gegenstände mit vieler Lust und Liebe. In den freien Stunden beschäftigte er sich mit der kleinen botanisch-mineralogischen Sammlung, die ihm im Stift zu Gebote stand. Seine Vorliebe für das Fach der Naturwissenschaft wurde immer größer, je mehr er Gelegenheit fand, sich mit demselben vertraut zu machen. Obwohl derselbe bei diesem Studium aller mündlichen Anleitung entbehrte, und der autodidaktische Weg hier, wie vielleicht bei keiner anderen Wissenschaft, äußerst beschwerlich ist und langsam zum Ziele führt: so hat doch derselbe das Studium der Natur seit jener Zeit so lieb gewonnen, daß er keine Anstrengung scheuen wird, durch Selbststudium und den Rath praktisch erfahrener Männer die noch vorhandenen Lücken auszufüllen. Im Jahre 1846 hörte derselbe auch die in dieser Richtung gehörenden Vorträge über Oekonomie, Obstbaumzucht und Weinbau an der philosophischen Lehranstalt in Brünn."[26])

Wie man sieht, strebte MENDEL immer mehr zur Naturwissenschaft. Dazu trug auch die malerische Lage des Klosters bei, dessen Gebäude von großen Gärten mit Gewächshäusern und Baumschulen für Obstbäume umgeben waren. Jedoch konnte sich MENDEL nicht vollkommen der geliebten Naturwissenschaft widmen, da er von 1845 bis 1848 an der Theologischen Lehranstalt zu studieren hatte, wo er neben den theologischen Disziplinen sich auch mit althebräischer, griechischer, chaldäischer, syrischer und arabischer Sprache befaßte. Außerdem hörte er 1848 Vorlesungen über Landwirtschaft bei F. DIEBEL.

Man kann annehmen, daß MENDEL Glück damit hatte, daß er die Vorlesungsreihe von Professor DIEBEL hörte und sich nach seinem Lehrbuch zum Examen vorbereitete. In diesem Lehrbuch wird nämlich die Hybridisation als grundlegende Methode der Züchtung beschrieben. Die künstliche oder hybride Befruchtung, so lehrte DIEBEL[27]), zwischen Pflanzen zweier verschiedener Sorten oder Rassen, die voneinander nicht in wesentlichen Eigenschaften abweichen und sich nur ein wenig durch minder wesentliche unterscheiden, wird häufig im Gartenbau angewandt, um vielgestaltige Wurzeln, Knollen, Blüten oder Früchte, oder auch jene Unterschiedlichkeit zu erhalten, durch die man häufig zu einer besonders großen Vielfalt von Sorten bei verschiedenen Pflanzenarten kommen kann. Daher erfolgt nach DIEBEL die Züchtung vor allem durch künstliche Kreuzung.[28])

Bei MENDEL hätte sich auch eine negative Vorstellung von der Methode der Hybridisation herausbilden können, wenn er Vorlesungen über Landwirtschaft nicht bei Prof. DIEBEL gehört und sich mit dessen Lehrbuch zum Examen vorbereitet hätte, sondern, nehmen wir an, mit dem Lehrbuch von TRAUTMANN oder BURGER. So bewertet L. TRAUTMANN in der zweiten Ausgabe des ersten Lehrbuchs über die Landwirtschaft in Österreich-Ungarn die Möglichkeit einer künstlichen Bestäubung mit dem Ziel verbesserter Pflanzen ziemlich kritisch. „Die Bastarderzeugung", schrieb er[29]), „ist dem Landwirth nur höchst selten nützlich, und ... meistentheils sehr nachtheilig". In einem anderen, später (1830) von J. BURGER für Studenten der Landwirtschaft geschriebenen Lehrbuch wurde die Hybridisation unter den Mitteln zur Verbesserung der Natur der Pflanzen überhaupt nicht erwähnt.[30])

So bestand die Bedeutung der Begegnung mit F. DIEBEL für MENDEL darin, daß er sich mit den reichen Erfahrungen der Züchter in Mähren bekannt machte.[31])

Das Jahr 1849 brach an. Vor MENDEL eröffnete sich, als geistliche Standesperson, eine glänzende Perspektive. Das ausgezeichnete Abschneiden an der theologischen Lehranstalt ermöglichte ihm, nach entsprechenden Examen (niemand zweifelte daran, daß er sie erfolgreich bestehen würde) Doktor der Theologie zu werden und eine gute Stelle als Lehrkraft an der gleichen Schule zu erhalten. Von einer solchen Karriere konnten viele aus seiner Umgebung nur träumen. Viele, aber nicht MENDEL. Er zog es vor, im gleichen Jahr 1849 bescheidener Hilfslehrer (Supplent) am Gymnasium in Znaim zu werden, wo er Mathematik und Griechisch in der 3. und der 4. Klasse unterrichtete.

Was diktierte diese auf den ersten Blick unverständliche Entscheidung? In den offiziellen Dokumenten kann man folgende Erklärung finden, die Prälat NAPP in einem

Brief an den Bischof, Graf SCHAAFFGOTSCH, abgab. Zitieren wir sie wörtlich: „Hochwürdigst Bischöfliche Gnaden! Das hohe k.k. Landespräsidium hat mit dem ... Dekrete vom 28. September 1849 Z. 35338 dem Stiftspriester Gregor MENDEL zum Supplenten am Znaimer Gymnasium zu bestimmen gefunden. Indem ich hiervon Euger Hochwürdigst Bischöflichen Gnaden die pflichtschuldige Anzeige erstatte, erlaube ich mir nur beizufügen, dass dieser Stiftspriester ein sehr eingezogenes, seinem Stande vollkommen entsprechendes, bescheidenes und tugendvolles Leben führt, sehr fleissig den Wissenschaften obliegt, für die Seelsorge aber weniger geeignet ist, weil er am Krankenlager und beim Anblick der Kranken und Leidenden von einer unüberwindlichen Scheu ergriffen wird, und davon selbst in eine gefährliche Krankheit verfiel; worauf ich mich veranlasst sah, ihn von dem Seelsorgedient zu entheben.
Dt° 4 Oktober 1849/NAPP.“[32])

Es ist durchaus möglich, daß MENDEL, wie die oben zitierte Äußerung beweist, sich als ungeeignet für die Rolle eines Seelsorgers zeigte. Aber trotzdem wäre es nicht ganz zu verstehen, warum es nötig war, daß sich der künftige Doktor der Theologie von seinem Ort trennt und in das Znaimer Gymnasium geschickt wird, wo er als Hilfslehrer für eine Bezahlung arbeitet, die 60% der für diplomierte Lehrer der humanistischen Wissenschaften vorgesehenen beträgt. Versuchen wir, in der Autobiographie MENDELS eine Antwort zu finden. Über diese Periode seines Lebens wurde von ihm sehr wenig geschrieben. Wir lesen: „... Nach den im Jahre 1848 absolvirten theologischen Studien erhielt der ehrfurchtsvoll Gefertigte von seinem Hochw. H. Praelaten die Erlaubnis, sich für die philosophischen Rigorosen vorzubereiten. Als er im folgenden Jahre im Begriffe stand, sich den Prüfungen zu unterziehen, erging die Aufforderung an ihn, eine Supplentenstelle am k.k. Gymnasium in Znaim anzunehmen, und er folgte diesem Ruf mit vielen Freuden. ...“[33])

So kann man die Begeisterung für die Naturwissenschaft, die sich bietende lang erwartete Gelegenheit als den Hauptgrund ansehen, der MENDEL veranlaßte, den entscheidenden Schritt auf seinem Lebensweg zu tun. Die Bestätigung dafür ist sein ganzes weiteres Leben.

Die Tätigkeit als Lehrer in Znaim verlief für MENDEL gut. Er war allgemein beliebt bei seinen Kollegen und Schülern. Er wünschte jedoch, seine geliebte Physik, Mineralogie, Botanik, d. h. Naturgeschichte zu unterrichten. Aber dazu brauchte man das Lehrer-Diplom, das er nicht besaß, da er ja keine Universitätsbildung absolviert hatte. Daher rieten ihm der Direktor, der ihn an sein Gymnasium binden wollte, und seine Kollegen sehr eindringlich, in Wien vor der Lehramtskommission des k.-k. Ministeriums für Kultus und Unterricht ein Examen abzulegen, um das Recht zu erhalten, die ihn interessierenden Disziplinen zu unterrichten. Er nahm den Rat an. „Der ehrfurchtsvoll Gefertigte," schrieb er, „glaubt hiermit eine kurze Zusammenfassung seiner Lebensgeschichte gegeben zu haben. Seine kummervolle Jugend lehrte ihn frühzeitig die ernsten Seiten des Lebens kennen, sie lehrte ihn auch arbeiten. Selbst während er die Früchte einer gesicherten Oekonomie genoß, blieb der Wunsch in ihm rege, sich seinen Lebensunterhalt auch verdienen zu können. Der ehrfurchtsvoll Gefertigte würde sich glücklich schätzen, wenn er den Anforderungen einer Loeblichen Prüfungs-Commission entsprechen und die Erfüllung seines Wunsches erreichen könnte. Er würde dann gewiß keine Mühe und Aufopferung scheuen, um seinen Pflichten auf das pünctlichste nachzukommen."[34])

Zum Ablegen der Prüfung für die Anerkennung als Gymnasiallehrer schritt MENDEL am 10. Mai 1850 im Alter von 28 Jahren. Das Examen sollte in drei Abschnitten durchgeführt werden. Zum ersten Abschnitt, der extern durchgeführt wurde, erhielt MENDEL Themen für zwei Hausaufsätze. Im ersten mußte er „die mechanischen und chemischen Eigenschaften der atmosphärischen Luft nachweisen und aus erstern die Winde erklären". Zum Glück für MENDEL verfügten die Znaimer Bibliotheken (die Bibliothek des Gymnasiums und die des Lesevereins) über die dazu benötigte Literatur, deren Nutzung es MENDEL ermöglichte, sich eine positive Bewertung durch die Professoren BAUMGARTNER und DOPPLER zu verdienen. Ja, desselben DOPPLER, der den berühmten „Doppler-Effekt" entdeckte.

Was den zweiten Aufsatz zur Naturwissenschaft angeht, in dem vorgesehen war, über „vulkanische" und „neptunische" Gesteine und ihre Entstehung zu berichten, gab es dabei eine Verzögerung, die für ihn verhängnisvoll wurde. Die Beurteilung durch Professor KNER war ungünstig, obwohl MENDEL in seiner schriftlichen Hausarbeit von richtigen Grundvoraussetzungen ausging. Der Mönch MENDEL legte die materialistischen Theorien von KANT und LAPLACE und die Ideen LYELLS zugrunde. Wie jedoch die Biographen MENDELS, vor allem H. ILTIS und B. WOLODIN einschätzen, konnte sich Professor KNER nicht mit allgemeinen und ausweichenden Antworten auf konkrete Fragen nach der Reihenfolge der geologischen Epochen zufriedengeben.

Trotzdem wurde MENDEL durch den ständigen Vorsitzenden der Prüfungskommission, Professor BAUMGARTNER, dem das Referat über die Physik gefallen hatte, zum zweiten Abschnitt der Prüfung zugelassen. Jetzt wurde gefordert, in Anwesenheit der Prüfer schriftliche Fragen aus der Physik und der Naturgeschichte (Zoologie) schriftlich zu beantworten. In Physik bekam MENDEL dieses Mal eine schwierigere Frage. Sie betraf die Physik der Metalle. MENDEL konnte nicht durch Gelehrsamkeit glänzen oder auf eigene experimentelle Ergebnisse verweisen. Trotzdem verweigerten ihm die Examinatoren den Übergang zum dritten Abschnitt der Prüfung, dem mündlichen Examen, nicht. Von dem strengen Prüfer für Zoologie wurde MENDEL nach Klassifikation der Säugetiere und der ökonomischen Bedeutung der wichtigsten Arten gefragt. Hier erwartete ihn eine Enttäuschung. Er erlitt ein vollkommenes Fiasko. Die

Bewertung durch Professor Kner war einfach niederschmetternd.

Urteilen Sie selbst! Mendel, der versuchte, die Klassifikation der Säugetiere nach einem alten Lehrbuch darzulegen, brachte sie gründlich durcheinander. Unter dem Einfluß seiner theologischen Ausbildung fand er für den Menschen in der Ordnung der Primaten keinen Platz. Beim Nachweis der ökonomischen Bedeutung der wichtigsten Arten der Säugetiere kam Mendels völlige Verwirrung zum Ausdruck. Der Kommission blieb nichts anderes übrig, als im Prüfungsprotokoll zu schreiben: „Der Candidat hat mancherlei studiert, es fehlt ihm aber an Anschauungen und darunter auch an der nöthigen Klarheit des Wissens, so daß man nicht umhin kann, ihm die Lehrfähigkeit für das Untergymnasium noch für jetzt abzusprechen . . . Dem Candidaten fehlt es weder an Willen noch an Talent, aber es scheint ihm noch alle Gelegenheit gemangelt zu haben, irgend etwas sich gründlich eigen zu machen; auch gebrach es ihm offenbar bei seinem Studium an den nöthigsten Hilfsmitteln. Würde ihm Gelegenheit gebothen, letztere benützen zu können, so ist zu hoffen, daß er das Fehlende in Bälde sich aneignen würde, um in der Naturgeschichte wenigstens dem Unterricht am Untergymnasium zu genügen.“[35]) Man empfahl Mendel, die Prüfung nach einem Jahr zu wiederholen.

Nach diesem Ende wollte Mendel nicht in das Gymnasium zurückkehren, da er die Hoffnungen seiner Kollegen, die so fest an einen glücklichen Ausgang, an den hellen Geist Mendels geglaubt hatten, nicht gerechtfertigt hatte. Er kehrte in das Kloster zurück. Er wurde später wiederholt gebeten, zu unterrichten, was für seine Qualität als Lehrer spricht. Mehr als alle anderen glaubte der Prälat des Klosters C. Napp an seine „vorzüglichen Geistesfähigkeiten und ausdauernden Fleiß für das Studium der Naturwissenschaften“. Er faßte den Entschluß, Mendel zum Studium an die Wiener Universität zu schicken, damit er die Lücken in seiner Bildung ausfüllen konnte. Das Kloster war damals verpflichtet, eine bestimmte Anzahl von Lehrern für die Mittelschulen zu stellen und hatte das Recht, die Befähigtesten von ihnen von Zeit zu Zeit auf Kosten des Klosters nach Wien zum Universitätsstudium zu delegieren. Als solcher Glückspilz erwies sich auch MENDEL. Schließlich wurde ihm sein langgehegter Wunsch erfüllt, eine Universitätsausbildung zu absolvieren.

Ausgerüstet mit Empfehlungsschreiben und Eingaben des Abtes kam MENDEL am 27. Oktober in der Wiener Universität an, wo er als außerordentlicher Hörer studierte. MENDEL studierte zwei Jahre an der Universität, von 1851 bis 1853. Während der vier Semester an der philosophischen Fakultät hörte er experimentelle Physik, Höhere Mathematik, Chemie,. Zoologie, Botanik, Physiologie, Phytopathologie, allgemeine Paläolontologie, Entomologie. Den Kursus über Physiologie der Pflanzen und mikroskopische Technik absolvierte er bei dem bekannten Wiener Wissenschaftler Professor Franz UNGER. Viele Wissenschaftler[36]) betonen, daß vor allem dieser Professor einen starken Einfluß auf das wissenschaftliche Schöpfertum MENDELS ausübte. Tatsächlich fand MENDEL in der Person UNGERS einen Vertreter der Methode der Hybridisation als Hilfsmittel zur Verbesserung der Pflanzen bei der Züchtung neuer Sorten. In den Vorlesungen von UNGER konnte MENDEL die Bedeutung der Zelltheorie von M. SCHLEIDEN und Th. SCHWANN für den Übergang von der Naturphilosophie zu experimentellen Untersuchungen erkennen.

UNGER, der die experimentelle Methode in der Physiologie sehr hoch bewertete, bemühte sich, „unter dem Einfluß der damals eben nachgewiesenen Möglichkeiten der Synthese organischer Stoffe, das Entstehen lebenden Gewebes, seine Besonderheiten vom Standpunkt der Physik und Chemie zu erklären. Er wies auf die Notwendigkeit hin, innerhalb des lebenden Gewebes kleinste Elemente zu suchen, die in verschiedenen Kombinationen nicht nur das Entstehen verschiedener Formen der lebenden Materie, sondern auch ihre Entwicklung regulieren.“[37])

Wie groß der wissenschaftliche Einfluß dieser Ideen UNGERS war, ist daraus zu ersehen, daß Hugo DE VRIES, der MENDEL 1900 entdeckte, seiner Doktordissertation als Epigraph die folgenden Worte UNGERS hinzufügte: „Die Aufgabe der Physiologie ist die Erklärung der Lebenserscheinungen mit den bekannten Gesetzen der Physik und der Chemie.“ Methodologisch gesehen hat UNGER hier ein materialistisches Herangehen formuliert, das die Erklärung des Phänomens des Lebens ohne das Heranziehen irgendwelcher übernatürlicher, vitaler, göttlicher, mystischer Kräfte fordert, d. h. durch das Zurückführen auf natürliche Ursachen, denen die Gesetze der Natur zugrunde liegen.

Tatsächlich ist die Position UNGERS die Position des mechanischen Materialismus. Sie war zu dieser Zeit weit fortschrittlicher als die idealistische Erklärung des Wesens des Lebens durch eine Lebenskraft. Offensichtlich war das in den Vorlesungen von Professor UNGER für MENDEL ausreichend überzeugend. Bestätigt wird das Gesagte durch die Tatsache, daß MENDEL seit seinem Universitätsstudium sich von der damals existierenden Vorstellung von einer Lebenskraft, vital force, befreite (vgl. Mendelianum, Signatur D 34, D 39). Nach seinem Universitätsstudium hat MENDEL niemals mehr, vermutlich unter dem Einfluß UNGERS, die Lebenskraft zu Hilfe genommen[38]) und bemühte sich, allem eine naturwissenschaftliche, natürliche, materialistische Erklärung zu geben.

Von den anderen hervorragenden Wissenschaftlern muß man Professor DOPPLER erwähnen, der MENDEL durch das verunglückte Examen gut bekannt war. Bei ihm hörte er den Kursus über die experimentelle Physik. Eine Zeit war MENDEL sogar Hilfsassistent bei Professor DOPPLER. Der Einfluß DOPPLERS auf MENDEL war bedeutend, wenn man berücksichtigt, daß MENDEL von der Mathematik und der Physik begeistert war und sich selbst als Physiker bezeichnete.[39]) Stärker noch muß man die Begründung bewerten,[40]) daß seine Theorie den Experimenten mit Erbsen vorausging, und die Versuche mit Erbsen sie nur bestätigten. Tatsächlich waren die grundlegenden Ideen von UNGER und DOPPLER für das Aufstellen der Hypothese MENDELS eine ausreichende Begründung.

Beim Erwachen des wissenschaftlichen Interesses spielte für MENDEL auch Professor V. KOLLAR eine Rolle. Der bekannte Entomologe, der Leiter der entomologischen Abteilung des örtlichen Museums, interessierte MENDEL und übte auf ihn einen starken Einfluß aus; er ermöglichte 1853 seine Aufnahme als Mitglied in die Wiener Zoologisch-Botanische Gesellschaft und sein dortiges Auftreten mit seinem ersten wissenschaftlichen Referat zu dem Thema „Über Verwüstung am Gartenrettich durch Raupen *Botys margaritalis*". Mit dem Namen KOLLARS ist auch eine zweite Arbeit MENDELS verbunden. 1854 schrieb ihm MENDEL einen Brief, in dem er den Verlauf von Beobachtungen und Untersuchungsergebnisse zur Biologie des Erbsenschädlings *Bruchus pisi* darlegt. Diesen Brief publiziert V. KOLLAR in den „Nachrichten der Wiener Zoologisch-Botanischen Gesellschaft."

Nach Abschluß der Universität kehrte MENDEL im Sommer 1853 in das Kloster in Brünn zurück. Im Mai 1854 erhielt er wieder eine Stelle als Hilfslehrer (Supplent) in der örtlichen Realschule. Hier konnte er seine liebsten Fächer unterrichten, Physik und Naturkunde, und erhielt gleichzeitig die Leitung der naturkundlichen Sammlungen der Lehranstalt.

Die Jahre des Unterrichtens an der Brünner Realschule nehmen einen besonderen Platz im Leben und Schaffen MENDELS ein. Seine Arbeit liebte er sehr. Er verfügte über ein klar ausgeprägtes pädagogisches Talent und zeichnete sich durch außergewöhnliche Gewissenhaftigkeit, Weichheit, Güte und Gerechtigkeit aus. MENDEL genoß die Verehrung und Liebe seiner Schüler, die es als große Belohnung ansahen, zu ihm in das Kloster kommen zu dürfen. MENDEL erzählte ihnen von den Erscheinungen der Natur, und er erzählte nicht nur, er demonstrierte auch. Er hatte einen guten Bienenstand und interessierte sich für die Rassen der Bienen und die Kreuzung der einheimischen Rassen mit fremdländischen. Viel Zeit und Kraft verwandte er auch für den Gartenbau und die Obstbaumzucht im Klostergarten, die im ganzen Bezirk berühmt waren. Den Schülern gefiel es sehr, mit MENDEL in der Umgebung Brünns spazieren zu gehen. Er war ein guter Pflanzenkenner und machte sie mit den Gebilden der wilden Flora bekannt, er kehrte, wie sich Zeitgenossen erinnern, oft mit seltenen Pflanzen vom Spaziergang zurück. Besonders interessierten ihn die Varietäten und die Unterschiede in der Färbung der Blüten. Auch hier begnügte er sich nicht mit einfachen Beobachtungen, sondern war bestrebt, in die Tiefe der Erscheinungen einzudringen.

Deshalb kultivierte MENDEL wildwachsende Pflanzen und ihre Varietäten isoliert oder ohne Isolierung. Er bemühte sich, die Ursache für die Variabilität von Kulturpflanzen festzustellen, und wandte sich der Untersuchung des Einflusses äußerer Bedingungen zu. Man kann annehmen, daß ihn die damals übliche Erklärung, die den Grund in der künstlichen Kultivierung sah, nicht befriedigte. Als Bestätigung dafür kann man seine geniale Arbeit „Versuche über Pflanzen-Hybriden“ ansehen, in der er schrieb: „Man hat häufig die Meinung ausgesprochen, daß die Stabilität der Arten durch die Kultur in hohem Grade erschüttert oder ganz gebrochen werde, und ist sehr geneigt, die Entwicklung der Kulturformen als eine regellose oder zufällige hinzustellen; . . .“[41]

Man muß auf die außergewöhnlich große Breite der Interessen auf den verschiedensten Gebieten der wissenschaftlichen Forschung bei MENDEL hinweisen, der sich für Entomologie interessierte, systematisch meteorologische Erscheinungen untersuchte, Beobachtungen über Sonnenflecke durchführte und über die Höhe des Grundwassers. Er beschäftigte sich mit Onomastik[42]) und wandte erstmalig die statistisch-wahrscheinlichkeitstheoretische

Methode zur Untersuchung linguistischer Erscheinungen an.

Die größte Bedeutung jedoch hatten MENDELS Untersuchungen auf dem Gebiet der Vererbungserscheinungen, die seinen Namen unsterblich machten. Er ging neue Wege, erarbeitete eine neue Methode zur Untersuchung der Erscheinungen der Vererbung und entdeckte die fundamentalen Gesetze, die der Übertragung der unterschiedlichen Merkmale des Organismus von Generation zu Generation zugrunde liegen. Diese Gesetze tragen zu Recht seinen Namen.

MENDEL begann Versuche in dieser Richtung mit der Kreuzung verschiedener Erbsensorten im Jahre 1856, nach seiner Rückkehr aus Wien nach dem zweiten mißglückten Examen. Wie er selbst in den „Versuchen über Pflanzen-Hybriden" schrieb: „Künstliche Befruchtungen, welche an Zierpflanzen deßhalb vorgenommen wurden, um neue Farben-Varianten zu erzielen, waren die Veranlassung zu den Versuchen, die hier besprochen werden sollen. Die auffallende Regelmäßigkeit, mit welcher dieselben Hybridformen wiederkehren, so oft die Befruchtung zwischen gleichen Arten geschah, gab die Anregung zu weiteren Experimenten, deren Aufgabe es war, die Entwicklung der Hybriden in ihren Nachkommen zu verfolgen."[43])

Seine klassischen Versuche zur Kreuzung von Erbsenpflanzen führte MENDEL in einem kleinen Garten mit einer Breite von 7 m und einer Länge von 35 m durch. Der Versuchsplan sah zweijährige Kontrolluntersuchungen hinsichtlich Reinheit und Konstanz der Versuchssorten vor. Daher waren die Versuche tatsächlich 1854 begonnen worden. Damals war MENDEL 32 Jahre alt.

War die Wahl des Untersuchungsobjektes ein Zufall? Sicher nicht. Die Wahl des Objektes war sorgfältig überlegt, davon zeugen die zweijährigen Kontrollversuche. Die Erbse ist ein hervorragendes Untersuchungsobjekt, weil sie erstens eine ganze Reihe reinerbiger Sorten hat, die sich nach Selbstbefruchtung als sehr konstant erweisen; zweitens eignet sie sich zur Kultivierung; drittens sind ihre Blüten genügend groß; viertens vertragen sie das Beschneiden sehr gut; fünftens sind die Blüten gut gegen die Übertragung fremden Pollens geschützt, wodurch eine exakte Kontrolle der Prozesse der Befruchtung und Vermehrung ermöglicht wird; sechstens sind Hybriden zwischen verschiedenen Rassen fruchtbar, wodurch es möglich wird, den Erbgang der Merkmale über mehrere Generationen zu verfolgen.

Mendel stellte sich die Aufgabe, ein allgemeines Gesetz der Bildung und Entwicklung von Hybriden aufzufinden.[44]) Um dieses Ziel zu erreichen, war es nach seiner Meinung notwendig, „die Anzahl der verschiedenen Formen zu bestimmen, unter welchen die Nachkommen von Hybriden auftreten, dass man diese Formen mit Sicherheit in den einzelnen Generationen ordnen und die gegenseitigen numerischen Verhältnisse feststellen könnte."[45])

Mendel begann die Untersuchung der Gesetzmäßigkeiten der Vererbung mit einem einfachen Fall einer (monohybriden) Kreuzung von Erbsensorten, die sich voneinander nur durch ein Paar sich gegenseitig ausschließender Merkmale unterschieden. Es wurden sieben solcher Merkmalspaare analysiert: 1) Form des reifen Samens der Erbse, 2) Unterschiede der Färbung des Samen-Albumens, 3) Unterschiede in der Färbung der Samenschale, 4) Unterschiede in der Form der reifen Hülse, 5) Unterschiede in der Form der unreifen Hülse, 6) Unterschiede in der Stellung der Blüten, 7) Unterschiede in der Achsenlänge. Es ist kaum notwendig, im Einzelnen bei dem Gang der Untersuchungen und den Ergebnissen zu verweilen, zu denen Mendel hinsichtlich aller sieben Merkmalspaare kam. Im wesentlichen erwiesen sich alle einheitlich, und daher ist es vollkommen ausreichend, bei einem Beispiel zu bleiben. Das dargestellte Schema bietet die Möglichkeit, auf einen Blick den grundlegenden Inhalt der Mendelschen Gesetze zu erkennen. Man muß vor allem betonen, daß jedes Merkmal, z. B. die grüne oder gelbe Farbe des Erbsensamens, unteilbar und selbständig ist, wobei es dominierende und rezessive Merkmale gibt, so daß von einem Paar divergierender Merkmale eines dominierend ist (in dem Schema die gelbe Samenfarbe) und das andere rezessiv (die grüne Samenfarbe). Bei der Kreuzung unterdrückt das dominierende Merkmal das rezessive (das grüne) und

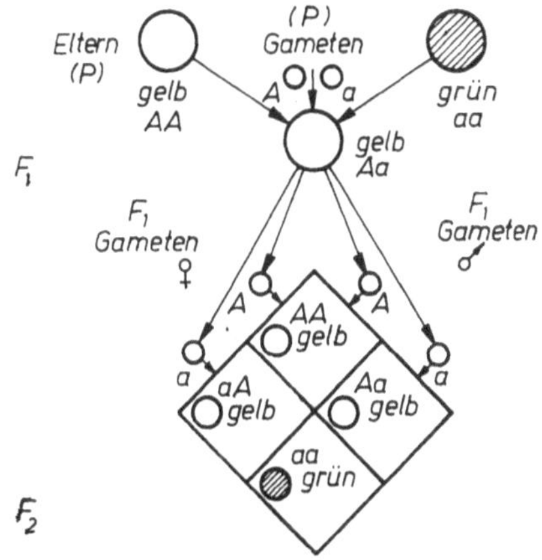

die gesamte Nachkommenschaft hat gelbe Samen. Das rezessive Merkmal jedoch (grün) bleibt bei einer Kombination mit dem dominierenden verborgen. Das kann man an den Ergebnissen der Kreuzung der Hybriden, d. h. an den Nachkommen der zweiten Generation, sehen.

Gleichzeitig ist auf dem Schema gut zu sehen, daß man nur das dominierende Merkmal zu entfernen braucht, damit sogleich das rezessive Merkmal (grün) erscheint. Tatsächlich haben in der zweiten Generation (F_2) 25% der Pflanzen grüne Samen.

So erhält man in der ersten Generation (F_1), d. h. in der Generation, die man unmittelbar aus der Kreuzung von Pflanzen mit gelben Samen und Pflanzen mit grünem Samen erhalten hat, nur die dominierenden Merkmale (in der ersten Generation hat die gesamte Nachkommenschaft nur gelben Samen) aus jedem Paar der divergierenden Merkmale der Eltern, wobei die rezessiven Merkmale verborgen bleiben (in der ersten Generation gibt es keine Pflanzen mit grünen Samen). Von der zweiten Generation (F_2) an beginnt, wenn man die Pflanzen der Selbstbestäubung überläßt, eine Verteilung der Hybriden nach der Formel AA + 2 Aa + aa (d. h. im Verhältnis 1:2:1), wobei A das dominierende Merkmal eines der Eltern ist (in unserem Schema die gelbe Farbe der Samen) und a das rezessive Merkmal (die grüne Farbe; Aa repräsentiert Pflanzen, in denen beide Merkmale vereint sind, das die äußere Form bestimmende dominierende A (gelb) und das sich in verborgenem Zustand befindliche rezessive Merkmal a (grün). Folglich zeigen sich nach Erreichen der zweiten Generation (F_2) das äußere Bild des dominierenden Merkmals 3fach (1 AA + 2 Aa) und das äußere Bild des rezessiven 1fach (aa), d. h. das Verhältnis zwischen den Pflanzen mit gelben Samen und den Pflanzen mit grünen Samen ist gleich 3:1, oder was dasselbe ist 75%:25%. In der folgenden, der dritten Generation, bleiben die Pflanzen mit den Merkmalen AA und aa konstant, während die Pflanzen Aa wieder die Verteilung nach der Formel AA + 2 Aa + aa bringen. In der vierten und den folgenden Generationen wiederholen sich die Erscheinungen der zweiten und dritten Generation.

Es ist jedoch gut bekannt, daß sich die Eltern in der Regel voneinander durch viele Merkmale unterscheiden. Wie geht das vor sich? Durch Mendel wurde geklärt, was in allen komplizierteren Fällen der Kreuzung vor sich geht, wenn sich die Eltern voneinander nicht in einem (wie das in unserem einfachen Fall dargelegt wurde), sondern in einigen Merkmalspaaren — zwei, drei oder mehr — voneinander unterscheiden. Durch ihn wurde festgestellt, daß dabei in der ersten Generation der Bastarde ebenfalls ein Dominieren des einen Merkmals über das andere (rezessive) bei der Weitergabe eines jeden Paares stattfindet, und dann, in der zweiten Generation sich wieder ein Divergieren bei der Übertragung eines jeden Paares ergibt, unabhängig von den anderen Paaren, d. h. jedes Paar der Merkmale verhält sich bei der Kreuzung so, als gäbe es die anderen Paare überhaupt nicht, wodurch die Berechnung aller dieser Verhältniszahlen sehr erleichtert wird.

Wie wir uns erinnern, wollte MENDEL nach Abschluß der monohybriden Versuche untersuchen, „ob das gefundene Entwicklungsgesetz auch dann für je zwei

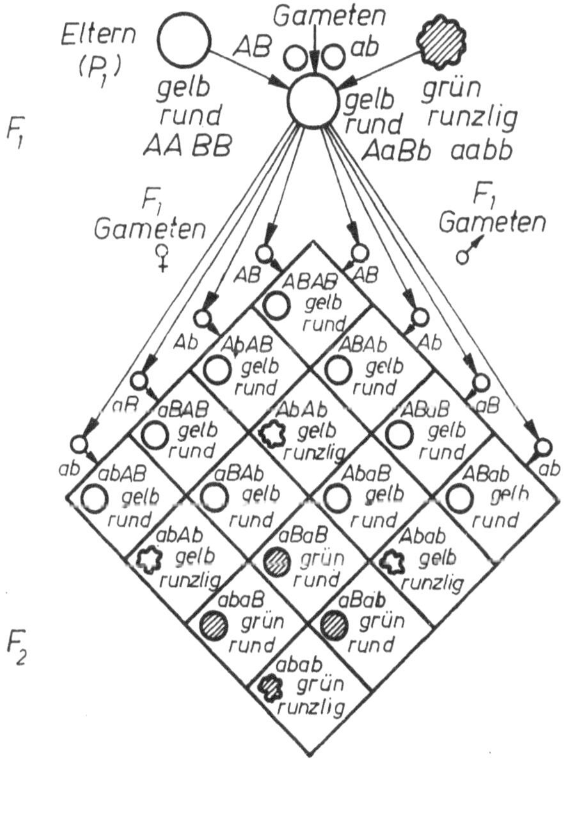

differierende Merkmale gelte, wenn mehrere verschiedene Charaktere durch Befruchtung der Hybriden vereinigt sind."[46]) Zu diesem Zweck führte MENDEL Versuche mit Erbsen durch, die sich durch zwei Paare von Merkmalen unterschieden: Farbe (gelb und grün) und Form (rund und runzlig). Dabei war ihm aus den vorhergehenden Versuchen bekannt, daß die gelbe Farbe und die runde Form der Samen über die grüne Farbe und die runzlige Form der Samen (rezessive Merkmale) dominieren.

Als Ergebnis der Kreuzung der Elternformen (s. Schema der dihybriden Kreuzung S. 41) wurden hybride Pflanzen erhalten (F_1), deren Samen alle eine gelbe Farbe und runde Form hatten. Aus diesen Samen erhielt man Pflanzen, die nach Selbstbestäubung die zweite Hybridgeneration erzeugten (F_2). Unter 556 Samen stellte MENDEL 315 gelbe, runde, 101 gelbe, runzlige, 108 grüne, runde und 32 grüne, runzlige fest, was annähernd einem Verhältnis von 9:3:3:1 entsprach.

Der Mechanismus dieser Erscheinung ist durch das Schema der dihybriden Kreuzung erklärt. Es verhält sich so, wenn die ursprüngliche Elterngeneration die Genotypen AABB und aabb besitzt. Bei der Bildung von Gameten verteilen sich als Ergebnis der Reduktionsteilung paarige Gene auf verschiedene Gameten und in jedem von ihnen bleibt ein einziger (haploider) Satz. Bei der einen Elternpflanze haben die Gameten den Satz AB, bei der zweiten ab. Die Individuen der ersten Generation werden durch das Vereinen dieser Gameten gebildet und werden Heterozygoten mit dem Genotyp AaBb. Äußerlich (phänotypisch) sehen ihre Samen gelb aus und haben eine runde Form (F_1).

Beim Reifen der Geschlechtszellen der F_1-Hybriden entstehen entsprechend der Entwicklung paariger Chromosomen (und Gene) bei ihnen Eizellen von vier Typen: AB, Ab, aB, ab und ebenso viele Typen Spermien. Und bei der gleich wahrscheinlichen Begegnung aller Eizellen mit allen Spermien bei der Befruchtung sind folglich 16 unterschiedliche Paarungen von Eizellen und Spermien möglich. Auf dem Schema sind diese Paarungen mit Hilfe der Pennetschen Gleichung berechnet, d. h. auf der einen Seite der Gleichung werden alle Typen der männlichen Gameten (Spermien ♂) und auf der anderen Seite alle Typen der weiblichen Gameten (Eizellen ♀) niedergeschrieben, welche die Hybriden F_1 bilden. Auf den Kreuzungen der Linien, die von den männlichen zu den weiblichen Gameten gehen, sind die Gene der beiden Gameten verzeichnet, die den Genotyp der Zygote ergeben. Jetzt ist es nicht schwierig, zu berechnen, daß von 16 Zygoten den Phänotyp AB (gelb glatt) 9 Zygoten enthalten, den Phänotyp Ab (gelb kantig) 3 Zygoten, den Phänotyp aB (grün glatt) 3 Zygoten und den Phänotyp ab (grün kantig) 1 Zygote. Algebraisch ergibt das folgendes Bild: 9AB:3Ab:3aB:1ab.

Wenn sich bei den Eltern die Merkmale auf eine bestimmte Weise paaren (bei einem der Eltern die gelbe Farbe des Samens mit der glatten Form AB, und bei dem anderen die grüne Farbe mit der kantigen Form ab), dann vereinigen sich bei den Hybriden der F_2-Generation die Farben und die Formen nicht nur in den Kombinationen, die bei der Elterngeneration vorkamen, sondern auch in allen möglichen anderen Kombinationen (AB, Ab, aB, ab). Folglich wird die Form des Samens unabhängig von der Farbe vererbt.

Mendel, der auch Versuche mit trihybriden Kreuzungen durchführte und annähernd die gleichen Ergebnisse erhielt, zog die Schlußfolgerung: „Es unterliegt daher keinem Zweifel, daß für sämtliche in die Versuche aufgenommenen Merkmale der Satz Gültigkeit habe: die Nachkommen der Hybriden, in welchen mehrere wesentlich verschiedene Merkmale vereinigt sind, stellen die Glieder einer Kombinationsreihe vor, in welchen die Entwicklungsreihen für je zwei differierende Merkmale vereinigt sind. Damit ist zugleich erwiesen, daß das Verhalten je zweier differierender Merkmale in hybrider Verbindung unabhängig ist von den anderweitigen Unterschieden an den beiden Stammpflanzen."[47]) Diese Schlußfolgerung erlaubte es MENDEL, das Verhalten von Hybriden vorauszusagen, die sich durch eine beliebige Zahl von Merkmalen unterscheiden. „Bezeichnet n", so betonte MENDEL, „die Anzahl der charakteristischen Unterschiede an den beiden Stammpflanzen, so gibt 3^n die Gliederzahl der Kombinationsreihe, 4^n die Anzahl der Individuen, welche in die Reihe gehören, 2^n die Zahl der Verbindungen, welche konstant bleiben. So enthält z. B. die Reihe, wenn die Stammpflanzen in 4 Merkmalen verschieden sind, $3^4 = 81$ Glieder, $4^4 = 256$ Individuen und $2^4 = 16$ konstante Formen."[48]) So kann man jetzt von drei Entdeckungen MENDELS und genau von ihm beschriebenen Gesetzmäßigkeiten, oder Regeln, der Vererbung sprechen:[49])

das erste Gesetz: die Einheitlichkeit (Uniformität) der Hybriden der ersten Generation, oder die Regel des Überwiegens eines der elterlichen Merkmale, des sogen. dominierenden (A) über das andere, das rezessive (a);

das zweite Gesetz: die Aufspaltung der Hybriden der zweiten Generation in Formen, die denen der Elterngeneration entsprechen, im Verhältnis 3 A : 1 a;

das dritte Gesetz: die unabhängige Verteilung und die zufällige Kombination der Merkmale in den Fällen, in denen die Eltern sich durch zwei oder mehr Paare von alternativen erblichen Merkmalen unterschieden.

Kann etwas einfacher als diese Regeln der Vererbung sein? Aber welche Titanenarbeit mußte MENDEL leisten, um genial diese einfachen Gesetzmäßigkeiten zu entdekken. Die erweiterten Versuche mit 34 Erbsensorten schloß MENDEL im Jahre 1863 ab. Im Verlauf von zehn Jahren angestrengter Arbeit führte er Versuche an 27225 Pflanzen durch, wobei 12835 Exemplare einer sorgfältigen Untersuchung unterzogen wurden.[50]) Ein solcher Arbeitsumfang war durch die Forschungsaufgaben diktiert, die von Anfang an von MENDEL exakt gestellt waren. „Eine endgültige Entscheidung", schrieb er, „kann erst dann erfolgen, bis Detail-Versuche aus den verschiedensten Pflanzenfamilien vorliegen. Wer die

Arbeiten auf diesem Gebiete überblickt, wird zu der Überzeugung kommen, dass unter den zahlreichen Versuchen keiner in dem Umfange und in der Weise durchgeführt ist, dass es möglich wäre, die Anzahl der verschiedenen Formen zu bestimmen, unter welchen die Nachkommen der Hybriden auftreten, dass man diese Formen mit Sicherheit in den einzelnen Generationen ordnen und die gegenseitigen numerischen Verhältnisse feststellen könnte. Es gehört allerdings einiger Muth dazu, sich einer so weit reichenden Arbeit zu unterziehen."[51])

Da er Mitglied des Naturforschenden Vereins in Brünn war, entschloß sich MENDEL, nach sorgfältiger Überprüfung der Ergebnisse der Kreuzungen einen Vortrag auszuarbeiten, mit dem er auf den Sitzungen der Gesellschaft am 8. Februar und am 8. März 1865 auftrat. In der ersten Sitzung beschränkte sich MENDEL auf die Erläuterung der Ergebnisse der Versuche, und es gelang ihm nur, auf das Gesetz der Unabhängigkeit der Vererbung einzelner Merkmale einzugehen, die Erklärung wurde auf die folgende Sitzung verlegt, die am 8. März stattfand. Die Mitglieder der Gesellschaft der Naturforscher verstanden die grundsätzlichen Ideen des Autors des Vortrags nicht und verhielten sich daher mißtrauisch zu ihm. Eine Bewertung des Vortrags selbst fand im wesentlichen nicht statt. Nur auf die ständigen Bitten MENDELS wurden Wünsche nach der Durchführung von Kontrollversuchen und nach der Notwendigkeit der Bestätigung seiner Feststellungen an anderen Pflanzen ausgesprochen.

Trotz dieser kühlen Aufnahme faßten die Mitglieder der Gesellschaft jedoch den Beschluß, den Vortrag in den Verhandlungen des Vereins zu publizieren. Die Veröffentlichung war auf das Jahr 1865 datiert, wurde jedoch erst 1866 gedruckt. Das war die klassische Arbeit MENDELS „Versuche über Pflanzen-Hybriden". Klein an Umfang (45 Seiten), aber außerordentlich wichtig dem Inhalt nach, kann sie mit den größten wissenschaftlichen Entdekkungen des 19. Jahrhunderts in eine Reihe gestellt werden.

Von vierzig Sonderdrucken, die er an Freunde verteilte und an die angesehensten Wissenschaftler verschickte, spielte nur einer bei der weiteren Festlegung des schöpferischen Weges MENDELS eine Rolle. Es handelte sich um das Exemplar, das an den großen deutschen Botaniker Carl NÄGELI geschickt wurde. MENDEL kannte die Arbeiten dieses hervorragenden Wissenschaftlers seiner Zeit, vor allem zur Variabilität und zur Artenbildung, z. B. das Buch „Die Individualität in der Natur mit besonderer Berücksichtigung des Pflanzenreiches", das 1856 herausgekommen war. MENDEL waren die Versuche NÄGELIS in der Wissenschaft von der Beschreibung zur Analyse der natürlichen Prozesse unter Anwendung mathematischer Methoden in der Biologie überzugehen, bereits damals verständlich. Vor allem begründete NÄGELI die Idee, eine mathematische Theorie des Wachstums zu schaffen und mit ihrer Hilfe die Gesetzmäßigkeiten der Entwicklungsdynamik des Organismus, der Dynamik der zellulären Prozesse, aufzuklären. Als er NÄGELI eine Kopie seines Vortrages zusandte, hatte MENDEL nur wenig Hoffnung, ihn für seine Arbeit zu interessieren. Daher entschloß er sich, einen Brief beizulegen, in dem er kurz den Inhalt der Versuche mit Erbsenhybriden darlegte und gleichzeitig ankündigte, daß er seine Versuche fortsetze. Er lenkte die Aufmerksamkeit NÄGELIS darauf, daß er jetzt zu Kreuzungen zwischen verschiedenen Arten übergehe, vor allem von *Hieracium*-Arten. Letztere waren bekanntlich das bevorzugte Arbeitsobjekt NÄGELIS.

Der Sonderdruck mit dem Begleitschreiben MENDELS war am 31. Dezember 1866 abgeschickt worden, und die Antwort traf bereits nach zwei Monaten ein. Aus der Antwort ging klar hervor, daß sich NÄGELI für die Fakten interessierte, die MENDEL erhalten hatte. Dessen Herangehen an die Lösung der Frage war jedoch weitgehend neu und selbständig, seine grundlegende Überzeugung von Einheiten der Vererbung war für diese Zeit recht unerwartet, was NÄGELI einfach nicht verstand und daher nicht bewertete.

Wir geben unseren Lesern die Möglichkeit, den interessantesten Teil der Antwort selbst kennenzulernen: „Es scheint mir überhaupt", schrieb NÄGELI, „daß die Versuche mit *Pisum* nicht abgeschlossen sein, sondern daß sie erst recht beginnen sollten. Der Fehler aller neuern Experimentatoren ist der, daß sie an Ausdauer weit hinter KÖLREUTER und GÄRTNER zurückstehen. Ich sehe mit Vergnügen, daß Sie nicht in diesen Fehler verfallen und daß Sie in die Fußstapfen Ihrer beiden berühmten Vorgänger treten. Aber Sie sollten dieselben übertreffen und nach meiner Ansicht ist dies nur möglich, und ist überhaupt in der Bastardlehre nur dann ein Fortschritt zu machen, wenn die Versuche mit einem Objekt nach allen Richtungen erschöpft werden. Eine solche vollständige Versuchsreihe, welche unwiderlegliche Beweise für die wichtigsten Schlüsse gibt, besitzen wir überhaupt noch nicht. — Wenn Sie vorrätige Samen Ihrer Bastardbefruchtung besitzen, die Sie nicht selber zu Aussaaten verwenden, so bin ich gerne erbötig, dieselben in unserem Garten zu kultivieren, um zu sehen, wie sich die Konstanz unter anderen Verhältnissen bewährt. Ich wünschte also vorzüglich A & a (Abkömmlinge von Aa), AB, ab, Ab, aB (Abkömmlinge von AaBb) zu erhalten. Wenn Sie damit einverstanden sind, so möchte ich Sie bitten, mir die Samen recht bald mit genauer Angabe ihrer Abkunft zuzusenden. Die Auswahl überlasse ich natürlich Ihrem Ermessen und bemerke nur, daß mir allerdings nicht viel Zeit, auch nicht viel Raum zu Gebote steht. — Ich unterlasse es, auf andere Punkte Ihrer Mitteilungen einzugehen, da ich ohne die Versuche, die denselben zugrunde liegen, in allen Einzelheiten zu kennen, doch nur vermutungsweise sprechen könnte. — Ihr Vorhaben, noch andere Pflanzen mit in den Kreis der Versuche zu ziehen, ist vortrefflich und ich bin überzeugt, daß Sie bei vielen verschiedenen Formen wesentlich andere Resultate (rücksichtlich der vererbten Merkmale) erhalten werden. Besonders erwünscht wäre es, wenn es Ihnen gelänge, hybride Befruchtungen bei Hieracium auszuführen, da dies in kurzer Zeit diejenige Gattung sein dürfte, welche in Betreff der Mittelformen am besten bekannt sein wird ... Leider ist die Manipulation der künstlichen Befruchtung fast unausführbar. Am besten wäre es, wenn man Pflanzen hätte, bei denen der Pollen abortiert (was zuweilen geschieht), oder wenn man dieses Fehlschlagen auf künstlichem Wege herbeiführen könnte. Mit Cirsium hat es dieselbe Bewandtnis. Ich würde Sie gerne um Hieracien Ihrer Gegend bitten; allein da Sie, wie Sie sagen, wenig Exkursionen machen, so kann ich Sie damit nicht belästigen.

Mit vorzüglicher Hochachtung

Ihr ergebener

C. NÄGELI"[52])

Ist das nicht tatsächlich eine überaus liebenswürdige Form der Antwort? Und trotzdem verbirgt sie bei aller Liebenswürdigkeit eine gehörige Dosis Skepsis. Der Gerechtigkeit halber muß man sagen, daß eine solche skeptische Haltung seitens NÄGELIS nicht vollkommen unbegründet war. Es gab zweifellos einige Gründe. Nehmen wir z. B. den Umstand, daß NÄGELI tatsächlich „nicht alle Einzelheiten der Versuchsanordnung kannte" oder seine Überzeugung, daß MENDEL bei anderen, unterschiedlichen Pflanzen, außer Bohnen, „hinsichtlich der Vererbung der Merkmale wesentlich andere Ergebnisse erhalten würde". Tatsächlich beruhte diese Überzeugung NÄGELIS auf einer großen Zahl von Experimenten an *Hieracium*-Hybriden, wo er Fakten erhalten hatte, die den Fakten MENDELS tatsächlich widersprachen.

Ungeachtet dieser kühlen Haltung NÄGELIS setzte MENDEL weiterhin auf ihn große Hoffnung. Davon spricht ein interessanter Brief, den MENDEL am 18. April

1867 an NÄGELI als Antwort auf seine Bemerkungen sandte:

„Bezüglich des Aufsatzes, den Ew. Wohlgeboren anzunehmen die Güte hatten, glaube ich noch Nachfolgendes mittheilen zu müssen. Die in demselben besprochenen Versuche wurden vom Jahre 1856 bis 1863 durchgeführt. Es war mir nicht bekannt, dass das erhaltene Resultat mit dem heutigen Stande der Wissenschaft nicht leicht in Einklang zu bringen sei, und dass bei diesem Umstande die Veröffentlichung eines vereinzelt stehenden Experimentes doppelt gefährlich werden könne, für den Experimentirenden sowohl, als auch für die Sache, die er vertritt. Vor allem war daher mein Bestreben dahin gerichtet, die bei *Pisum* gemachten Erfahrungen durch Versuche mit anderen Pflanzen zu prüfen. Bei einer grösseren Anzahl Befruchtungen, welche 1863 und 64 vorgenommen wurden, überzeugte ich mich, dass es nicht gelinge, Pflanzen aufzufinden, welche für eine umfassende Versuchsreihe geeignet waren, und dass im ungünstigsten Falle Jahre vergehen können, ohne den gewünschten Aufschluss zu erhalten. Ich war nun bemüht, Controlversuche zu veranlassen, und besprach deshalb in den Versammlungen des hierortigen naturforschenden Vereines die Versuche mit *Pisum*. Ich begegnete, wie es nicht anders zu erwarten war, sehr getheilten Ansichten, eine Wiederholung der Versuche aber wurde, soweit es mir bekannt ist, von Niemandem unternommen. Als ich im verflossenen Jahre aufgefordert wurde, den Vortrag in den Vereinsschriften veröffentlichen zu lassen, gab ich die Einwilligung dazu, nachdem ich nochmals die Aufzeichnungen aus den verschiedenen Versuchsjahren durchgelesen hatte, ohne eine Fehlerquelle entdecken zu können. Die überreichte Abhandlung ist der ungeänderte Abdruck des Conceptes für den erwähnten Vortrag; daher die Kürze in der Darstellung, wie sie für Vereins-Vorträge überhaupt geboten ist.

Es kam mir nicht unerwartet, dass Ew. Wohlgeboren von meinen Versuchen mit misstrauender Vorsicht sprechen; ich würde es in einem ähnlichen Falle nicht anders thun.“[53])

MENDEL versuchte, den allgemeinen Charakter der entdeckten Gesetzmäßigkeiten der Vererbung zu begründen und führte Kreuzungsversuche nicht nur mit Erbsen, sondern auch mit drei Arten von Bohnen, zwei Arten von Levkojen, Mais und Glockenblumen durch. Einen besonderen Platz in der wissenschaftlich schöpferischen Arbeit MENDELS nahmen die Kreuzungsversuche mit *Hieracium* ein. Die Leser erinnern sich bestimmt, daß NÄGELI bereits in seinem ersten Brief MENDEL auf *Hieracium* orientierte und einschätzte, daß es besonders wünschenswert wäre, wenn es MENDEL gelänge, hybride Nachkommen von *Hieracium* zu erhalten.

MENDEL begann die Kreuzungsversuche an *Hieracium* im Sommer 1866. Die technische Durchführung der Experimente erwies sich als besonders schwierig, da die *Hieracium*-Blüten sehr klein sind. Im Vergleich zu den Erbsen war die Kastration der *Hieracium*-Blüten keine leichte Angelegenheit. Außerdem ergab die für die künstliche Kreuzung notwendige Bestäubung höchst zweifelhafte und unbedeutende Ergebnisse. Die gewonnenen Fakten bestätigten die an Erbsen gewonnenen Ergebnisse nicht, sondern widersprachen ihnen. So wurde bei der ersten Generation von *Hieracium* keine Einheitlichkeit beobachtet, während die erste Generation Erbsen einheitlich war. Die folgenden Generationen von *Hieracium* waren immer konstant, während bei den Erbsen eine Aufspaltung beobachtet wurde. Woran lag das? Diese Frage konnten weder MENDEL noch seine Zeitgenossen beantworten. Die Lösung des Problems gelang erst 30 Jahre nach dem Abschluß der Versuche MENDELS. Es gab dabei gar keinen Widerspruch. Bei *Hieracium* wird einfach die Erscheinung der Apogamie, d. h. der Bildung von Samen auf ungeschlechtlichem Wege, beobachtet. MENDEL, der das nicht wußte, versuchte Samen durch Selbstbestäubung zu erhalten, was für *Hieracium* völlig uncharakteristisch ist.

Gleichzeitig setzte Mendel seine sorgfältigen Versuche fort. Die sehr kleinen Blüten von *Hieracium* konnten nur mit Hilfe des Mikroskops und von Beleuchtungsgeräten bearbeitet werden. Das sehr angestrengte Sehen wirkte sich auf seine Augen aus. Bei ihm entwickelte sich eine langwierige Augenerkrankung, wegen der er ein halbes Jahr lang nicht arbeiten konnte. Das war jedoch nicht das Haupthindernis bei seinen Kreuzungsuntersuchungen. Als solches Hindernis erwies sich seine Wahl zum Prälaten (Abt) des Klosters im Jahre 1868. Im Zusammenhang damit schrieb er am 4. Mai 1868 an Nägeli:

„In meinen Verhältnissen ist in der letzten Zeit ganz unvermuthet eine vollständige Aenderung eingetreten, meine Wenigkeit wurde nähmlich am 30. März von dem Kapitel des Stiftes, dessen Mitglied ich bin, zum lebenslänglichen Vorstande gewählt. Aus meiner bisherigen ganz bescheidenen Stellung als Lehrer der Experimentalphysik sehe ich mich mit einem Male in eine Sphäre versetzt, in welcher mir so manches fremd erscheint, und es wird wohl noch einige Zeit und Mühe kosten, bis ich mich darin heimisch fühlen kann. Das soll mich indessen nicht abhalten, ich hoffe sogar, denselben mehr Zeit und Aufmerksamkeit zuwenden zu können, bis ich nur in meine neue Stellung eingearbeitet bin.“[54])

Aber die Verpflichtungen des Prälaten waren so groß, daß sie seine Zeit und Kraft immer mehr in Anspruch nahmen. Seine Hoffnung erfüllte sich nicht. Außerdem begann Mendel seine Zuversicht zu verlieren. Das veranlaßte ihn, dem Naturforschenden Verein am 9. Juli 1869 widersprüchliche und unvollständige Ergebnisse vorzulegen, wobei er betonte: „Aus dem wenigen, das ich hier mitteilen kann, wird ersichtlich, daß die Arbeit noch kaum über ihre ersten Anfänge hinausreicht. Ich mußte wohl Bedenken tragen, an diesem Orte eben erst begonnene Versuche zu besprechen. Nur die Überzeugung, daß die Durchführung der projektierten Experimente noch eine Reihe von Jahren in Anspruch nehmen müsse, und die Ungewißheit, ob es mir vergönnt sein wird, dieselben zu Ende zu führen, konnten mich zu der heutigen Mitteilung bestimmen."[55])

In den ersten Jahren nach seiner Wahl zum Abt hat MENDEL seine Untersuchungen noch fortgesetzt. Das kann man aus Briefen an NÄGELI ersehen, in denen er NÄGELI von Verlauf und den Ergebnissen der Versuche in den Jahren 1868, 1869 und 1870 berichtete. Dann trat eine Unterbrechung des Briefwechsels ein, die etwa drei Jahre betrug. Und erst am 18. November 1873 schrieb MENDEL in seinem letzten Brief an NÄGELI: „Die Hieracien sind auch heuer wieder verblüht, ohne dass ich ihnen mehr, als einen oder den anderen flüchtigen Besuch schenken konnte. Ich fühle mich wahrhaft unglücklich, dass ich meine Pflanzen und Bienen so gänzlich vernachlässigen muss. Da ich jetzt einige Zeit gewinne, und nicht wissen kann, ob ich im nächsten Frühjahre in der gleichen Lage sein werde, sende ich Ihnen heute einiges aus meinen letzten Versuchen von 1870 und 1871."[56])

Vergeblich fuhr NÄGELI fort, MENDEL Briefe zu schreiben (er schrieb auch 1874 und 1875). Diese Briefe bleiben ohne Antwort. Jedoch MENDEL gab seine Arbeit an der Hybridisation von *Hieracium* nicht auf. In Brünn wurde ein Fragment seiner Versuche mit *Hieracium* gefunden, das sich auf die Jahre 1876—1877 bezieht, d. h. nach seiner Publikation der Experimente mit *Hieracium*. Wie HEIMANS nachwies,[57]) gelang es MENDEL, eine Erklärung für die Tatsache zu geben, daß sich die Hybriden von *Hieracium* nicht so verhielten wie die Erbsenhybriden. MENDEL erklärte die Beständigkeit der *Hieracium*-Hybriden in den folgenden Generationen als eine Erscheinung im Sinne der Polygenie.

Er setzte seine Forschungstätigkeit auch auf anderen Gebieten der Wissenschaft fort. In den „Verhandlungen des Naturforschenden Vereins in Brünn" veröffentlichte er mehrere Arbeiten: „Bemerkungen zu der graphisch-tabellarischen Uebersicht der meteorologischen Verhältnisse von Brünn", „Meteorologische Beobachtungen für Mähren und Schlesien" für die Jahre 1863—1866, „Die

Windhose vom 13. October 1870". Mit meteorologischen Beobachtungen beschäftigte sich MENDEL bis zum Ende seines Lebens.

Einen Teil seiner freien Zeit widmete er der Baumpflanzung, der Obstbaumzucht und der Bienenzucht. Es ist bekannt, daß er Versuche zur Hybridisation von Bienen durchführte. Leider kann man über die Ergebnisse dieser Arbeit nichts sagen. MENDELS Archiv wurde nach seinem Tode verbrannt, und mit ihm gingen der Wissenschaft seine Manuskripte verloren, in denen möglicherweise vieles Interessante enthalten war. MENDEL wirkte nicht nur im „Naturforschenden Verein", sondern auch in der Ackerbaugesellschaft von Mähren und Schlesien und im Brünner Bienenzuchtverein aktiv mit.

Die Erfüllung der Verpflichtungen als Abt, die Leitung der großen Klosterwirtschaft, nahm fast seine ganze Zeit in Anspruch. Viel Aufmerksamkeit forderte auch seine umfangreiche gesellschaftliche Tätigkeit. Es ist bekannt, daß MENDEL 1876 eine angesehene gesellschaftliche Stellung innehatte und aktiv an der Tätigkeit zahlreicher gesellschaftlicher Organisationen und Einrichtungen der Stadt teilnahm. Er wurde zum stellvertretenden Direktor und später zum Direktor der Mährischen Hypothekenbank ernannt. Nach seiner politischen Überzeugung stand MENDEL den Liberalen recht nahe und unterstützte sie daher im politischen Kampf. Und da mußte es geschehen, daß eben die liberale Partei 1874 im österreichischen Reichstag das „Gesetz, mit welchem behufs Bedeckung der Bedürfnisse des katholischen Kultes die Beiträge zum Religionsfonds geregelt werden" durchbrachte, nach dem dem Kloster eine recht empfindliche Steuer auferlegt wurde. So mußte das Kloster in Brünn jährlich von seinen Einkünften 7336 Gulden an den Religionsfonds abführen. MENDEL weigerte sich sehr entschieden, diese Steuer zu zahlen, da er sie für ungerechtfertigt hielt. Als Argument wies er darauf hin, daß keine Bevölkerungsgruppe durch so überaus hohe Steuern belastet sei.

Im Anfangsstadium dieses Kampfes wurde MENDEL

von anderen Klöstern unterstützt. Aber bald ließen diese unter dem Einfluß verschiedener Einwirkungen von dem Kampfe ab und unterwarfen sich dem Gesetz. MENDEL blieb vollkommen allein. Es entwickelte sich ein hartnäckiger, langwieriger und hoffnungsloser Kampf zwischen dem widerspenstigen Mönch und der Staatsmacht. Das Ergebnis der vieljährigen gerichtlichen Auseinandersetzung war schließlich, daß zur Bezahlung der Steuer ein Teil des Klostervermögens durch die Regierung konfisziert wurde.

Die letzten Lebensjahre MENDELS verliefen unter ständigen Unannehmlichkeiten und Ärger, was dazu führte, daß er sich vollkommen von der Außenwelt zurückzog.

Kapitel II.

Der Platz des Mendelismus in der Entstehung und Entwicklung der Genetik

Auf den Gesetzmäßigkeiten, die von MENDEL nachgewiesen wurden, beruhte eine qualitativ neue Etappe der Erforschung von Vererbung und Variabilität. N. I. WAWILOV wies auf ihre allgemeine methodologische Bedeutung hin und schrieb: „Dem Genie MENDELS gelang es, mit erstaunlicher Klarheit und Überzeugungskraft experimentell nachzuweisen, daß sich die einzelnen erblichen Merkmale bei der Kreuzung unabhängig voneinander verhalten, daß sie in der Nachkommenschaft frei, entsprechend den Gesetzen der Wahrscheinlichkeit, in bestimmten Zahlenverhältnissen kombiniert werden. Diese Erscheinung wurde erklärt mit der Bedingtheit der Merkmale durch Vererbungsträger, die in den Keimzellen (Gameten) enthalten sind. Er fand eine Methode zur Erforschung der kompliziertesten biologischen Erscheinungen, vor deren Geheimnis die Naturwissenschaftler des vergangenen Jahrhunderts stehen geblieben waren. Darüber hinaus entdeckte MENDEL den Weg zur planmäßigen Steuerung der Vererbung aufgrund der von ihm entdeckten Gesetzmäßigkeiten“.[1])

Bedeutet das, daß sich vor MENDEL niemand mit der Aufdeckung der Gesetzmäßigkeiten der Vererbung beschäftigt hat? Gelang es nur MENDEL, die Erscheinung der Dominanz und der Uniformität der Hybriden der ersten Generation genau zu beschreiben? Und gebührt vielleicht dem Genie MENDELS die Ehre, die Aufspaltung und Rekombination der Merkmale in der Nachkommenschaft der Hybriden entdeckt zu haben? War Gregor MENDEL der Pionier der Anwendung exakter Methoden der Kreuzung und gebührt ihm die Priorität bei der Feststellung der Elementarität der erblichen Merkmale?

Es versteht sich von selbst, daß man auf diese Fragen keine eindeutige Antwort geben kann. Gerade die Unmöglichkeit einer exakten Antwort illustriert ein weiteres Mal die Schwierigkeit der Bewertung einer wissenschaftlichen Entdeckung. Gerade die großen Entdeckungen in der Geschichte der Wissenschaft entstehen niemals in einem Vakuum, sondern nur auf der Grundlage des vorangehenden Wissens, das nicht in einer einzigen Generation von Wissenschaftlern gesammelt wurde, und um eine objektive Antwort auf die gestellten Fragen zu geben, muß das Prinzip des Historismus angewandt werden — eine der wichtigsten methodologischen Forderungen der materialistischen Dialektik. Aus dem Ignorieren des Prinzips des Historismus ergeben sich vorrangig die Gründe für die Fehlerhaftigkeit verschiedener philosophischer Schlußfolgerungen, die aus verschiedenen genetischen Konzeptionen und Theorien gezogen wurden. Eine metaphysische, zeitlose Betrachtung, welche die Entwicklung der wissenschaftlichen Vorstellungen und die mangelnde Eindeutigkeit ihrer Ausdrucksformen und Interpretationen sogar im gleichen historischen Entwicklungsstadium nicht beachtet, führte vor allem auch zu einer fehlerhaften Bewertung der Lehre Mendels von der Vererbung. Daher muß man als erstes beachten, daß man, um den Mendelismus als genetische Lehre objektiv zu bewerten, die wissenschaftlichen Vorstellungen analysieren muß, die sich hier historisch entwickelt haben (die Vorstellungen der Vorgänger Mendels), die die grundlegenden Voraussetzungen für seine Leistung waren. Man muß untersuchen, was mehr oder weniger vollständig in sie einging, und was verworfen wurde.

Also, über die Vorgänger Gregor Mendels.[2])

In seinem Buch „Die Logik des Lebenden" bestätigt der Nobelpreisträger Francois Jacob, daß die Lehre Mendels (und folglich die Genetik der Wissenschaft), als Ergebnis zweier Formen des Herangehens, des praktischen und des theoretischen, entstand.[3]) So verhält es sich tatsächlich.

Im Hinblick auf das praktische Herangehen MENDELS erinnern wir uns, daß er in einer Bauernfamilie aufwuchs, daß er Vorlesungen über Landwirtschaft bei dem hervorragenden Professor DIEBEL hörte, als er in den Philosophischen Klassen studierte. Er hatte immer ein lebhaftes Interesse an der Praxis der Landwirtschaft Mährens, deren Niveau zu dieser Zeit hoch war. Wie NESTLER[4]) bezeugt, wurden besonders wichtige Ergebnisse auf dem Gebiet der Schafzucht dank der Züchterschule von GEISSLER erzielt, den man seiner Verdienste wegen auch den „mährischen Bakewell" nannte. Jedoch wurden im Unterschied zu dem Engländer BAKEWELL die Methoden der züchterischen Arbeit GEISSLERNS 1816 von seinem Schüler R. ANDRÉ in dem Buch „Anleitung zur Veredelung des Schafviehs" (Prag) veröffentlicht. In dieser Beziehung besaß MENDEL bessere Voraussetzungen als DARWIN, der Berge von Literatur las, weil er sich bemühte, wenigstens etwas über die Methode der züchterischen Arbeit BAKEWELLS zu finden.[5])

Es wäre schädlich, eine starre Grenzlinie zwischen dem praktischen und dem wissenschaftlichen Herangehen MENDELS zu ziehen. Man sollte sich nur an die Ansichten des Professors der Wiener Universität UNGER erinnern, der MENDEL lehrte, alles wissenschaftlich zu begründen und die biologischen Erscheinungen auf die Gesetze der Chemie und Physik zurückzuführen. Das bezog sich natürlich auch auf die Erscheinung der Hybridisation. Wenn man über das wissenschaftliche Herangehen MENDELS spricht, muß man besonders den Umstand hervorheben, daß MENDEL dabei zwei Methoden verschiedener Wissenschaften vereinigte, die mathematische (DOPPLER) — die Statistik — und die biologische (UNGER und die Tier- und Pflanzenzüchter) — die Hybridisation.

Gleich am Beginn, in den „Einleitenden Bemerkungen" seiner klassischen Arbeit „Versuche über Pflanzen-Hybriden" sprach MENDEL mit der gebührenden Hochachtung von seinen Vorgängern auf dem Gebiet der Hybridisation. Er schrieb: „Dieser Aufgabe (Mendel dachte an die Aufgabe, die Entwicklung der Hybriden und ihrer Nachkommenschaft zu verfolgen) haben sorgfältige Beobachter wie Kölreuter, Gärtner, Herbert, Lecoq, Wichura u. a. einen Teil ihres Lebens mit unermüdlicher Ausdauer geopfert."[6]) Wie wir sehen, bezeichnet Mendel Josef Gottlieb Kölreuter als einen seiner ersten Vorgänger. Tatsächlich hat Mendel damit nicht vollkommen recht, daß vor Kölreuter die gleiche Aufgabe gestanden habe wie vor ihm. Eigentlich stellte sich Kölreuter die Aufgabe, vor allem das Vorhandensein der Sexualität bei Pflanzen zu beweisen. Seine ganze experimentelle Arbeit war darauf orientiert, zu beweisen, daß sich zweigeschlechtliche Pflanzen auf geschlechtlichem Wege fortpflanzen. Davon kann man sich überzeugen, wenn man seine erste Arbeit studiert, die 1761 erschienen ist und deren Titel für sich selbst spricht: „Vorläufige Nachricht von einigen das Geschlecht der Pflanzen betreffenden Versuchen und Beobachtungen". Dazu ist anzumerken, daß die Pflanze, die den Fruchtknoten mit den Eizellen trägt, und die, die den Pollen bietet, nicht in jedem Einzelfall einen Keim bilden. Die Lösung dieser Aufgabe war nur möglich, wenn man Hybriden erhielt, die gut zu beobachtende Merkmale beider Eltern vereinigten. Wenn man von Kölreuter als einem Vorgänger Mendels spricht, darf man folglich als Gemeinsamkeit nicht in erster Linie die Aufgabe, sondern muß die Mittel, Hilfsmittel und Methoden, die von ihnen angewandt wurden, herausstellen. In dem gegebenen Fall handelt es sich um die Methode der Hybridisation. Tatsächlich kann man Kölreuter als den Begründer der wissenschaftlichen Methode der Kreuzung von Pflanzen ansehen.

Es ist interessant, festzustellen, daß Kölreuter die erblichen Merkmale verschiedener Sorten von Blütenpflanzen als Indikatoren bei den Versuchen zur kreuzweisen Bestäubung von Pflanzen ansah. Die Merkmale als

Indikatoren ermöglichten es ihm, die Bedeutung des Pollens bei der Befruchtung von Pflanzen zu beweisen.

Aufmerksamkeit verdient die von KÖLREUTER eingeführte Methode der Halbkastration von Pflanzen, die nicht nur von MENDEL angewandt wurde, sondern die auch bis zum heutigen Tag verwendet wird. Sie besteht darin, daß in der Blüte die Staubfäden mit den reifenden Pollen entfernt werden. Eine solche Neuerung verwandelte die Hybridisation in eine exakte Methode der biologischen Forschung, deren Ergebnisse jetzt den Charakter der vollkommenen Eindeutigkeit trugen, da sie die Möglichkeit für eine exakte Kontrolle des Prozesses der Bestäubung schufen. Durch KÖLREUTER wurde auch die Methode der reziproken Kreuzung begründet, mit der es ihm gelang, die identische Beteiligung beider Geschlechter an den Erscheinungen der Vererbung von Merkmalen nachzuweisen, d. h. die „Gleichberechtigung" der Pollen und Eizellen bei der Übertragung erblicher Merkmale. Er beobachtete auch die Erscheinung der Dominanz einzelner Merkmale und der Unterdrückung anderer und die Erscheinung des Wiederauftretens von Eigenschaften, die einer oder mehreren Generationen verborgen waren, in der Nachkommenschaft. „Jedoch konnte er", wie L. E. GAJSINOWIČ richtig sagt, „aufgrund der zu dieser Zeit herrschenden Vorstellungen die Bedeutung der beobachteten Erscheinungen nicht vollkommen verstehen – der von der Kirche geheiligten Vorstellungen von der anfänglichen Erschaffung aller Arten von Pflanzen und Tieren der Erde und der unveränderlichen Bewahrung ihrer Unterschiede. Zur Sicherung dieser ursprünglichen Vielgestaltigkeit der Natur wurden verschiedene Hindernisse gegen eine ungeordnete, ‚widernatürliche' Kreuzung verschiedener Arten untereinander geschaffen."[7])

So wurde in der ersten Entwicklungsetappe der Lehre von der Hybridisation das Problem der Geschlechter bei den Pflanzen gelöst und die Biologie durch eine exakte Methode der Kreuzung bereichert, aber es wurde keine wissenschaftliche Erklärung der Natur der pflanzlichen

Hybriden gegeben. Das geschah in engem Zusammenhang mit der Lösung des Problems der Art, ihrer Entstehung, Struktur und Grenzen.

Die markanteste Gestalt in der folgenden (zweiten) Entwicklungsetappe der Lehre von der Hybridisation, in der das Problem der Art gelöst wurde, war Thomas Andrew Knight (1759—1838), ein bemerkenswerter englischer Pflanzenzüchter. Knight bemühte sich vor allem, die Frage nach dem Einfluß des Pollens zweier verschiedener Arten auf ein und dieselbe Frucht zu lösen und zu klären, ob es möglich sei, daß bereits in der ersten Generation die Frucht die Merkmale des väterlichen Elternteils trage. Dazu wählte Knight ein äußerst dankbares Objekt. Seine Aufmerksamkeit fand die Erbse, bei der er im Prozeß der Kreuzung verschiedener Sorten grundlegende Erscheinungen der Vererbung beobachten konnte.

Knight leistete bei der Durchführung seiner Experimente eine ungeheure Arbeit. Die Kreuzung wurde bei vielen verschiedenen Sorten und Formen unterschiedlicher Arten von Kulturpflanzen in Verbindung mit der weiteren Züchtung der Nachkommenschaft dieser Kreuzungen durchgeführt, wobei neue Kombinationen von Merkmalen gefunden und neue Sorten gezüchtet wurden. Wenn man Knight als Vorgänger Mendels betrachtet, darf man die Tatsache nicht übersehen, daß bereits Knight Sorten und Formen innerhalb jeder Pflanzenart unterschied. Er bemerkte, daß die Sortenmerkmale sich in eine Vielzahl einzelner kleiner Merkmale aufsplitterten. Im Verlaufe der Kreuzungen beobachtete er von Generation zu Generation eine interessante Abhängigkeit: je weiter die für die Kreuzung verwendeten Pflanzenformen voneinander verschieden waren, um so größer war die Zahl der einzelnen kleinen Merkmale, durch die sich die ersten Formen unterschieden, die als Ergebnis der Kreuzung gewonnen wurden.

Jedoch ist das nicht das Wichtigste, was die Arbeiten Knights interessant macht. Das Wichtigste besteht darin, daß, wenn man die Kreuzungen weiter fortsetzt, diese kleinen einzelnen Merkmale nicht weiter teilbar sind, d. h., daß sie bei beliebigen weiteren Kreuzungen unteilbar bleiben. So stieß KNIGHT auf die korpuskuläre Natur der „elementaren" erblichen Merkmale. Der Leser, der mit den Grundlagen der modernen Genetik vertraut ist, versteht sofort, daß es sich um die fundamentale Entdeckung handelt, auf deren Grundlage sich die modernen theoretischen Auffassungen der Genetik (die Diskretheit der erblichen Variabilität, die Diskretheit der genetischen Informationen) aufbauen.

KNIGHT gelang es nicht, das Problem derart zu lösen, als er die Ergebnisse der Hybridisation als Kriterien benutzte, jedoch wurden solche Versuche in den Arbeiten der französischen Obstzüchter und Gärtner (SAGÉRÉT, JORDAN, GODRON, NAUDIN) wieder aufgenommen und erfolgreicher durchgeführt.

Einen besonderen Platz unter ihnen nimmt August SAGÉRÉT ein, der sich zu Beginn des 19. Jahrhunderts mit der Hybridisation zu beschäftigen begann. Die interessantesten Beobachtungen gelangen ihm bei Kürbissen, eine breite Beachtung erreichten jedoch seine Arbeiten zur Züchtung zahlreicher Sorten von Obstbäumen. Er wählte bewußt die Kürbisse als Forschungsobjekt. Den Vorzug der Kürbisse vor den Obstbäumen sah SAGÉRÉT darin, daß sich erstens in der Familie der Kürbisgewächse die männlichen Blüten getrennt von den weiblichen befinden, es daher nicht notwendig ist, eine arbeitsaufwendige Kastration durchzuführen; daß zweitens bei den Kürbissen das Wachstum und die Bildung der Früchte wesentlich schneller vor sich geht, wodurch es möglich wird, in einem kürzeren Zeitraum eine größere Zahl von Generationen zu erreichen.

Eine Betrachtung verdient das Beispiel, das von SAGÉRÉT selbst durchgeführt wurde und als dessen Ergebnis er zu der Erkenntnis kam, daß die Vererbung nicht kontinuierlich ist, wie seine Vorgänger und Zeitgenossen dachten, sondern korpuskulär. So schrieb er: „Vergegenwärtigen wir uns der größeren Einfachheit und Klarheit halber, daß Eierfrüchte und Melonen, deren Hybriden uns hier interessieren, nur fünf bemerkbare oder Beachtung verdienende Merkmale besitzen.“[8])

Dazu rechnete er folgende alternativen Merkmalspaare zweier Melonensorten:

Melon cantaloup brodé	*Melon chaté*
1. Fruchtfleisch gelb	Fruchtfleisch weiß
2. Samen gelb	Samen weiß
3. Schale mit Netz	Schale glatt
4. Rippen stark ausgeprägt	Rippen schwach ausgeprägt
5. Geschmack angenehm süß	Geschmack süß und stark sauer

Wäre die Annahme einer Vermischung wahr, setzt SAGÉRÉT seine Beurteilung fort, dann müßten die zu erwartenden Hybriden mittlere Eigenschaften besitzen: 1. weiß-gelbes Fruchtfleisch; 2. weiß-gelbe Kerne; 3. ein leichtes spärliches Netz; 4. Rippen, die wenig ausgeprägt sind; 5. einen gleichzeitig süßen und sauren Geschmack; aber das traf ganz und gar nicht zu.[9])

Dank der Tatsache, daß SAGÉRÉT seine Aufmerksamkeit nicht dem Organismus als Ganzem zuwandte, sondern nur die Vererbung einzelner Merkmale zu klären versuchte, gelang es ihm, zu sehr interessanten Schlußfolgerungen zu kommen. Danach mischen sich die erblichen Eigenschaften bei den Hybriden nicht, sondern gehen vollständig in das Erbgut ein und verschwinden nicht spurlos in der Generationenfolge. Das widersprach bereits klar der allgemeinen Ansicht vom kontinuierlichen Charakter der Vererbung. „So scheint mir letzten Endes“, zog SAGÉRÉT seine Schlußfolgerung, „daß die Ähnlichkeit der Hybriden mit beiden Eltern gewöhnlich nicht durch eine enge Vereinigung ihrer verschiedenen Eigenschaften in jedem einzelnen Merkmal zustandekommt, sondern eher durch eine gleichmäßige oder ungleichmäßige Verteilung dieser Merkmale.“[10])

Es ist verständlich, daß SAGÉRÉT, als er das Prinzip der korpuskulären Natur der Vererbung postulierte, nicht die ungeheure biologische Bedeutung der freien Verteilung der erblichen Merkmale in der Nachkommenschaft erkennen konnte. Eigentlich untersuchte er die Vererbung einzelner Merkmale, aber wie viele davon hat der Organismus! Welch ungeheure Zahl vielgestaltiger organischer Formen kann man durch eine endlose Zahl von Kombinationen der erblichen Merkmale erhalten! Der letzte Umstand überwältigte SAGÉRÉT vollkommen. „Muß man nicht", schrieb er, „über die Einfachheit der Mittel entzückt sein, mit denen die Natur die Möglichkeit einer grenzenlosen Variabilität ihrer Geschöpfe bereitet und der Eintönigkeit entgeht. Diese zwei Mittel — Zusammenfließen und Trennen der Merkmale, durch verschiedene Bilder ihrer Kombination, können eine Vielgestaltigkeit ohne Grenzen herbeiführen."[10])

Als er sich bemühte, eine Erklärung für die Erscheinungen der Dominanz und der Erhaltung der elementaren Merkmale zu finden, die, wie bereits von KNIGHT bemerkt wurde, bei Hybriden der folgenden Generationen wieder zum Vorschein kommen, konnte SAGÉRÉT den engen Rahmen der spekulativen Vorstellungen nicht wesentlich überschreiten. Seine Hypothese von den schlafenden Keimen konnte nicht experimentell bestätigt werden und war daher auch keine Arbeitshypothese. Aber das interessiert uns jetzt nicht. Die Hauptsache im Werk von SAGÉRÉT war zweifellos, und hier teilen wir den Standpunkt von A. E. GAJSINOWIČ, daß er als erster in der Geschichte der Hybridisation Schritte zum Verstehen der Gesetzmäßigkeiten, die später MENDEL entdeckte, unternahm. „Alle vorhergehenden Experimentatoren (KÖLREUTER, KNIGHT, GOSS u. a.)", erwägt GAJSINOWIČ, „können als Vorgänger nur in dem Sinne bezeichnet werden, daß sie die wahren Gesetzmäßigkeiten nur beobachteten, aber ihre tiefe Bedeutung überhaupt nicht verstanden; sie waren sozusagen spontane Vorgänger. Erst mit SAGÉRÉT beginnt ein fragmentarisches

Begreifen der beobachteten Erscheinungen. Er postulierte als erster das Prinzip der unteilbaren Merkmale und ihrer Beständigkeit bei der Vererbung. Daher ist SAGÉRÉT der erste bewußte Vorgänger MENDELS.

Der bedeutendste Vorgänger MENDELS war jedoch Charles NAUDIN. Er arbeitete zur gleichen Zeit wie MENDEL und führte Untersuchungen zur Definition der Art und ihrer Grenzen durch. Er hielt es für sein größtes Verdienst, daß es ihm experimentell gelungen war, die Unmöglichkeit einer Grenzziehung zwischen Arten und Varietäten nachzuweisen, sowohl in der Natur wie auch bei den Kulturformen. So behauptete NAUDIN, es gäbe keinen qualitativen Unterschied zwischen Arten, Rassen und Varietäten; ihn zu suchen, grenze an Wahn. Alle diese drei Objekte stellten ein und dasselbe dar, und mit anderen Worten, ihre Unterschiede seien nichts als gradweise Unterschiede zwischen vergleichbaren Formen.[13])

Um zu einer Bestätigung zu kommen, führte NAUDIN umfangreiche Kreuzungsversuche durch. Er wollte die Frage beantworten, ob sich die Artbastarde (Hybriden) von den Bastarden einzelner Spielarten (Mischlinge) in ihrem Verhalten unterscheiden. Mit dem Namen NAUDIN ist eine wichtige Etappe in der Entwicklung der Methode der Hybridisation in der Pflanzenzüchtung verbunden. NAUDIN, der auch die Arbeiten von KÖLREUTER, KNIGHT und SAGÉRÉT gut kannte und hoch einschätzte, entdeckte und untersuchte die Erscheinung des Erhaltenbleibens der elementaren erblichen Merkmale (obwohl in der ersten Generation die Dominanz eines aus dem Paar der alternativen Merkmale beobachtet wurde) und die Erscheinung ihrer Neu-Kombination in den der Kreuzung folgenden Generationen.

Die wichtigste Feststellung, die NAUDIN in dem Buch „Neue Untersuchungen zur Hybridisation von Pflanzen“ (1861) trifft, besteht darin, daß der charakteristischste Wesenszug der ersten Generation ihre Einheitlichkeit ist. Ein Ergebnis der Untersuchung von Pflanzenhybriden unter dem Gesichtspunkt der Beständigkeit oder Unbeständigkeit ihrer Merkmale formulierte NAUDIN so: „Die Hybriden einer Kreuzung sind einander in der ersten Generation so sehr oder fast so ähnlich wie Individuen, die einer reinen (légitime) Art entstammen."[14])

Gleichzeitig beschränkte sich NAUDIN nicht auf die Untersuchung der Hybriden der ersten Generation. Er führte auch eine Analyse der zweiten Generation durch und fügte die Resultate in das allgemeine Bild seiner Ergebnisse ein. „Von der zweiten Generation an," bemerkte NAUDIN, „verändert sich das Bild der Hybriden in bemerkenswerter Weise. Die vollkommene Einheitlichkeit der ersten Generation verwandelt sich gewöhnlich in eine äußerste Vielfalt der Formen ... Gerade in der zweiten Generation beginnt in der Mehrzahl der Fälle (vielleicht auch in allen) diese Aufsplitterung (dissolution) der Hybridformen, die bereits von vielen Beobachtern unklar vorhergesehen, von anderen bezweifelt wurde und mir jetzt vollkommen unbestreitbar erscheint."[15])

Die Charakteristik NAUDINS, des hervorragendsten Vorgängers von MENDEL, wäre nicht vollständig, würde man vergessen, daß er eine große Zahl von reziproken Kreuzungen durchführte und die stufenweise Veränderung der Hybriden im Verhältnis zu den Elternformen bestätigte, mit denen die Gegenkreuzungen durchgeführt wurden. Dabei versuchte er auch, eine quantitative Methode bei der Untersuchung der Ergebnisse der Hybridisation anzuwenden. Hätte er in diesem Fall ein exaktes und klares Bild der quantitativen Verhältnisse der Verteilung der Merkmale erhalten können? Aller Wahrscheinlichkeit nach, nein. Erstens deshalb, weil er nicht wie MENDEL bestrebt war, einzelne sich aufteilende Merkmale zu beobachten, sondern ihre große Gesamtheit in der Nachkommenschaft. Zweitens galt die hauptsächliche Aufmerksamkeit NAUDINS nicht den Rasse-Hybriden, bei denen alle Verhältnisse wesentlich klarer sind, sondern den Arthybriden, die sich durch große Kompliziertheit auszeichnen, was es schließlich unmöglich machte, das

Wesen des Phänomens der Aufsplitterung herauszuarbeiten, obwohl er ihm ziemlich nahe kam.

Das Interessanteste jedoch besteht in der Erklärung der Erscheinungen im Verhalten der Hybriden, die von NAUDIN genau und im allgemeinen auch richtig beschrieben worden waren. Ihre theoretische Erklärung ist vor allem in der Beziehung interessant, daß sie erstaunlich an die Interpretation erinnert, die von MENDEL sehr exakt und mit aller Gründlichkeit erarbeitet worden ist. Dafür benutzte NAUDIN die Theorie der „Essenzen".

Er versuchte, das Verhalten der Hybriden durch Verteilung spezifischer Stoffe der Eltern im Pollen und in den Eiern des Hybriden zu erklären. Er meinte, daß sich im Prozeß der Hybridisation irgendwelche Elemente von jeder Art vermischen, die untereinander in Kampf geraten und sich als Ergebnis dieses Kampfes bemühen, sich voneinader zu trennen. In der ersten Entwicklungsetappe, im Keim, befinden sie sich in den kleinsten Teilchen der Hybriden. Im Prozeß der Entwicklung der Hybriden, wenn sie heranreifen, nehmen sie die Form von Mosaikteilchen an, wobel jedes Teilchen einmalig ist und von einem der Eltern abstammt. Dabei haben beide Sorten von Teilchen die gleiche Wahrscheinlichkeit, sich zu treffen. Das mit bloßem Auge zu beobachtende Mosaik findet dadurch eine unkomplizierte Erklärung, daß sich anfangs für das Auge nicht unterscheidbare Teilchen nach ihrer Verwandtschaft gruppieren, ähnliche zu ähnlichen, und daß dadurch die große Menge der Teilchen gebildet wird, die, wenn sie größer werden, auch für das unbewaffnete Auge sichtbar werden. „Die Hybridpflanzen", schrieb NAUDIN, als er seine Theorie der Essenzen erklärte, „sind Individuen, in denen zwei Wesen vereinigt sind, von denen jedes seinen eigenen Wachstumstyp und sein Endziel (finalité) hat, die zueinander im Widerspruch stehen und unaufhörlich darum kämpfen, sich voneinander zu trennen. Befinden sich diese zwei Wesen in einer engen Fusion? Wie durchdringen sie sich gegenseitig, so daß jedes Teilchen des

Hybriden, sei es klein oder winzig, einheitlich beide enthält? Es ist möglich, daß es sich im Keim oder in den ersten Entwicklungsphasen so verhält; mir erscheint es jedoch wahrscheinlicher, daß ... die Hybride ein lebendes Mosaik darstellt, dessen heterogene Elemente das Auge nicht unterscheiden kann ...“[16])

Außerdem war NAUDIN der Ansicht, daß sich mit dem Wachstum das Streben nach Aufteilung vergrößert. Die höchste Stufe wird bei den Samenanlagen und Staubkörnern erreicht. Dabei kann ein Teil der Staubkörner vollkommen der väterlichen Pflanze entsprechen, ein anderer der mütterlichen. In den übrigen Staubkörnern mag sich vielleicht überhaupt keine Trennung vollziehen oder nur unvollständig sein. Ein solches Bild wird auch in der Samenanlage beobachtet. Diese Erwägungen NAUDINS erinnern erstaunlich an die Erwägungen MENDELS. Zitieren wir sie wörtlich. „Wir setzen voraus“, überlegte NAUDIN, „daß im hybriden Leinkraut der ersten Generation die Aufteilung gleichzeitig im Staubbeutel und in innerem Zusammenhang vollzogen wird — ; daß einige Staubkörner im ganzen von der väterlichen Art herkommen; andere — ganz von der mütterlichen Art; in anderen gibt es keine Teilung oder nur eine rudimentäre; setzen wir noch voraus, daß sich die Samenanlage in gleichem Maße als in eine väterliche und eine mütterliche Seite teilbar erweist; daß das vor sich geht, wenn die Pollenschläuche in die Fruchtknoten wachsen und die Samenanlagen zur Befruchtung bestäuben. Wenn die Röhrchen des Staubkorns, das zur väterlichen Art tendiert, auf eine Samenanlage treffen, die in sich das gleiche vereinigt, dann geschieht eine vollkommen reine (légitime) Befruchtung, als deren Ergebnis eine Pflanze entsteht, die vollkommen in die väterliche Art einschlägt; eine ähnliche Kombination vollzieht sich zwischen Blütenstaub und Samenanlagen, die beide zur mütterlichen Seite des Hybriden tendieren, — die Frucht tendiert auch zur Art der letzteren; wenn es umgekehrt zu einer Kombination zwischen Samenanlagen und Staubkörnchen kommt, die in sich einander widersprechende Seiten vereinigen, dann vollzieht sich eine Kreuzungsbefruchtung, ähnlich der vorangegangenen Hybridisation, und es entstehen wieder gemischte Formen zwischen zwei Arttypen."[17])

So ist es leicht zu verstehen, daß bei einem Treffen identischer Blütenstaubkörner und Samenanlagen eine „vollkommen reine" Befruchtung stattfindet und eine Pflanze erscheint, die vollkommen zu einer der Ursprungsformen tendiert. Von diesem Standpunkt läßt sich die „kreuzende Befruchtung" ohne Schwierigkeiten erklären, deren Ergebnis eine intermediäre Hybride ist.

Eine solche detaillierte Analyse der Ansichten von Naudin erschien uns notwendig, um bei dem Leser eine richtige Vorstellung von dem Verhältnis der wissenschaftlichen Vorstellungen von Mendel und Naudin zu erreichen. Trotz Naudins großem Beitrag zur Entwicklung der Lehre von der Hybridisation, muß man auf seinen grundlegenden Mangel hinweisen, von dem Mendel frei war. Es handelt sich darum, daß Naudin die Zahl der verschiedenen Formen nicht genau bestimmen konnte, in denen die Nachkommen der Hybriden erscheinen. Ihm gelang es nicht, diese Formen richtig den einzelnen Generationen zuzuordnen und ihre gegenseitigen zahlenmäßigen Verhältnisse aufzudecken. Den wichtigsten Grund für diesen Mangel in den Arbeiten Naudins sehen wir darin, daß er seine Experimente mit ausgewählten Individuen durchführte und nicht alle Hybriden in die folgende genetische Analyse einbezog. Daraus ergibt sich ganz natürlich auch die Ungenauigkeit, die Verschwommenheit und das Deskriptive seiner Beweisführung, was seinerseits eine Unterschätzung der Arbeiten Naudins bedingte, obwohl sie zu seinen Lebzeiten weithin berühmt waren.

Versuchen wir jetzt (nachdem nur eine für eine Einführung notwendige allgemeine Einschätzung der wissenschaftlichen Erfolge Mendels und seiner Vorgänger gegeben wurde), das zu analysieren und zu konkretisieren, was anfangs nur allgemein als Notwendigkeit formuliert worden war. Wie aus der vorstehenden Analyse bekannt ist, waren alle Vorgänger MENDELS bestrebt, die Merkmale summarisch zu bewerten, ohne sie zu unterteilen und einer vollständigen zahlenmäßigen Analyse zu unterziehen. Im Gegensatz dazu formulierte MENDEL die Frage konkret und klar. Hier sollte man sich auch daran erinnern, mit welcher Sorgfalt er an die Wahl seiner Forschungsobjekte heranging oder an seine Methodik der Durchführung der Forschungsexperimente, die nach der Art der exakten physikalischen Experimente bis in die kleinsten Einzelheiten durchgearbeitet war. Man darf auch nicht vergessen, daß mit dem Namen MENDEL die dritte Etappe der Entwicklung der Lehre von der Hybridisation verbunden ist, deren Hauptaufgabe bereits nicht mehr die Klärung des Problems der Art, wie es für die Vorgänger MENDELS charakteristisch war, sondern die Untersuchung der Art und Weise der Übertragung von Eigenschaften von einer Generation auf die andere war. Ihm war die Aufgabe gestellt, das Problem der Vererbung von Merkmalen mit mathematischen Berechnungen zu lösen.[18])

Worin besteht nun die Besonderheit von MENDELS Herangehen an die Experimente zur Hybridisation, die damals in so großem Umfang durchgeführt wurden?

Erstens wurde das Experiment an nahe verwandten Formen ein und derselben Art durchgeführt, die sich nur in einem oder einigen wenigen Merkmalen voneinander unterschieden, wobei der Erbgang eines jeden Merkmals im einzelnen untersucht wurde. Bedeutet das, daß seine Vorgänger nicht die Vererbung einzelner Merkmale bemerkten? Nein, das bedeutet es nicht. Jedoch aufgrund der weit verbreiteten Ansicht von der kontinuierlichen Natur der Vererbung suchten sie die Ähnlichkeit der Nachkommen mit den elterlichen Formen im ganzen.

Zweitens lag der Erforschung des Erbgangs der Merkmale bei MENDEL eine genaue mathematische Analyse jedes einzelnen Merkmals zugrunde. Hatte irgendeiner seiner Vorgänger eine so erschöpfende mathematische Analyse durchgeführt? Selbstverständlich nicht. Obgleich man der Gerechtigkeit halber erwähnen muß, daß einige von ihnen beiläufig, wie im Vorübergehen, auf einzelne zahlenmäßige Beziehungen der den Eltern ähnlichen Nachkommen hingewiesen haben.

Drittens führte MENDEL eine Analyse jeder Hybridpflanze im einzelnen durch. Dabei säte er auch den Samen jedes Individuums einzeln aus, was auch keiner von MENDELS Vorgängern tat.

Wir wissen jetzt, daß die Entdeckung der Gesetzmäßigkeiten der Vererbung durch MENDEL die Folge der Klarheit und der Eindeutigkeit der Problemstellung und der Anwendung der quantitativen variationsstatistischen Methode zur Bearbeitung der Ergebnisse des Experiments war, aber auch des Entwurfs des statistischen Modells für die theoretische Erklärung und Prognose der Erscheinungen der Vererbung.[19])

Auf den ersten Blick mag es dem heutigen Leser paradox erscheinen, daß bei all den oben aufgezählten Vorzügen MENDELS Arbeit „Versuche über Pflanzenhybriden" unverstanden blieb und man sich 35 Jahre lang nicht an sie erinnerte, obwohl sie an 120 Universitätsbibliotheken und Naturforschervereinigungen in Prag, Berlin, Wien, München, New York, Paris und Philadelphia, Petersburg, London usw. verschickt worden war. Außerdem bestellte MENDEL zusätzlich 40 Sonderdrucke, von denen er den größten Teil an seine Freunde verteilte, die übrigen aber den bedeutendsten Wissenschaftlern zusandte.

Tatsächlich erinnerte man sich in der zweiten Hälfte des 19. Jahrhunderts an sie. Den ersten Nachweis finden wir in der Arbeit von H. HOFFMANN „Untersuchungen zur Bestimmung des Wertes von Species und Varietät" (Gießen 1869), in der der Autor die Ansichten MENDELS im Sinne NAUDINS diskutiert und behauptet, daß die Hybriden bei Kreuzungen die Tendenz haben, zu den ursprünglichen Formen zurückzukehren. Hier kann man nicht von einem richtigen Verständnis MENDELS sprechen.

Das zweite Mal wurde die Arbeit MENDELS 1874 zitiert durch den Vater des hervorragenden sowjetischen Darwinisten I. I. ŠMAL'GAUZEN, den russischen Botaniker I. F. ŠMAL'GAUZEN, in seiner Magisterdissertation.[20]) Das war bereits ein ernsthafter Versuch, in das Wesen der Sache einzudringen, aber leider ging er an dem von MENDEL vorgeschlagenen Mechanismus der Vererbung vorbei. Die größte historische Bedeutung hatte eine Äußerung FOCKES über MENDELS Arbeit, der sie in seiner grundlegenden Zusammenstellung „Die Pflanzen-Mischlinge" erwähnte. So war 1881 zum dritten Male von MENDEL die Rede. Jedoch wurden in dieser Arbeit die Ergebnisse MENDELS als Wiederholung der von NAUDIN bewertet. Wie kann man sich ein solches Verhalten zu der hervorragenden Entdeckung MENDELS erklären? Die am weitesten in der Literatur verbreitete Erklärung besagt, daß die Wissenschaft zur Zeit MENDELS vollkommen unvorbereitet für das Aufnehmen seiner Ideen war, die die Zukunft der Vererbungswissenschaft vorwegnahmen.

Die Zeit, in der MENDEL arbeitete, ist charakterisiert durch den Siegeszug der DARWINschen Idee der Evolution durch natürliche Auslese als Ergebnis des Kampfes ums Dasein. Wir erinnern uns, daß „Die Entstehung der Arten durch natürliche Auslese" von Ch. DARWIN 1859 erschienen ist, d. h. sieben Jahre vor der Arbeit Gregor MENDELS. Es war die Zeit der hitzigsten Diskussionen über das Problem der Entstehung der Arten zwischen den Anhängern DARWINS und ihren Gegnern. So wichen die Interessen der Biologen von den Interessen MENDELS ab. Für das bekannte kühle Verhältnis und sogar Unverständnis, mit dem die Zeitgenossen der Arbeit MENDELS begegneten, kann auch der Umstand eine Rolle gespielt haben, daß das wichtigste Problem, das die Aufmerksamkeit der hervorragenden Hybridisatoren, sowohl der Vorgänger wie auch der Zeitgenossen MENDELS auf sich zog, das Problem der Art und ihrer Kriterien war. Außerdem wurde die Analyse MENDELS an Sorten von Kulturpflanzen durchgeführt. Er vermied bewußt Kreuzungen zwischen Arten. A. E. GAJSINOWIČ hat vollkommen recht, wenn er in diesem Zusammenhang erwähnt, daß ein solches Forschungsobjekt in den Augen der Zeitgenossen die Bedeutung, Universalität und Überzeugungskraft der Ergebnisse herabsetzte, die MENDEL veröffentlichte.[12]) Als gutes Beispiel dafür kann das skeptische Verhalten NÄGELIS gegenüber MENDEL gelten, dessen Interessen in erster Linie auf die Fragen der Artenbildung orientiert waren. Gewiß darf man auch nicht vergessen, an welchem Ort die klassische Arbeit MENDELS entstand und das Licht der Welt erblickte. Wie bekannt ist, wurde sie in den „Verhandlungen des Naturforschenden Vereins in Brünn" veröffentlicht. Wäre diese Arbeit von einer soliden Spezialzeitschrift gebracht worden oder in Form einer Monographie herausgegeben worden, wer weiß, vielleicht wäre ihr Schicksal anders gewesen.

Wir können noch einen Grund nennen, auf den seinerzeit NÄGELI hingewiesen hat. Weiter oben haben wir bereits einen Teil des ersten Briefes NÄGELIS an MENDEL zitiert. Hier vermerken wir nur, daß NÄGELI nicht unbegründet der Ansicht war, die Versuche MENDELS an *Pisum* nur einen vorläufigen Charakter trügen, daß sie — wie NÄGELI schrieb — „nicht abgeschlossen sein, sondern daß sie erst recht beginnen sollten"[23]). Die Form der Arbeit befriedigte NÄGELI nicht, weil es in ihr keine bis ins Einzelne gehende Beschreibung aller Details des Experimentes gab. Und ohne das war es sehr schwer, die neuen Ansichten MENDELS zu erkennen, die sich im Widerspruch zu den alten, allgemein anerkannten befanden.

Die fehlende Überzeugungskraft der Arbeit MENDELS ergab sich auch daraus, daß seine Schlußfolgerungen nur durch Ergebnisse der Kreuzungen von Erbsen begründet waren. Daher brauchte man überzeugendes Material, das man nur durch die Durchführung von Versuchen an anderen Pflanzen gewinnen konnte. Namentlich diese Orientierung der Versuche empfahl NÄGELI, als er MEN-

DEL schrieb: „Ihr Vorhaben, noch andere Pflanzen mit in den Kreis der Versuche zu ziehen, ist vortrefflich und ich bin überzeugt, daß sie bei vielen verschiedenen Formen wesentlich andere Resultate (rücksichtlich der vererbten Merkmale) erhalten werden.“[24]) Tatsächlich erwiesen sich die Ergebnisse MENDELS als widersprüchlich. Einerseits schrieb MENDEL 1870, daß die Hybriden von Levkojen, Mais, u. a. sich vollkommen ähnlich verhielten wie einige Rassen der Erbsen. Andererseits waren die Ergebnisse bei zahlreichen Arten von Hybriden (darunter *Hieracium*, *Geum*, *Aquilegio*, *Linaria* u. a.) im allgemeinen undankbar, da sie den Fakten widersprachen, die er bei den Erbsen erhalten hatte. Das galt besonders für die Kreuzungen der *Hieracium*-Arten. Hier war alles diametral entgegengesetzt.

Aufgrund der erfolglosen Versuche mit der Hybridisation an anderen Pflanzen, in erster Linie an *Hieracium*, hörte MENDEL auf, seine Untersuchungen zu publizieren und begnügte sich mit kurzen Mitteilungen über die nichtabgeschlossenen Versuche mit *Hieracium*. Nach unserer Ansicht wurde dieser Umstand durch C. CORRENS überzeugend geklärt. „Wir hören“, schrieb er[25]), „daß MENDEL sich bis zuletzt intensiv mit meteorologischen Beobachtungen beschäftigt hat, deren Beginn bis in die erfolgreichen Jahre seiner Bastardierungen zurückreicht. Die letzten eigenhändigen Eintragungen in sein Journal gehen bis zum 31. Dezember 1883, also bis sechs Tage vor seinem Tode. Er hat, angeregt durch PETTENKOFERS Untersuchungen, im Konventsbrunnen des Stiftes 16 Jahre lang den Stand des Grundwassers gemessen. Auch astronomische Beobachtungen am eigenen Fernrohr beschäftigten ihn in der späteren Zeit. Daß er seine Mußezeit auf diese Dinge und Gebiete verwandte, auf denen er doch wohl nur als Dilletant arbeiten konnte, zeigt, daß er nicht allein aus Zeitmangel nichts mehr über seine Vererbungsversuche veröffentlichte. An diesem Sich-Abwenden war nach MENDELS ganzer Veranlagung nicht die mangelnde äußere Anerkennung schuld, sondern eher eine Ermüdung im Ringen mit den immer komplizierter werdenden Problemen, wobei die Aufregungen seines Kampfes mit der Regierung mitwirkten, die ihn immer weniger zur inneren Ruhe und Sammlung kommen ließen.“

Namentlich infolge der Anwendung der quantitativen varianz-statistischen Methode zur Bearbeitung der Ergebnisse des biologischen Experiments und der trockenen Strenge seiner Schlußfolgerungen wurde die Arbeit MENDELS von den Zeitgenossen ungünstig aufgenommen. Der Grund dafür bestand darin, daß MENDEL der Pionier bei der Anwendung der variationsstatistischen Methode in der Biologie war. Deshalb besteht das tatsächliche Verdienst MENDELS für die Biologie in der Begründung der Notwendigkeit, Beobachtungen an einer großen Zahl von Individuen durchzuführen und in der Erklärung der von ihm entdeckten Gesetzmäßigkeiten der Vererbung aus der Wahrscheinlichkeitstheorie. Er machte ein originelles Hilfsmittel ausfindig, um die zu beobachtenden Erscheinungen bei der Hybridisation und ihrer zahlenmäßigen Verhältnisse in algebraischen Formeln auszudrücken. Er fand scharfsinnig Prinzipien der algebraischen Symbolik und führte sehr einfache Formeln der „Kombinationsreihen“ ein.

Alles das war neu und ungewohnt für die Botaniker dieser Zeit. Für ihn war es nur das spezifische Anwenden des mathematischen Wissens auf ein neues Gebiet der Wirklichkeit. Man darf nicht vergessen, daß die Lieblingsfächer MENDELS Mathematik und Physik waren, die er an der Wiener Universität studierte und eine Reihe von Jahren an einer Mittelschule unterrichtete.

Es versteht sich von selbst, daß man, wenn man über die Gründe für das Vergessen der Arbeit MENDELS spricht, man auch die psychologische Seite im Auge behalten muß, die bedingt war durch den Widerspruch zwischen der sozialen Situation MENDELS und dem Umstand, daß er bereits in der Epoche der Universitätswissenschaft lebte.

„Für seine Zeitgenossen war MENDEL ein Mönch aus der Provinz, der an einer Mittelschule unterrichtete. Seine Interessen auf dem Gebiet der Meteorologie, Pflanzenzüchtung und Bienenzucht erweckten die Achtung der ihn umgebenden Freunde und Bekannten vor seiner Bildung, aber sie trugen nicht dazu bei, die besondere Aufmerksamkeit auf MENDELS Versuche mit Pflanzenkreuzungen zu lenken, mit denen er für sie infolge der Verknüpfung der Botanik mit der Mathematik unverständlich blieb. Und die Tätigkeit MENDELS als Prälat (Vorsteher des Klosters), der die letzten 16 Jahre seines Lebens gewidmet waren, deckte schließlich für seine Zeitgenossen seine wissenschaftlichen Untersuchungen zu. Nach dem Tode MENDELS wurden alle seine Papiere und Handschriften verbrannt und das spricht beredt davon, daß man seinen wissenschaftlichen Arbeiten damals keine ernsthafte Bedeutung beimaß.“[26])

So kann die Tatsache, daß die Forschungen MENDELS unmittelbar nach ihrer Veröffentlichung keine Beachtung fanden, aus der grundsätzlich fehlenden Vorbereitung des wissenschaftlichen Denkens dieser Zeit für die Aufnahme der Ideen MENDELS und aus der Konzentration der Hauptinteressen der Biologen auf die Probleme, die mit der Darwinschen Lehre verbunden waren, die für lange Zeit den Geist der Wissenschaftler „belebte“ und ihre wissenschaftlichen Überlegungen an sich band, erklärt werden. Die biologische Wissenschaft dieser Zeit ging gleichgültig an diesen Forschungen vorbei und beachtete das „explosive Potential“ nicht, das in ihr enthalten war und das in einer neuen Entwicklungsetappe zu einer stürmischen Vorwärtsentwicklung nicht nur der Erkenntnis der Mikrowelt der lebenden Natur, sondern auch der Makroprozesse führte.

Der Hauptgrund für das kühle Verhalten gegenüber den Arbeiten MENDELS von Seiten NÄGELIS und der anderen Hybridisatoren, die sich wie er mit diesen Problemen beschäftigten erklärt sich daraus, daß MENDEL vollkommen neue Ideen vorbrachte, nach denen nicht der allgemeine Typ des Individuums als Ganzes, sondern einzelne seiner Wesenszüge, Merkmale, Eigenschaften vererbt wurden. Bereits das empirisch ermittelte Gesetz von der Aufsplitterung nach alternativen Merkmalen (z. B. grüne oder gelbe Färbung der Samen bei den Erbsen) im Verhältnis 3:1 hatte klar auf den diskreten Charakter des Systems der Vererbung hingewiesen, verbunden mit dem wahrscheinlichen Bestehen eines diskreten „Erbfaktors".

Es ist charakteristisch, daß die Versuche MENDELS bereits in dieser Periode eine wesentliche Unterstützung für die Begründung der Evolutionstheorie DARWINS hätten sein können, gegen die vor allem zu diesem Punkt F. JENKINS 1867 mit seinen Einwänden auftrat, die, oberflächlich betrachtet, nicht nur für die Gegner des Darwinismus überaus überzeugend waren. In der Hauptsache bestanden sie in folgendem: wenn die Vererbung kontinuierlich ist, müssen sich die Merkmale der Eltern in den folgenden Generationen vermischen und dann in schneller Progression zum völligen Verschwinden kommen. Aber das bedeutet, daß sie nicht Objekt der natürlichen Auslese sein können. Die Untersuchungen MENDELS bewiesen überzeugend die Unhaltbarkeit dieser Hypothese.

Jedoch waren die Ergebnisse der Forschungen MENDELS DARWIN offensichtlich unbekannt, und die Mitteilungen MENDELS über sie, vor allem in den Briefen an NÄGELI in den Jahren 1866—1873, fanden nicht die Bewertung, die ihrer Bedeutung angemessen gewesen wäre. Das biologische Denken dieser Zeit bewegte sich bei der Erkenntnis der Vererbung und der Variabilität grundsätzlich in der Sphäre spekulativer Hypothesen, gleichsam die Theorie auf die neue, aber bereits „interessierende" Begegnung mit den Ergebnissen und Methoden der genetischen Forschungen vorbereitend, die von MENDEL vorgelegt worden waren. Diese Periode der Entwicklung der Wissenschaft (bis zum Beginn des 20. Jahrhunderts) wurde nicht nur durch Forschungen auf theoretischem Gebiet durch eine wesentliche Erweiterung der experimentellen Grundlagen (besonders durch große Fortschritte in der Zytologie, die sehr nahe an die Probleme der Genetik heranführte) bekannt, sondern auch durch die Erarbeitung mathematischer, biometrischer Methoden zur Untersuchung der Vererbung und der Variabilität (Galton u. a.).

Erinnern wir uns daran, daß im 19. Jahrhundert, als die Genetik noch nicht als selbständige Wissenschaft existierte, die Mathematik bereits zur Untersuchung der Erscheinungen der Vererbung und der Variabilität angewandt wurde. Die englische biometrische Schule in Gestalt von Galton und Pearson erarbeitete die Grundlagen der Varianzstatistik für die Untersuchung der Gesetzmäßigkeiten der Variabilität. Jedoch war das Gesetz der Regression von Galton kein wirkliches Gesetz der Vererbung, da es sich nur auf die äußerliche Einheitlichkeit des zu untersuchenden statistischen Materials (Phänotyp) ohne Analyse seiner genetischen Einheitlichkeit (Genotyp) bezog.

„... Galton, Pearson und überhaupt alle Biometriker", bemerkte dazu Ju. A. Filipčenko, „hatten es bei der Ableitung von Gesetzmäßigkeiten nur mit Populationen zu tun, d. h. mit Material, das nur äußerlich einheitlich war."[27]) Wie man sieht, führt die quantitative Analyse ohne Berücksichtigung der qualitativen Seite, d. h. ohne Berücksichtigung der genetischen Natur des statistischen Materials, unvermeidlich in die Irre. Tatsächlich hat das Verhältnis zwischen den qualitativen und quantitativen Seiten einer Erscheinung, einer Sache, eines Prozesses immer dialektischen Charakter und daher ist, um es adäquat auszudrücken, stets die Untersuchung des Moments des untrennbaren Zusammenhangs dieser Seiten notwendig.

So stellte sich der Wissenschaft im Verlauf der Anwendung der Methoden der Varianzstatistik mit Notwendigkeit die Frage, ihre mathematischen Schlußfolgerungen nicht auf äußerliche Eigenschaften (Einheitlichkeit des Phänotyps), sondern auf innere, wesentliche

(Einheit des Genotyps) zu gründen. Das war jedoch ohne eine wissenschaftliche Vorstellung von der Vererbung unmöglich, bei deren Erarbeitung G. MENDEL eine wesentliche Rolle spielte. Mit seinem Namen ist vor allem die Umwandlung der Biologie in eine exakte Wissenschaft verbunden.

Die Analyse der MENDELschen Gesetze zeigt, daß sie sich auf die Wahrscheinlichkeitstheorie gründen (nach einer Äußerung MENDELS auf die Kombinatorik). Die Richtigkeit der MENDELschen Gesetze stellte der Wissenschaft methodologische Fragen, die mit der erkenntnistheoretischen Bedeutung des statistischen Herangehens verbunden waren, das es ermöglichte, einen gesetzmäßigen Zusammenhang zwischen Notwendigkeit und Zufall festzustellen und bewies, daß der Zufall eine Erscheinungsform der Notwendigkeit ist. Daher kann man die Bedeutung der Arbeiten MENDELS zur Bestätigung des Wahrscheinlichkeitsdenkens in der Biologie kaum überschätzen, das die Spezifität des Untersuchungsobjektes nicht mehr im einzelnen Individuum, sondern in der Population erblickte — einer Entwicklung, der die mathematische Statistik zugrundeliegt. Die Änderung des Untersuchungsobjektes (Individuum → Population) führte auch zu einer Änderung der Ansichten über die Einheit der Evolution (Individuum → Population). Denn die Einheit der Evolution ist nicht das Individuum, sondern die Population, die objektiven statistischen Gesetzmäßigkeiten unterliegt, und die Ergebnisse der natürlichen Auslese kann man nicht eindeutig vorhersagen, wie es bei der Einwirkung dynamischer Gesetze der Fall ist. Dabei spricht das Vorhandensein eines Moments der Unbestimmtheit in der Vorhersage der Ergebnisse der natürlichen Auslese keineswegs für die Wahrheit indeterministischer Vorstellungen, sondern beweist nur die Mängel, die Begrenztheit der LAPLACEschen Definition des Determinismus.

Folglich hat die Anwendung der quantitativen Analyse dazu beigetragen, die Vorstellungen über den Determinismus zu erweitern, weil es notwendig wurde, nicht nur eindeutige kausale Verbindungen mechanischer Art, sondern auch indirekte kausale Zusammenhänge statistischer Natur zu untersuchen. Das prinzipiell neue Ergebnis dieses Herangehens ist die Entdeckung von diskreten Einheiten der Vererbung (Genen).

Wie oben bereits nachgewiesen wurde, kann man den Mißerfolg GALTONS und PEARSONS bei der Anwendung der Variationsstatistik zur Klärung der Vererbungsgesetze damit erklären, daß sie den Phänotyp als einheitliches statistisches Material zugrunde legten, wobei sich das genotypische Material als uneinheitlich erwies. Nach der Entdeckung der diskreten Einheiten der Vererbung wurde es möglich, eine mathematische Analyse bereits unter Berücksichtigung der inneren, wesentlichen Eigenschaften aufzubauen, d. h. aufgrund eines einheitlichen Genotyps, was auch dazu beitrug, daß W. JOHANNSEN durch die Einführung eines idealisierten Objektes, der „reinen Linie", die methodologische Schwäche der Anwendung der Variationsstatistik überwinden konnte. „Die Statistik allein", schrieb er[28]), „kann nur zu leicht Verschiedenheiten im Material verwischen, derart, *daß man glaubt, eine Einheit zu haben, wo Gemenge vorliegen.* Statt — oder jedenfalls neben — der Statistik müssen feinere Analysen verwendet werden, und dieses ist nur durch *biologische Experimente* möglich."

Trotzdem fuhr man fort, diese Probleme grundsätzlich in der traditionellen Form zu betrachten, als spezielle Aufgabe im allgemeinen Rahmen der Evolutionstheorie. Zu dieser Zeit bildeten sich aufgrund dieser Theorie sehr klar zwei extreme Linien heraus, die, obgleich sie sich auf den Lamarckismus und Darwinismus beriefen, sich nicht nur in vielem von diesen unterschieden, sondern z. T. ihren grundsätzlichen Prinzipien widersprachen. Der Neo-Lamarckismus, an dessen Quelle H. SPENCER, C. NÄGELI u. a. standen, stellte eine dieser Richtungen dar, der Neo-Darwinismus und die frühe Mutationslehre (A. WEISMANN, H. DE VRIES) die andere. Auf einer frühen Stufe waren beide, bei verschiedenen wissenschaftlichen Motiven und unterschiedlichen methodologischen Grundlagen, gegen die Theorie DARWINS gerichtet. Aber gleichzeitig — und z. T. gegen diese ursprüngliche Orientierung — waren in den theoretischen und experimentellen Untersuchungen der Vertreter des Neo-Lamarckismus wie der Vertreter des Neo-Darwinismus neue Elemente enthalten, durch deren Entwicklung, aber auch im Gegensatz zu ihnen, die Voraussetzungen für eine Vorwärtsentwicklung vor allem in der Erkenntnis der Vererblichkeit und der Variabilität geschaffen wurden. NÄGELI entwickelte z. B. als Gegengewicht gegen die Darwinsche Lehre von der natürlichen Auslese seine „mechanisch-physiologische" Evolutionstheorie,[29]) formulierte Vorstellungen über das Vorhandensein eines sog. Idioplasmas, das sowohl in den Geschlechtszellen, wie auch in den somatischen Zellen vorhanden ist, und das die erblichen Besonderheiten des Organismus bestimmt. Die Veränderungen des Erbguts und sogar den Prozeß der Evolution selbst stellte sich NÄGELI im Sinne der Prinzipien des Mechanolamarckismus vor, die ihren klaren Ausdruck vor allem in den Arbeiten von SPENCER fanden[30]). Aber während dieser in seiner Konzeption von der direkten oder indirekten „Ausgleichung" des Organismus mit dem Milieu eine extrem begrenzte Einwirkung der natürlichen Auslese anerkannte („Überleben der Geeignetsten" nach der Terminologie von SPENCER, „Erhaltung des Begünstigten" bei DARWIN selbst), führte NÄGELI in seinen Vorstellungen von der „mechanisch-physiologischen Theorie" die Ursachen der Evolution nur auf die Einwirkung exogener und endogener Faktoren auf das Idioplasma zurück und ging dabei von der Annahme einer starr determinierten Orientierung der Komplizierung der mizellären Struktur des Idioplasmas aus.

Als Gegengewicht dazu entwickelten zunächst A. WALLACE und F. GALTON und später auch A. WEISMANN[31]) eine Interpretation des Evolutionsprozesses, bei der die Rolle der Umwelt auf ein Minimum zurückgedrängt war, der Organismus als ein Mosaik von Merkmalen vorgestellt wurde und die natürliche Auslese ihre schöpferische Bedeutung verlor. Diese neodarwinistische Interpretation wurde von A. WEISMANN bereits unter Berücksichtigung der zu dieser Zeit erzielten Ergebnisse der experimentellen Untersuchung der mitotischen Zellteilung ausgearbeitet, durch die die bestimmende Rolle des Zellkerns, speziell der Chromosomen, bei der Vererbung begründet und die Kompliziertheit des Chromosomenapparats und seine genetische Spezifität erkannt wurden. Das bedingte, daß das Suchen WEISMANNS nach einer theoretischen Erklärung verschiedener Erscheinungen sich, trotz des Spekulativen vieler seiner Ansichten über die Probleme der Vererbung und der Variabilität, in den Verlauf der grundsätzlichen Forschungen der Genetik einfügte und den Boden für ihr Entstehen und ihre Entwicklung legte.

WEISMANN entwickelte die Hypothese von einer „Erbsubstanz“, die in den Kernen der Geschlechtszellen vorhanden sei, vom „Keimplasma“, das aus einer Vielzahl von Determinanten bestünde, von denen jede die spezifische Entwicklung eines Teils, eines Merkmals des Organismus bestimme. Diese Annahme führte WEISMANN zu der falschen Vorstellung von der Unabhängigkeit der Veränderung einzelner Teile des Organismus im Verlaufe der Evolution, zur Erweiterung der Prinzipien der natürlichen Auslese auf Prozesse innerhalb des Organismus (Germinalselektion) usw.

Jedoch waren in dieser Konzeption auch Elemente enthalten, die, wenn auch in hypertrophierter und teilweise verzerrter Form, neue und unzweifelhaft progressive Prozesse der Entwicklung des wissenschaftlichen Denkens zum Ausdruck brachten. Aufgrund ihres Studiums bemerkte I. I. ŠMAL'GAUZEN, daß sogar die Mosaiktheorie der individuellen Entwicklung und die Anerkennung autonomer Einheiten unterschiedlicher Ordnung, mit denen die Anerkennung der Unabhängigkeit vererblicher

Veränderungen einzelner Merkmale, die unabhängig voneinander durch Erbeinheiten bestimmt wurden, verbunden war, „einen gesunden Kern enthielten, welcher die Untersuchung der Gesetze der Vererbung erheblich unterstützt habe".[32]) ŠMAL'GAUZEN bezeichnete das als „eine höchst fruchtbare Arbeitshypothese" und schrieb: „Erinnern wir uns daran, daß die Mendelschen Gesetze nur deshalb aufgestellt werden konnten, weil die Aufmerksamkeit des Forschers ausschließlich auf einzelne, scharf ausgeprägte Merkmale gerichtet war. Die großen Erfolge der ganzen ersten Entwicklungsetappe der Genetik waren durch diese Konzeption WEISMANNS, die von H. DE VRIES übernommen und weiterentwickelt wurde, bedingt."[33])

H. DE VRIES und, etwas früher, S. I. KORSCHINSKY (1888) entwickelten die Konzeption WEISMANNS im wesentlichen in der gleichen neodarwinistischen Richtung weiter, wobei sie ihre extremen Züge noch mehr betonten und die schöpferische Rolle der natürlichen Auslese ihres lebendigen Inhalts beraubten, indem sie die historische und die individuelle Variabilität gleichsetzten, die, besonders bei DE VRIES, einen gleichsam äußerst „spontanen" Charakter hatte und von den Veränderungen der Umwelt unabhängig war. Während DE VRIES die einseitige Vorstellung WEISMANNS von der Mosaikstruktur des Organismus sehr stark betonte, postulierte er die plötzliche, sprunghafte Änderung einzelner seiner Merkmale (Mutation), als deren Ergebnis plötzlich neue Anpassungsmerkmale entstehen, was auch eine Entwicklung der Art bedeutet. Die so entstandenen Formen besitzen eine erhebliche Konstanz und widerstehen Veränderungen bis zu dem Zeitpunkt, an dem sie von einer neuen Mutation betroffen werden, ohne einen Zusammenhang mit der Umwelt oder der natürlichen Auslese. Die Konzeption von DE VRIES war bewußt gegen die DARWINsche Lehre von dem allmählichen Ansammeln und der Auslese individueller Veränderungen, die unter dem Einfluß der Umwelt entstehen, gerichtet.

Jedoch wurden, vielleicht noch in größerem Umfang als die Ansichten WEISMANNS, die antidarwinistischen Ideen von DE VRIES zu verzerrten Formen des theoretischen Ausdrucks von gesunden, progressiven Tendenzen, die sich den Weg in der Wissenschaft bahnten und schließlich ihre Verwirklichung in der „Wiederentdeckung" MENDELS im Jahre 1900 fanden. DE VRIES verwirklichte gemeinsam mit CORRENS und TSCHERMAK diese Wende in der Entwicklung der biologischen Erkenntnis, der sozusagen den offiziellen Beginn der Herausbildung der experimentellen Genetik als besondere wissenschaftliche Disziplin bezeichnet.

In dieser Etappe der Geschichte der Genetik gab es nicht nur Bestätigungen und Weiterentwicklungen der Ergebnisse und Methoden MENDELS auf neuer experimenteller Grundlage, sondern es wurden auch faktische und theoretische Ergebnisse der Wissenschaft wirksam, die unabhängig von den Arbeiten MENDELS gewonnen worden waren. Diese Arbeiten bewegten sich innerhalb des spezifischen ideellen Horizonts, in dem sich am Ende des 19. und Anfang des 20. Jahrhunderts das wissenschaftliche Denken befand, das neue Wege zur Lösung der Rätsel der Vererbung und der Variabilität suchte. Da diese Bewegung in dieser Zeit bei vielen Wissenschaftlern eine antidarwinistische Orientierung besaß, erfuhren die Gesetze MENDELS, die positiv aufgenommen worden waren, eine Interpretation, welche sie den Aufgaben und theoretischen Bedürfnissen dieser Richtung unterwarf.

Die Ideen von DE VRIES von der Mosaikstruktur des Organismus und der Unveränderlichkeit der Artmerkmale zwischen zwei Mutationen wurden auf den Erbfaktor erweitert und führten dazu, daß die Übertreibung der Vorstellungen von MENDEL und besonders von WEISMANN über die Konstanz dieses Faktors und seine Unabhängigkeit von der Umwelt sich in den Arbeiten von BATESON, LOTSY und anderen in die These von seiner absoluten Autonomie verwandelte. BATESON, der im Jahre 1906 die Bezeichnung „Genetik" für die neue

Wissenschaft vorgeschlagen hatte, verband die These von der Konstanz des Erbfaktors mit der Lehre von den Mutationen, die von ihm als das Ergebnis eines „Ausfalls“ dieses Faktors behandelt wurden. Sein Vorhandensein oder Fehlen wurde von BATESON als entscheidender Grund für die Artspezifik lebender Systeme und als faktische Grundlage angesehen, die seine antidarwinistische Position bestimmte und im wesentlichen eine Verneinung der Evolution bedeutete.[34])

LOTSY verstärkte diese falsche Vorstellung des Neo-Darwinismus und der frühen Mutationslehre, indem er die Ansicht vertrat, daß eine Evolution auch bei Konstanz der Arten möglich sei, daß sie mit einer Neukombination unveränderlicher erblicher Substanzen bei der Kreuzung zusammenhänge.

Damit verbunden ist die für den Mendelismus und allgemein für die Genetik des ersten Jahrzehnts unseres Jahrhunderts charakteristische Überbetonung der Bedeutung der Hybridisationsprozesse in der Evolution, was zu der unrichtigen Gegenüberstellung der einseitig behandelten Lehre MENDELS mit dem Darwinismus führte. Es ist charakteristisch, daß das auch von der bekannten Verabsolutierung der experimentellen Methoden begleitet war, die von MENDEL und seinen Nachfolgern vorgeschlagen worden war.

W. JOHANNSEN bemerkte z. B. nicht ohne Grund: „Als die Abstammungslehre und überhaupt die ganze Entwicklungsphilosophie nach der Mitte des vorigen Jahrhunderts die Naturgeschichte revolutionierte, hätte man glauben können, daß die Erblichkeitslehre vertieft werden müßte. Es kam aber ganz anders. Man setzte wohl voraus, daß DARWIN sozusagen alles, was von der Erblichkeitslehre geleistet werden könnte, gesammelt hatte; die Erblichkeitslehre wurde zu einer bescheidenen Dienerin der Abstammungslehre. Und man versäumte das *exakte Studium der Erblichkeitsfragen*, um in mehr oder weniger spekulativer Weise sich dem Studium der Abstammungsprobleme zu widmen.“[35]) Er zog daraus jedoch eine völlig einseitige Schlußfolgerung: „Die Vererbungsfragen", schrieb er[36]), „müssen und können in ihrer Reinheit studiert werden, unabhängig von allen Evolutionsspekulationen." Obwohl JOHANNSEN erklärte, daß man die Genetik nicht als Wissenschaft von der Hybridisation betrachten dürfe, daß es falsch sei, wenn sie einseitig würde, begrenzte er, wie viele Genetiker dieser Zeit, die Methoden der Genetik auf die Untersuchung reiner Kulturen, die mathematische Bearbeitung biologischer Erscheinungen und die künstlichen Kreuzungen. Im wesentlichen verkörperten nur die hybridologische Analyse, die vergleichende Untersuchung der Aufteilung der Merkmale auf dem Niveau des ganzen Organismus und folglich die indirekte Beurteilung der Wirkungen des Erbfaktors oder „Gene" (dieser Terminus wurde von JOHANNSEN eingeführt) die quantitative Analyse, die nicht, wie es richtig gewesen wäre, von einer qualitativen Interpretation der genetischen Prozesse (oder anders ausgedrückt, von Kenntnissen über ihre strukturell-funktionelle Natur) begleitet wurde, die methodologische Grundlage des Mendelismus, der Genetik des Beginns des 20. Jahrhunderts. Diese Frage verlangt schließlich eine besondere und konkretere Betrachtung, die für uns vor allem in einer notwendigen Analyse der spezifischen „geistigen Atmosphäre", die in der ersten Periode der Geschichte der Genetik herrschte, besteht. Ohne diese Analyse ist es, wie uns scheint, unmöglich, die methodologischen Grundlagen des Mendelismus objektiv, konkrethistorisch darzustellen und zu bewerten.

Kapitel III.

Die methodologischen Prinzipien des Mendelismus und der klassischen Genetik

Im vorigen Kapitel wurde die Aufmerksamkeit bereits darauf gelenkt, daß die experimentelle Genetik, deren erste Etappen fast über Nacht im Mendelismus zusammengefaßt wurden, sich vom Augenblick ihres Entstehens an als Wissenschaft erwies, deren Verhältnis zum Darwinismus verschieden gesehen wurde. Die Klärung des organischen Zusammenhangs zwischen der Evolutionsbiologie (Theorie der natürlichen Auslese von Darwin) und der entstehenden experimentellen Genetik (Mendelismus) ist vor allem in methodologischer Hinsicht überaus wichtig. Dieser organische Zusammenhang ergibt sich aus der Gemeinsamkeit des zu untersuchenden Gegenstandes. So untersucht der Darwinismus das integrierte Wirken der Faktoren der Evolution — Variabilität, Vererbung und natürliche Auslese. Der Gegenstand der Genetik ist das Verstehen des Wesens der Vererbung und der Variabilität. Man kann ohne Schwierigkeiten erkennen, daß sich die Aufgaben der Genetik, obwohl sie auch berufen ist Fragen zu klären, die unmittelbar mit der Problematik der Evolution verbunden sind (Untersuchung des Wesens der Vererbung und der Variabilität), von den Aufgaben, welche die Evolutionstheorie zu lösen hat, unterscheiden.

Dabei ist eine erschöpfende Untersuchung der Erscheinungen der Vererbung und der Variabilität unmöglich, wenn sie isoliert von der Kenntnis der integrierten Wirkung der Variabilität, der Vererbung und der natürlichen Auslese durchgeführt wird. Umgekehrt wird das Verstehen der Evolution oberflächlich und unvollständig, gleichsam seines Fundaments beraubt, wenn das Wesen der Vererbung und der Variabilität (Genetik) nicht berücksichtigt wird. Die gegenseitige Verbindung, die gegenseitige Bedingtheit der Probleme der Evolutionstheorie und der Genetik können nicht, das versteht sich von selbst, als irgendeine Einheit dargestellt werden, die frei von inneren Differenzen ist. Im Gegenteil, aufgrund der Tatsache, daß diese Einheit innere Differenzen aufweist, erscheinen die Evolutionstheorie und die Genetik als relativ selbständige biologische Disziplinen.

Die theoretischen Konzeptionen der spekulativen Periode der Entwicklung der Genetik (C. Nägeli, A. Weismann, H. de Vries) waren historisch und logisch sehr eng mit der Evolutionslehre verbunden und ergaben sich aus ihr. Diese Verbindung kam darin zum Ausdruck, daß alle oben zitierten Autoren in ihren Hypothesen über die materiellen Grundlagen der Vererbung von der Notwendigkeit ausgingen, den Mechanismus der Evolution zu erklären. Sogar die Vorstellungen von dem Wesen der Vererbung waren direkt von dieser oder jener allgemeinbiologischen Interpretation des Prozesses der Evolution (Mechanolamarckismus oder Neo-Darwinismus) abhängig. Im weiteren Verlauf der Entwicklung wurde diese Gruppe von Hypothesen in der Genetik überwunden. Sie wurde von der experimentellen Untersuchung der Vererbung abgelöst, die ebenfalls mit der Evolutionsbiologie verbunden war. Jedoch war diese Verbindung nicht mehr so klar wie in der vorhergehenden Periode der Entwicklung der Genetik, was auch eine der Ursachen für die falschen Vorstellungen war, nach denen der Mendelismus vom Darwinismus wegführte und im Gegensatz zu ihm stand. Erinnern wir uns daran, daß Mendel selbst seine Ergebnisse nicht dem Darwinismus entgegenstellte, und daß in dieser Beziehung die Nachfolger Mendels größere „Mendelisten“ waren als er selbst.

Die Hauptschwierigkeiten, die auftraten und die die Evolutionstheorie nicht mit ihren eigenen traditionellen Mitteln überwinden konnte, ergaben sich aus dem Fehlen genauer, durch wissenschaftliche Experimente bestätigter wissenschaftlicher Vorstellungen über den

Mechanismus des Evolutionsprozesses. Namentlich diese Schwierigkeit der Evolutionslehre von Ch. DARWIN gab den Anstoß zum Entstehen und der Entwicklung des Mechanolamarckismus (der Hypothesen von C. NÄGELI und H. SPENCER) einerseits, und andererseits des Neo-Darwinismus (der Hypothesen von A. WEISMANN, H. DE VRIES u. a.). So versuchte die Genetik der spekulativen Periode die Lücken in der Kenntnis des Evolutionsmechanismus durch spekulative Überlegungen auszufüllen. Es wäre müßig, bei einer eingehenden Analyse der oben erwähnten Hypothesen zu verweilen, da ihre kritische Beurteilung bereits ihren Ausdruck in der gegenwärtigen naturwissenschaftlichen und philosophischen Literatur gefunden hat. Hier ist es nur wichtig, hervorzuheben, daß in ihnen Tendenzen auftraten, welche die absolute Notwendigkeit des Verstehens der materiellen Grundlagen der Vererbung und der Ursachen für die Variabilität widerspiegelten. Jedoch blieb in der Evolutionslehre DARWINS das Wesen dieser Ursachen ungeklärt. „Allerdings sieht DARWIN, wo er von der Naturzüchtung handelt, ab von den *Ursachen*, die die Veränderungen in den einzelnen Individuen hervorgerufen haben, und handelt zunächst von der Art und Weise, in der solche individuellen Abweichungen nach und nach zu Kennzeichen einer Rasse, Spielart oder Art werden. Für DARWIN handelt es sich zunächst weniger darum, diese Ursachen zu finden — die bis jetzt teilweise ganz unbekannt, teilweise nur ganz allgemein angebbar sind —, als vielmehr eine rationelle Form, in der sich ihre Wirkungen festsetzen, dauernde Bedeutung erhalten."[1])

Die Kenntnis über das Wesen der Vererbung und ihrer materiellen Grundlagen gewann jedoch erstrangige Bedeutung für die weitere Entwicklung der Evolutionstheorie. Sehr genau wird die komplizierter werdende Situation in der biologischen Wissenschaft von K. A. TIMIRJASEW, einem gründlichen Kenner des Darwinismus und streitbaren Vorkämpfer und Propagandisten der Evolutionstheorie, charakterisiert, der die Notwendigkeit einer Untersuchung der Vererbung als sehr wichtigen Faktor der Evolution erkannte. Er vertrat die Ansicht, in „die weitere Entwicklung der Biologie müsse die tiefere Analyse von zwei Haupteigenschaften des Organismus eingehen, von denen der Darwinismus als Gegebenheiten ausgeht: die Analyse der Variabilität und die Analyse der Vererbung, und dabei vor allem die erste als grundlegendem Faktor der Evolution.“[2])

Es stimmt; das Problem der Variabilität und der Vererbung wurde erst im Verlaufe der weiteren Entwicklung des Darwinismus akut, als sich die methodologische Begrenztheit des klassischen Darwinismus zeigte. Tatsächlich beruhte die Evolutionstheorie DARWINS auf der Grundlage von Fakten aus der Paläontologie, der Embryologie, der vergleichenden Anatomie und anderer Wissenschaften und ihrer Verallgemeinerung, aber sie hatte, wie sich W. JOHANNSEN ausdrückte, mit Fragen zu tun, „welche die Vererbungsforschung als solche überhaupt gar nicht betreffen“[3]). Es ist ganz natürlich, daß die Grenzen der Anwendbarkeit der Evolutionstheorie anfänglich bei weitem nicht klar waren. Mehr noch, man schrieb ihr einen universellen Charakter zu. „Der Gesichtspunkt der Evolution in der Biologie“, schrieb z. B. B. M. KOZO-POLJANSKIJ,[4]) „ist auch der dialektische Standpunkt, in spezieller Fassung für diese Wissenschaft. In Verbindung mit dem Selektionsprinzip von DARWIN ist die Lehre von der Evolution für die Biologie redigierte materialistische Dialektik, und DARWIN, der die progressive Bewegung und die Zusammenhänge der organischen Welt aufgeklärt hat, kann vielleicht von Rechts wegen sowohl als HEGEL wie auch als MARX der Biologie bezeichnet werden.“ Auch Ch. DARWIN selbst hat in der „Entstehung der Arten“ die Argumente seiner Gegner exakt zusammengetragen und betont, daß es keine Eigenschaft, kein Merkmal, kein noch so kompliziertes Organ bei Pflanzen oder Tieren gäbe, das nicht vom historischen Standpunkt, mit der Theorie der natürlichen Auslese erklärt werden könne. All das ermöglichte es der Evolutionstheorie, lange Zeit die Rolle einer universalen Methode bei dem Herangehen an neue Objekte zu spielen. Bei der für den klassischen Darwinismus charakteristischen Identifizierung von Theorie und Methode, der Verabsolutierung der Theorie, ist es verständlich, daß sich die Erweiterung auch auf die Methode bezog.

Die Anwendung einer konkreten Theorie als universale Untersuchungsmethode für die Erscheinungen der organischen Welt führt jedoch unausbleiblich zu der Grenze, die durch die Spezifik des Objektes wie auch durch die Unvollkommenheit der Theorie selbst diktiert wird. DARWIN fiel die Aufgabe zu, ein Bild der komplizierten Kette der Ursachen des Prozesses der Evolution zu schaffen. Sicher zeigte es sich, daß dieses Bild nur in groben Strichen und allgemeinsten Zügen entworfen war, und daher bedurfte es einer Vertiefung und Konkretisierung des Inhalts, um einen höheren Zuverlässigkeitsgrad zu erhalten (um seinem Original adäquat zu werden). Die wissenschaftliche Richtigkeit der entferntesten letzten Ursachen der Evolution[5]), die durch den klassischen Darwinismus mit Hilfe seiner historischen Methode festgestellt worden war, begannen im weiteren Verlauf zweitelhaft zu werden, sobald es sich erwies, daß sie nicht die nächsten Ursachen erklären konnten, die mit dem Einfluß der Vererbung auf den Prozeß der Evolution zusammenhingen. Besonders plastisch hat T. H. MORGAN diesen Mangel der Evolutionstheorie hervorgehoben, als er schrieb: „Der Genetiker kann dem Paläontologen sagen: So lange das Wesen der paläontologischen Erscheinungen unbekannt bleibt (und das wird es immer sein)[6]), kann man nichts Zuverlässiges über die Vererbungsfaktoren sagen, die möglicherweise zum Prozeß der Evolution führen; denn dazu muß man wissen, ob die gegebenen Unterschiede von der Veränderung eines Faktors oder tausender abhängen. Ohne ein solches Wissen kann man die Ursachen der Evolution nicht verstehen.“[7])

So erwies sich die weitere Entwicklung des Darwinismus

als verbunden mit der Klärung der Grenzen seiner Anwendbarkeit, sozusagen mit dem Bewußtwerden seiner historischen Begrenztheit. Gleichzeitig verlor auch die historische Methode ihre universale Bedeutung; die Tendenzen verstärkten sich, sie durch die oben genannten Gründe einzudämmen. Sie verwandelte sich immer mehr in eine spezielle Methode der biologischen Forschung. Die Klärung der Grenzen der Anwendbarkeit, das Bewußtwerden der theoretisch-gnoseologischen Möglichkeiten der historischen Methode wurden zur Bedingung, zur notwendigen Voraussetzung für die Verwirklichung einer gegensätzlichen Tendenz, welche die weitere Entwicklung der Evolutionstheorie bestimmte. Die Gegensätzlichkeit dieser Tendenzen kam in der Orientierung der Prozesse, die auf dem Gebiet der Methodologie auftraten, zum Ausdruck, deren Wesen nicht in einer Einengung, einer Begrenzung der historischen Methode und ihrer Verwandlung in eine spezielle Methode der biologischen Forschung bestand, sondern in der Bereicherung, der Erweiterung der methodologischen Grundlagen der Evolutionstheorie durch die Einbeziehung anderer Methoden, die geeignet waren, die Schwierigkeiten zu lösen, mit denen der klassische Darwinismus rang, und die er nicht mit seinen eigenen traditionellen Mitteln überwinden konnte.

Das wurde durch das Entstehen der Genetik als experimentelle Wissenschaft möglich. Die weitere Entwicklung der Evolutionstheorie hing unmittelbar vom Entstehen der Wissenschaft über das Wesen der Vererbung und der Variabilität ab, was weitgehend durch die gnoseologischen Möglichkeiten der Methode, mit deren Hilfe die gegebenen Faktoren der Evolution untersucht wurden, bestimmt wurde. Wenn versucht wird, die wesentliche Besonderheit der Methode der Erkenntnis in dieser Entwicklungsetappe der Biologie (Mendelismus) zu charakterisieren, dann muß man feststellen, daß diese Besonderheit der Methode ihre analytische Orientierung war, die in einer Abstraktion von der Phylogenese, der Ontogenese und der Ganzheit des Organismus als komplizierende Untersuchungsfaktoren zum Ausdruck kommt.

Hierin spiegelt sich die Kompliziertheit der methodologischen „Umrüstung" der Erkenntnis wider, die sich aus dem Wechsel der theoretischen Aufgaben ergibt, verbunden mit einer Verschiebung des Zentrums der wissenschaftlichen Forschungen von der allgemeinen Evolutionsproblematik (Darwinismus) zu der Untersuchung einzelner Faktoren der Evolution, z. B. Vererbung und Variabilität (Mendelismus). Das mangelnde Verständnis der Widersprüchlichkeit in der organischen Verbindung zwischen Darwinismus und Mendelismus, das seinen Ausdruck in ihrer Entfremdung und Konfrontation fand, war eine der Hauptursachen dafür, daß es sogar verschiedenen Wissenschaftlern schien, als stießen die neuesten Entdeckungen auf dem Gebiet der Genetik den Darwinismus um und bedeuteten seinen Ersatz durch anti-evolutionäre Konzeptionen. Einer der ersten, der das Unrichtige derartiger Vorstellungen erkannte und die Bedeutung der organischen Verbindung zwischen Mendelismus und Darwinismus für die Entwicklung der Biologie richtig bewertete, der die Tiefe der Arbeiten von MENDEL und ihre Bedeutung für den Darwinismus richtig erkennen konnte, war K. A. TIMIRJASEW. Namentlich diesen Gedanken drückte er aus, als er schrieb, daß „als wichtigstes Ergebnis in diesem Sinne natürlich die Tatsache erscheint, daß die Merkmale nicht zusammenfließen, sich nicht summieren und sich nicht teilen, nicht bestrebt sind, sich zu verwischen, sondern unveränderlich erhalten bleiben, indem sie zwischen den verschiedenen Nachkommen aufgeteilt werden. Der von JENKINS verursachte Alpdruck, der DARWIN soviel Verdruß bereitet hatte, löste sich auf, ohne eine Spur zu hinterlassen ... Der Mendelismus beseitigt nur den gefährlichsten Einwand, der — nach den Worten DARWINS — je seiner Theorie gemacht worden ist."[8]) Tatsächlich fand die Idee der unlösbaren Verbindung von Mendelismus und Darwinismus erst relativ spät Anerkennung, als in der Genetik selbst entscheidende Voraussetzungen für ein richtiges Verständnis dieser Verbindung herangereift waren. Doch darüber etwas später.

Wir setzen die Charakteristik des Herangehens von Mendel an die Erscheinungen der Vererbung und der Variabilität fort, eines Herangehens, das der Anfangsetappe der Entwicklung der Genetik entsprach und durch experimentelle Methoden bestimmt war, und wir betonen, daß die Erkenntnis der Anfangsglieder des historischen Prozesses (Eltern — Nachkommen) bei der Untersuchung der Prozesse der Makroevolution vorausgesetzt wird, das Studium der, wie sich I. I. Šmal'gauzen ausdrückt, „elementaren Grundlagen der Evolution". Es betrifft nur ein minimales zeitliches Intervall, eindeutig ungenügend für das Erkennen qualitativer evolutionärer Veränderungen, aber vollkommen ausreichend für das Erkennen des Zusammenhangs zwischen den Eltern und ihren unmittelbaren Nachkommen. Das ermöglichte die Schaffung einer wissenschaftlichen Grundlage für das vertiefte Erkennen des Prozesses der Evolution. Die in der Biologie gegebene Situation, die durch die Entwicklung der Genetik kompliziert geworden war, bestätigte ein übriges Mal die Richtigkeit der Worte von Marx, der schrieb, daß „der geschichtliche Gang aller Wissenschaften durch eine Masse Kreuz- und Querzüge erst zu ihren wirklichen Ausgangspunkten führt. Im Unterschied von anderen Baumeistern zeichnet die Wissenschaft nicht nur Luftschlösser, sondern führt einzelne wohnliche Stockwerke des Gebäudes auf, bevor sie seinen Grundstein legt."[9])

Der Beginn der experimentellen Etappe in der Genetik ist vor allem durch ein breites und allgemeines Herangehen unter Berücksichtigung der Evolution charakterisiert. Das hängt damit zusammen, daß die Wissenschaft dieser Zeit keine exakte, experimentell bestätigte Theorie der natürlichen Auslese besaß, die Erkenntnis vom Wesen der Vererbung und der Variabilität nicht die Grenzen spekulativer Überlegungen überschritt, und auch das dynamische Element in der Evolution überschätzt wurde. JOHANNSEN charakterisiert diese komplizierte Situation so: „Die Auffassung, daß keine Stetigkeit der Typen, sondern gleitende Verschiebung aller Grenzen die lebende Welt auszeichne, muß auch entmutigend gewirkt haben auf das Bestreben, exakte Erblichkeitsgesetze aufzufinden; wie könnte man hier an feste Punkte denken, wenn ‚alles fließt'?"[10])

Dem Suchen nach „festen Punkten" und dem Erkennen „exakter Gesetze" der Vererbung war die Arbeit des Begründers der Genetik, G. MENDEL, gewidmet, welche die weitere Entwicklung der biologischen Erkenntnis nicht in die Breite, sondern in die Tiefe bestimmte. Die Hauptaufmerksamkeit wurde dabei der Untersuchung des Verhältnisses zwischen Eltern- und Filialgeneration geschenkt, aber auch dieses Verhältnis wurde nur in sehr engem Rahmen studiert: es wurde nur die Vererbung einzelner Merkmale untersucht.

Folglich verengten sich die umfassenden historischen Vorstellungen DARWINS über die Welt der Lebewesen, die das Ergebnis einer glänzenden Synthese der Errungenschaften der Biologie des 19. Jahrhunderts waren, in der Genetik auf die Untersuchung der Vererbung einzelner Merkmale. Die führende Stellung bei der Lösung dieser Aufgabe nahm die Analyse ein.[11]) Das Vorherrschen der Analyse bei dem Herangehen MENDELS kann man als das Ergebnis der charakteristichsten Wesenszüge des Experiments ansehen, der Notwendigkeit des Abstrahierens von Umständen, welche die Untersuchung erschweren, oder — anders ausgedrückt — der Möglichkeit, die interessierende Erscheinung „rein" zu untersuchen. So war die charakteristische Besonderheit des Weges zu neuem Wissen in der Genetik bei MENDEL die analytische Orientierung des Erkennens, während für den Darwinismus, dessen Grundlage die historische Methode bildete, das charakteristische Moment, zu neuem Wissen zu gelangen, die synthetische Orientierung der Erkenntnis war.

Es versteht sich, daß die Änderung der theoretischen

Aufgaben nicht allein zu einer Änderung der Methoden ihrer Lösung führen konnte. Daher ergab sich für die Genetik natürlich ein ganzer Komplex methodologischer Probleme, ohne deren Klärung und Lösung sie sich nicht erfolgreich entwickeln konnte.

In diesem Zusammenhang verdient die Frage nach dem Verhältnis zwischen der historischen und der experimentellen Methode, dem methodologischen Schlüsselproblem der Entwicklung der Genetik als Wissenschaft, besonderes Interesse. Speziell diese Frage war für die Genetik am Beginn des 19. Jahrhunderts ziemlich schwierig, wovon inadäquate Bewertungen zeugen, die zeitweise in einem Ignorieren der historischen Methode zum Ausdruck kamen.

In der Literatur hat man bereits die Gründe zu erklären versucht, weshalb in dieser Periode der Entwicklung der Genetik die historische Methode fast ganz aus dem Arsenal ihrer methodologischen Mittel verbannt war, und die experimentelle Methode universale Bedeutung erlangte. Es ist verständlich, daß verschiedene Autoren unterschiedliche Gründe für das mangelnde Verständnis des gegenseitigen Verhältnisses der experimentellen und der historischen Methode, ihre Gegenüberstellung und Verabsolutierung anführen. Einige Erklärungen tragen mehr beschreibenden Charakter und erweisen sich daher als unzureichend, um die inneren Gründe der Verabsolutierung und Konfrontation der experimentellen und der historischen Methode zu erklären, d. h. die Gründe, welche die Gesetzmäßigkeit des Erkenntnisprozesses in der Genetik charakterisieren.

Tiefere Gründe für das Gegeneinanderstellen und die Verabsolutierung einzelner Methoden in der Anfangsperiode der Genetik wurden im Verlaufe von Diskussionen, die in der Sowjetunion geführt wurden, aufgedeckt, wobei diese Erscheinungen als falsche methodologische Position der führenden Vertreter der Genetik am Beginn des 19. Jahrhunderts erklärt wurden. Dabei sprach und schrieb man viel über den Idealismus und die Metaphysik der sogenannten korpuskulären Genetik; aber diese Analyse wurde losgelöst vom lebenden Gewebe der Erkenntnisprozesse in der Genetik und vollkommen antihistorisch durchgeführt, so daß damals sogar bei richtigem Hinweis auf einige methodologische Fehler der Vertreter der Korpuskulargenetik die Tatsache der Verabsolutierung und des Gegeneinanderstellens einzelner Methoden der Genetik nicht vollkommen geklärt wurde.

Das Hinwenden zur methodologischen Analyse war die fruchtbarste und effektivste Richtung der weiteren Entwicklung und Vertiefung der Arbeit über die philosophischen Fragen der Genetik. Diese Periode war gekennzeichnet durch eine intensive Untersuchung spezieller methodologischer Probleme, die im Prozeß der Erkenntnis der Organisation des Lebens auf dem molekularen Niveau auftreten und unmittelbar mit der Anwendung von Methoden der Physik, der Chemie wie auch von neuen Methoden zur Erforschung lebender Systeme verbunden wurden: der kybernetischen Modellierung der Entwicklung, der Herausbildung des systemischen Herangehens usw. Tatsächlich wurde hier auch das Experiment nicht in seiner ursprünglichen, unentwickelten Form wie zu Beginn des 19. Jahrhunderts, sondern in einer bedeutend verbesserten, differenzierten Form zum Forschungsgegenstand. Und obwohl das Hauptinteresse auf die Analyse der modernen Untersuchungsmethoden in der Genetik orientiert war und nicht auf die Untersuchung solcher methodologischer Prozesse, die in der Periode des Entstehens der Genetik als experimentelle Wissenschaft angewandt wurden, wurde durch das Studium vor allem der modernen, entwickelten Formen des Experiments, eine theoretische Grundlage gelegt, wurden ausreichende Erfahrungen für das richtige Herangehen auch an die Klärung der Tendenzen zur Verabsolutierung und Gegenüberstellung der experimentellen und der historischen Methode gewonnen, die für die Genetik am Beginn des 19. Jahrhunderts charakteristisch waren.

Nachdem wir die Hauptmomente beim Herangehen an die Analyse des Verhältnisses zwischen der historischen und der experimentellen Methode in der Periode der Entwicklung der Genetik als experimenteller Wissenschaft präzisiert haben, betrachten wir nun die Art ihres Verhältnisses und versuchen, von den gewonnenen Ergebnissen ausgehend, die Hauptgründe für das maßlose Hypertrophieren der einen und das Ignorieren der anderen Methode zu untersuchen.

Der wichtigste philosophische Inhalt der Mendelschen Gesetze bestand darin, daß für die adäquate Widerspiegelung der objektiven Entwicklungsprozesse sich jetzt das Bewußtwerden seiner objektiv bestehenden Widersprüchlichkeit als unbedingt notwendig erwiesen hatte sowie auch, daß in der Lehre MENDELS die statistische Seite der Evolution ihre Widerspiegelung fand, während in der Lehre DARWINS die Aufmerksamkeit vorwiegend auf das Verstehen der dynamischen Seite der Evolution orientiert war. Indessen sind in ihrer objektiven Wirklichkeit diese beiden Seiten des Prozesses unlösbar und eng verbunden; ihre Trennung ist nur eine vereinfachende Abstraktion, nur ein Kunstgriff bei der Untersuchung der komplizierten Prozesse der Evolution.

Tatsächlich gelang es MENDEL, im ständigen Wechsel der Generationen die Faktoren festzustellen, die sich nicht verändern, die sich als konstant in der Entwicklung erweisen. Tatsächlich wurden diese Faktoren des lebenden Systems (Erbfaktor — nach der Terminologie von MENDEL; in der modernen Terminologie — Gen) am Beginn der Entwicklung der Genetik nicht als verhältnismäßig stabil behandelt. Ein solches Verständnis wurde später erreicht, im Prozeß der Überwindung der mechanistischen Vorstellungen über das Wesen der materiellen Grundlagen der Vererbung. Jedoch hatte die Vereinfachung der wissenschaftlichen Vorstellungen über das Wesen der Vererbung in der Blütezeit des Mendelismus ihre historische Rechtfertigung und war vollkommen notwendig als Ausgangsposition, auf deren Grundlage es möglich war, die anfänglichen, vollständig abstrakten Vorstellungen vom Wesen der Vererbung zu vertiefen. Folglich war das Vorhandensein eines statischen Moments im objektiven Prozeß der Evolution, das sich aus dem Wesen der Vererbung selbst ergab, eine objektive Voraussetzung für die Bestätigung der experimentellen Methode als Hauptmethode der Erkenntnis in der Genetik. Gleichzeitig erwies sich die historische Methode, deren objektive Grundlage, wie bekannt, das dynamische Moment der Evolution ist, als äußerst begrenzt, da die Problematik der Evolution ihre Möglichkeiten in dem Umfang, in dem sie im 19. Jahrhundert erarbeitet worden waren, erschöpft hatte. Außerdem erwies sich das Entstehen der Problematik der Evolution, und sogar auch die Erweiterung der Sphäre der gnoseologischen Möglichkeiten der historischen Methode in vielem als abhängig von den Ergebnissen, die auf dem Gebiet der Anwendbarkeit der experimentellen Methode erzielt wurden. So ermöglichte es die Analyse der objektiven Grundlagen der experimentellen und der historischen Methode, zu der Schlußfolgerung zu kommen, daß das Dominieren der experimentellen Methode in der Anfangsperiode der Entwicklung der Genetik das Ergebnis einer Verschiebung des Zentrums der wissenschaftlichen Forschungen von der Untersuchung des dynamischen Aspekts des lebenden Systems zu einem statischen Aspekt war.

Ein anderer, nicht weniger wichtiger Faktor, der die bevorzugte Wahl der experimentellen Methode aus dem ganzen Arsenal der Mittel, die zu neuen Kenntnissen führen, begünstigte, war der Umstand, daß die streng wissenschaftliche Erforschung der Vererbung erst begann. Um mit ENGELS zu sprechen, „mußte man erst wissen, was ein beliebiges Ding war“[13]), d. h. es mußten die ersten, noch oberflächlichen, aber ausreichenden Kenntnisse über die Vererbung gewonnen werden. Das wurde nur möglich durch eine Zergliederung des Ganzen in Teile, der Untersuchung des Details in „reiner Form“, der einzelnen Elemente. Es handelte sich darum, wie, in welchem Umfang, wozu man ein bestimmtes empirisches Material sammeln mußte. Mehr als alles andere konnte der gestellten Aufgabe eine Analyse entsprechen, deren wichtigste gnoseologische Funktion die Abstraktion war, die es ermöglichte, die Untersuchung von solchen störenden Einflüssen und Umständen zu befreien, wie der Phylogenese, der Ontogenese und der Ganzheit des Organismus.

Alles das bestimmte folglich die dominierende Stellung der experimentellen Forschungsmethode in der Genetik als effektivstes Hilfsmittel, empirische Daten zu gewinnen. Dagegen konnte die historische Methode bei der schwach entwickelten empirischen Grundlage der Genetik in ihrer Anfangsperiode keine weite Verbreitung finden. Schließlich erhielt der „Erbfaktor“ selbst auf diesem primitiven Anfangsniveau der Entwicklung des Experiments die Eigenschaften der Konstanz, der Ganzheit und der Unabhängigkeit von Veränderungen des inneren und äußeren Milieus. Eine notwendige Voraussetzung für die Anwendung der historischen Methode ist das Vorhandensein von Veränderungen bei dem zu untersuchenden Gegenstand, die zu seiner Entwicklung führen. Daher schloß die Konzeption der Konstanz des Erbfaktors die historische Methode vollkommen aus. Wenn man die vergleichende Charakteristik des theoretisch-gnoseologischen Wesens der experimentellen und der historischen Methode fortsetzt, bemerken wir ein in gnoseologischer Hinsicht so wesentliches Charakteristikum, wie die Art des mit ihrer Hilfe gewonnenen Wissens. So war die experimentelle Methode in der Lage, beweiskräftiges Wissen zu geben, weil die gewonnenen Fakten durch eine vielfache Wiederholung der Untersuchung bei einer exakten Kontrollierbarkeit und quantitativen Meßbarkeit des zu untersuchenden Prozesses bestätigt werden konnten. Die historische Methode hingegen gibt aufgrund ihres spezifischen objektiven Inhalts und der Besonderheiten ihrer logischen Struktur Wissen von dem oder jenem Grad der Wahrscheinlichkeit.

All das, folglich neben dem Erwähnten auch die bei der erdrückenden Mehrheit der Naturwissenschaftler fehlende Kenntnis der dialektisch-materialistischen Methodologie, mit deren Hilfe es allein möglich ist, die Enge der verschiedenen Arten des Herangehens und verschiedener Untersuchungsmethoden zu überwinden und Tendenzen der Verabsolutierung und des Gegeneinanderstellens auszuschließen, übte einen negativen Einfluß auf die Lösung vieler methodologischer Probleme aus, die im Prozeß der Formierung der Genetik als Experimentalwissenschaft entstanden waren, und die besonders das gegenseitige Verhältnis der experimentellen und der historischen Methode betrafen, was häufig zu einer anti-darwinistischen Interpretation der gewonnenen experimentellen Daten führte.

So formulierte einer der Begründer der klassischen Genetik, W. Johannsen, der richtig verschiedene Unzulänglichkeiten in der Evolutionstheorie Darwins und vor allem falsche Voraussetzungen über die Vererbung vermerkte, klar und genau die vordringlichste Aufgabe der Genetik in ihrer Anfangsperiode: „Wir haben die philosophisch vielleicht bescheidenere, aber biologisch nicht weniger wichtige Aufgabe, die Vererbungserscheinungen in möglichst exakter Weise zu studieren.“[14])

Die Lösung der gestellten Aufgabe war, wie Johannsen empfahl, nur durch die experimentell-analytische Untersuchung der Vererbung möglich, die in der Lage war, exaktes, beweiskräftiges Wissen zu schaffen, während das Fehlen einer experimentellen Bestätigung der Darwinschen Selektionstheorie deren Richtigkeit und Überzeugungskraft beeinträchtigte. Johannsen stellte, als er zutreffend auf den synthetischen Charakter der Evolutionstheorie Darwins hinwies,[15]) dieser die Genetik entgegen, mit der Begründung, daß hier die entgegengesetzte Funktion der Erkenntnis, d. h. die analytische, realisiert wird. „Für die Erblichkeitsforschung als naturwissenschaftliche Disziplin mit wesentlich analytischem Charakter“, behauptete er[16]), „wird es am besten sein, die Meinungen DARWINS und anderer Evolutionsheroen nicht zu innig mit der laufenden Forschungsarbeit zu verweben.“

Damit begegnet uns hier ein undialektisches Begreifen des Erkenntnisprozesses. Im dialektischen Verständnis „besteht das Denken ebensosehr in der Zerlegung von Bewußtseinsgegenständen in ihre Elemente, wie in der Vereinigung zusammengehöriger Elemente zu einer Einheit. Ohne Analyse keine Synthese“.[17])

Folglich hat JOHANNSEN, wie viele andere Pioniere der Genetik, die relative Selbständigkeit der Genetik als Wissenschaft verabsolutiert und betonte, „die Fragen der Vererbung müßten in vollkommener Reinheit untersucht werden, unabhängig von irgendwelchen Evolutionsspekulationen“ ...[18]); darüber hinaus widersetzte er sich jedem Versuch, Genetik und Evolutionstheorie als Einheit zu betrachten.[19]) Die beschränkte, methodologisch einseitige wissenschaftliche Position JOHANNSENS – das ist die Position des strengen Empirikers, der „Evolutionsspekulationen“, wie sie auch seien, ausweicht.[20]) JOHANNSENS methodologische Position ist keine Ausnahme unter der in der Anfangsperiode der Genetik verbreiteten Ansicht, nach der „viel mehr Experimentieren und weniger Theoretisieren die Parole für die nächste Zeit ist“.[21])

Das gesetzmäßig im Verlauf der Entwicklung der Wissenschaft erwachte Bedürfnis, empirisches Material über das Wesen der Vererbung zu sammeln, verwandelte sich bei undialektischer Betrachtung in einen einseitigen Empirismus, der das empirische Wissen in einen Gegensatz zum theoretischen stellte. Indem W. JOHANNSEN begründet das eine Extrem kritisierte, d. h. die ausschließliche Begeisterung für die Probleme der Abstammung, als deren Ergebnis die gnoseologischen Möglichkeiten der historischen Methode verabsolutiert wurden, verfiel er in das andere Extrem. Er schloß die historische Methode aus dem Arsenal der gnoseologischen Hilfsmittel der Genetik aus und verabsolutierte die analytischempirische Forschungsmethode, hielt sie für die einzige Möglichkeit, die Prozesse der Vererbung zu untersuchen.

Auf der gleichen methodologischen Position bleibt auch ein anderer führender Vertreter der Genetik zu Beginn des 19. Jahrhunderts, T. H. MORGAN, wenn er die experimentelle Methode bildlich als einen ausreichenden zuverlässigen Grund bezeichnet, auf dem der Biologe ohne Skepsis Anker werfen könne.[22])

Aufgrund der Tatsache, daß mit Hilfe der von MENDEL ausgearbeiteten experimentellen Methode in der Genetik die Möglichkeit geschaffen wurde, beweiskräftiges Wissen über die Vererbung zu erhalten, und aus dem Fehlen von exaktem, beweiskräftigem Wissen bei der Anwendung der historischen Methode in DARWINS Theorie der natürlichen Auslese wurde die ungerechtfertigte Schlußfolgerung gezogen, der Mendelismus sei das Alpha und Omega des exakten Wissens in der Biologie und berufen, die spekulative Darwinsche Theorie von der natürlichen Auslese zu ersetzen.[23]) Eine derartige Einschätzung der DARWINschen Evolutionstheorie begründet eigentlich die Ablehnung der gnoseologischen Bedeutung der historischen Methode. Aber sogar bei einem solchen Verhältnis zu ihr gelang es nicht, sie völlig aus der Sphäre der gnoseologischen Hilfsmittel der Genetik auszuschließen. Das fand seinen Ausdruck in den mechanistischen Schemata der Evolution von Hugo de VRIES (Mutationismus), BATESON (Hypothese der Anwesenheit oder des Fehlens von Erbfaktoren), LOTSY (Kombinatorik unveränderlicher Gene) und anderer, die nach Meinung ihrer Urheber die „spekulative“ DARWINsche Theorie der natürlichen Auslese ablösen sollten.

So bahnte sich sogar bei der antidarwinistischen Tendenz der Genetik im ersten Jahrzehnt des 20. Jahrhunderts das Bedürfnis nach der historischen Methode seinen Weg, wenn es auch in der ersten Zeit in einer veränderten Form geschah. Die Notwendigkeit der organischen Einheit der experimentellen und der historischen Methode wurde jedoch in vollem Umfang erst beträchtlich später erkannt, in einem reiferen Entwicklungsstadium der Genetik, als bei ihren theoretischen Abstraktionen die Notwendigkeit entstand, die Einheit des strukturell-funktionellen Aspekts der Vererbung (materielle Grundlagen der Vererbung) und des historischen Aspekts (Vererbung als Faktor der Evolution und als Objekt der evolutionären Veränderungen) auszudrücken.[24]) Jedoch ging die Genetik zu Beginn des 20. Jahrhunderts nur die ersten Schritte auf dem Weg zum Wesen der Vererbung. Als Ergebnis entstanden völlig abstrakte Vorstellungen über die Vererbung, die ihrerseits den Naturwissenschaftlern ein ganzes Bündel von methodologischen, philosophischen Problemen stellten.

Der Ausschluß der historischen Methode aus dem Arsenal der gnoseologischen Hilfsmittel in dieser frühen Periode der Entwicklung der Genetik führte dazu, daß der ursprüngliche Zusammenhang der Evolutionstheorie Darwins und der Genetik zerstört wurde. An die Stelle der organischen Einheit von Evolutionstheorie und Genetik, deren Fruchtbarkeit bereits K. A. Timirjasew festgestellt hatte[25]), begann man, die Genetik als eine Wissenschaft zu betrachten, die berufen war, auch die Evolutionstheorie zu ersetzen, so wie es den „Neophyten des Mendelismus", wie N. P. Dubinin[26]) richtig bemerkte, „schien, daß die Genetik sich qualitativ von der übrigen Biologie unterscheide und daß sie von nun an, da sie mit dem Experiment arbeite, mit jeglichen Spekulationen und unbewiesenen Mutmaßungen, darunter auch der Lehre Darwins, Schluß machen könne."

Die führenden Vertreter der Genetik des Beginns des 20. Jahrhunderts, die von den „unbewiesenen Mutmaßungen" Darwins und von den Spekulationen über die strukturellen und funktionellen Grundlagen der Vererbung von C. Nägeli, H. Spencer, A. Weismann u. a. abgingen, mußten jedoch selbst noch einmal beginnen, die Natur der Vererbung zu untersuchen, über die nun wissenschaftliche Vorstellungen in direkter Abhängigkeit von den gnoseologischen Möglichkeiten der experimentellen Methode geschaffen wurden. Wie bekannt, war eine solche Grundlage durch die Arbeiten von MENDEL und die „Wiederentdecker“ seiner Gesetze E. TSCHERMAK, C. CORRENS und H. DE VRIES gelegt worden, die sich die Aufgabe stellten, die Gesetzmäßigkeit der Übertragung erblicher Merkmale von den Eltern auf die Nachkommen zu untersuchen.

Eine ähnliche Aufgabe hatten sich schließlich auch MENDEL und seine Vorgänger gestellt, aber nur MENDEL war es gelungen, sie in vollem Umfang zu lösen; ein Erfolg, der in vielem durch die von ihm erarbeitete Methode bestimmt war. Wenn wir uns jedoch mit der gnoseologischen Effektivität der Methode MENDELS und ihrer unvergänglichen Bedeutung beschäftigen, bemerken wir, daß die Antwort auf diese Frage gleichzeitig dazu beiträgt, die Spezifität des Inhalts der Vorstellungen von der Vererbung zu klären. Tatsächlich ermöglicht es die Untersuchung der Spezifik des Inhalts der wissenschaftlichen Vorstellungen von der Vererbung, den Fehlern zu entgehen, die — leider — bei Biologen auftraten, die eine solche Verbindung ignorierten. Es ist daher nicht überflüssig, hier an die Äußerung HEGELS zu erinnern, nach der „die Methode das Bewußtsein über die Form der inneren Selbstbewegung ihres Inhalts ist“.[27])

Wenn man die theoretisch-gnoseologische Natur der Methode von diesen Standpunkten aus untersucht, wird sie zur notwendigen Voraussetzung, um die Gesetzmäßigkeit der Entwicklung des Wissens zu begründen, den fortschrittlichen Charakter des Vorwärtsschreitens in bestimmten, aufeinanderfolgenden Etappen, wobei jedes folgende Wissensniveau immer reicher und konkreter wird, zu erklären. In diesem Zusammenhang kehren wir zu der Frage nach der hohen gnoseologischen Effektivität der Methode MENDELS zurück. Man muß sagen, daß dies durch ihre innere Struktur bedingt war, die es ermöglichte, einfache Definitionen zu erarbeiten, die der Anfang, der Ausgangspunkt für die Bewegung des Wissens beim Aufsteigen vom Abstrakten zum Konkreten sein konnten.

So ist mit der Methode MENDELS der erste Schritt der Entwicklung auf dem Wege der Erkenntnis „von Inhalt zu Inhalt“[28]) verbunden, d. h. der erste Schritt der Genetik in Richtung auf die Dialektik. Aber bekanntlich ist dieser einzige Weg zur Wahrheit nicht geradlinig, sondern gewunden, dornig und erfordert tiefgründige Kenntnisse der Dialektik. Leider war es das Schicksal der Genetik, wie auch der Physik, den Weg zum dialektischen Materialismus „nicht direkt, sondern im Zickzack, nicht bewußt, sondern spontan“ zu gehen, „wobei sie ihr ‚Endziel‘ nicht klar sieht, sondern sich ihm tastend, schwankend nähert, manchmal sogar mit dem Rücken voran“.[29])

Dabei blieben die vom Standpunkt der modernen Wissenschaft offensichtliche Begrenztheit und die Fehler bei der Untersuchung von Vererbung und Variabilität bereits der Formierung der genetischen Theorie nicht außerhalb der Kritik, und zwar — was charakteristisch ist — auf Grundlage dieser Theorie. Schließlich handelte es sich damals um ein erstes Herangehen, die Suche nach einer Interpretation der im Experiment gewonnenen Fakten, wobei man sich nur wundern kann, wieviel an wertvollen Funden und Verallgemeinerungen durch die Pioniere der Genetik geleistet wurde, die nicht die Möglichkeit hatten, unmittelbar die Wirkungsmechanismen des genetischen Materials zu untersuchen.

Im Lichte des Gesagten verdient die Position von T. H. MORGAN unsere Aufmerksamkeit, der sich kritisch mit den Ansichten der Vertreter der spekulativen Periode der Entwicklung der Genetik befaßte. „Die Gefahr“, schrieb er[30]), „welche die Benutzung einer mit bestimmten körperlichen Gebilden rechnenden Theorie bietet, liegt offenbar darin, daß durch eine solche Theorie ohne Schwierigkeiten jede Erscheinung erklärt werden kann, wenn es ihren Urhebern erlaubt wird, seine Gebilde mit allen und jeden Eigenschaften auszustatten, die er bei seiner Erklärung für nötig erachtet. Gerade weil BONNET,

SPENCER und WEISMANN ihren kleinsten Partikelchen der lebenden Substanz ganz willkürlich Eigenschaften beilegten, erscheinen uns diese Anschauungen heutzutage als in höchstem Grade spekulativ. Daß die moderne Faktorentheorie auf einem ganz anderen Beweismaterial fundiert ist, gerade das möchte ich hier mit besonderem Nachdruck betonen.“ Später verband MORGAN seine Vorstellungen über das Wesen der Vererbung direkt mit der experimentellen Methode: „Ich wage zu denken, daß die moderne Theorie, wenn sie auch alten Theorien ähnlich sein mag, sich von ihnen doch in der Hinsicht unterscheidet, daß sie Schritt für Schritt aus den experimentell gewonnenen genetischen Fakten hervorgegangen ist, die in jedem Punkt sorgfältig überprüft wurden.“[31])

Wie oben gezeigt wurde, grenzt sich der Mendelismus in seiner „klassischen“ Form entschieden von den „groben“ Spekulationen über das Wesen der Vererbung von C. NÄGELI, H. SPENCER, A. WEISMANN und anderen Vertretern der spekulativen Periode der Entwicklung der Genetik ab. Der Mendelismus verzichtete auf die nicht durchführbare und sehr weitgehende Aufgabe, die strukturellen und funktionellen Grundlagen der Vererbung zu klären, da die Möglichkeit fehlte, sie unmittelbar experimentell zu untersuchen. Sie stellte sich ein näher liegendes, durch die Anwendung der experimentellen Methodik in ihrer einzigen in der Genetik bekannten Form zu erreichendes Ziel.

Zu diesem nächsten Ziel der Forschung wurde bekanntlich die Erforschung der Gesetze der Vererbung einzelner Merkmale, was faktisch zum gesamten Inhalt des Mendelismus wurde, dem es gelang, die wichtigste und wesentlichste Seite der Vererbung zu finden, durch die die Reproduktion der Organismen charakterisiert ist, die infolge der Weitergabe entsprechender Besonderheiten von Generation zu Generation ähnlich sind. Die Mendelschen Gesetze sind Gesetze der Vererbung, der Verteilung äußerlicher, phänotypischer Merkmale der Eltern in die Nachkommenschaft. Sie sind nicht direkt mit dem anderen Aspekt der Vererbung verbunden, dem Prozeß der Realisierung dieser Merkmale in der Ontogenese.

Im Verlauf der Entdeckung der Vererbungsgesetze ergab sich jedoch die Notwendigkeit, den Begriff „Erbfaktor“ zu formulieren, dessen Klärung auch die Lösung des Problems der Realisierung der Erbeigenschaften in der Ontogenese ermöglichte.

Das Bedürfnis nach einem solchen Begriff ist die Folge dessen, daß es notwendig wurde, die mit den Zellen verbundenen Ursachenkomplexe irgendwie zu bezeichnen, die die erbliche Weitergabe von Merkmalen bestimmen. Es ist nicht schwer, festzustellen, daß eine solche Definition des Erbfaktors (Gen) einen sehr abstrakten, sozusagen formalen Charakter hatte. Der Hauptinhalt des Begriffs ‚Gen‘ erschöpfte sich faktisch in der Fähigkeit, sich im Prozeß der Vererbung in bestimmter Weise zu verhalten (Diskretheit, unabhängige Kombination) und eine bestimmte Entwicklung zu determinieren, ohne weiteres Charakteristikum. So erschien die inhaltliche Armut des Genbegriffs als Folge der Unentwickeltheit der experimentellen Methode beim Studium der Vererbung.

Eigentlich wurde die genetische Analyse als besondere Art des Experiments in der Periode des Mendelismus hauptsächlich durch die Methoden der Selektion und der Hybridisation vertreten.[32]) Die erste von ihnen ist vorbereitend, hat aber, ungeachtet dessen, für die genetische Analyse eine außerordentlich große Bedeutung. Wenn man die Aufmerksamkeit besonders auf den qualitativen Aspekt der Untersuchung der Erscheinungen der Vererbung lenkt, verwirklicht ihn die Selektionsmethode und orientiert gleichzeitig auf die weitere quantitative Untersuchung.

Das Ziel, das mit der Selektionsmethode verfolgt wird, besteht darin, „konstante Linien von Genotypen zu erlangen, d. h. Homozygote, die sich deutlich in bestimmten erblichen Charakteristika unterscheiden. In jedem Fall muß eine der Elternformen, die in die Kreuzung einbezogen wurden, verantwortlich für eine bestimmte konstante Eigenschaft sein, homozygot mit bekanntem Genotyp. Daher werden aus der Population die benötigten Formen ausgewählt und aus ihnen homozygote, sich nicht aufspaltende Linien gezüchtet. Gerade auf diese Weise begann MENDEL seine Arbeit mit Erbsen."[33])

Tatsächlich konnte erst JOHANNSEN die heuristische Möglichkeit der Selektionsmethode in seiner Lehre von den reinen Linien in vollem Umfang aufdecken. Während er die genetischen Forschungen zur Analyse der reinen Linien, zur mathematischen Bearbeitung der biologischen Erscheinungen und zur künstlichen Kreuzung hinführte, hat er wiederholt bekräftigt, daß „eine *biologische Analyse* der Einzelfälle der statistischen Behandlung vorausgehen muß".[34]) Die Notwendigkeit eines solchen Herangehens wird für JOHANNSEN dadurch diktiert, daß sich „statistische Untersuchungen wahrlich nicht dazu eignen, die bei Erblichkeitsfragen uns begegnenden *biologischen Grundprobleme* richtig zu beleuchten".[35])

Außerdem ist, wie JOHANNSEN bei der Kritik GALTONS und PEARSONS überzeugend bewies, ein Ignorieren der Selektionsmethode mit der Gefahr verbunden, zu falschen Schlußfolgerungen zu gelangen. Schließlich hat die Betonung der qualitativen Orientierung der Selektionsmethode — da die Selektionsmethode ja in bezug auf konkrete Merkmale eines ganzheitlichen Organismus angewandt wird — große Bedeutung für die Untersuchung des Inhalts des Genbegriffes, da die Meinung weit verbreitet war, in der Periode des Mendelismus habe man den Erbfaktor (das Gen) als einen „rein formalen Begriff"[36]), als etwas wie eine „mystische Erscheinung"[37]) angesehen.

Und dennoch ist ein wesentliches Moment der methodologischen Analyse, die mit dem Ziel durchgeführt wird, die Gesetzmäßigkeit und Notwendigkeit vor allem der gegebenen wissenschaftlichen Vorstellungen zu klären, die in einer bestimmten historischen Entwicklungsetappe der Genetik komplizierter werden, die Untersuchung des analytischen Moments in der Erkenntnis, das ein klarer Ausdruck der gnoseologischen Möglichkeit der Selektionsmethode ist. Wenn man die Selektionsmethode unter dem Gesichtspunkt der in ihr zum Ausdruck kommenden analytischen Tätigkeit betrachtet, dann ist es wichtig, die Grenzen dieser Tätigkeit zu umreißen. Es versteht sich von selbst, daß sie nicht fest und unveränderlich sind. Aber es wäre auch unrichtig, sie als etwas zu betrachten, das völlig relativ und bloß ausgedacht ist. Ihre Definition wird im Rahmen der Selektionsmethode klar bestimmt, erstens dadurch, daß die Selektionsmethode im System der Methoden der genetischen Analyse einen bestimmten Platz einnimmt: sie geht der genetischen Analyse voraus. Zweitens ergibt sich die definierte Begrenztheit der analytischen Tätigkeit des Denkens bei der Selektionsmethode aus der definierten Möglichkeit ihrer Funktion im System der Methoden der genetischen Analyse. Ihre Funktion besteht darin, die notwendigen Voraussetzungen für den effektiven Einsatz der Kreuzungsmethode zu schaffen. Der Hauptinhalt einer solchen vorbereitenden Arbeit besteht im Streben, die zu untersuchenden Erscheinungen unter „Bedingungen, welche den reinen Vorgang des Prozesses sichern“[38]), zu betrachten. Das Streben nach einer Isolierung vor störenden Einflüssen und erschwerenden Bedingungen wird jedoch bei der Anwendung der Selektionsmethode nur bis zu einer gewissen Grenze verwirklicht. Es wird begrenzt durch das Ausgliedern homozygoter, sich nicht aufspaltender, im idealen Sinne reiner Linien aus einer Population. JOHANNSEN sah sie als „den einfachsten Fall“ an, als „eine Untersuchung, die durchgeführt werden müsse, bevor man kompliziertere Fälle klären könne.“[39])

So erschöpft sich das maximale Resultat der analytischen Tätigkeit bei der Selektionsmethode in der Herauslösung einer reinen Linie. Das ist sozusagen die erste, die Anfangsetappe einer tieferen und genaueren Abstraktion, die erst mit der Hybridisationsmethode verwirklicht wird.

Tatsächlich hat die Methode der Hybridisation den Rahmen der analytischen Tätigkeit beträchtlich erweitert, indem sie einen höheren Grad an Abstraktion anwandte. Wenn die Selektionsmethode nicht weiter ging als bis zur Aussonderung der reinen Linie und eines ganzheitlichen Organismus, so ist das für die Kreuzungsmethode ungenügend. Eine notwendige Voraussetzung für die Entwicklung und Verbesserung der Analyse beim Fortschreiten zur Hybridisationsmethode ist eine Abstraktion von der Ganzheit des Organismus, die von Mendel nicht nur als ein unwesentliches Charakteristikum angesehen wird, sondern auch als verschleiernder Umstand, der die Aufdeckung der Gesetze der Vererbung hindert. Im Ergebnis einer solchen Abstraktion gewinnt die Analyse die Möglichkeit, sich auf die Ebene einzelner Merkmale auszudehnen. Außerdem hat Mendel bei dem Versuch, eine Erklärung für die festgestellten quantitativen Verhältnisse der Verteilung der elterlichen Merkmale unter der Nachkommenschaft zu geben, die Einheit der Vererbung, den „Erbfaktor" herausgestellt und die Zuordnung eines einzelnen Gens zu einem einzelnen Merkmal angenommen (Gen — Merkmal). Dazu führte Mendel die Bezeichnung des dominanten und rezessiven Zustands des Gens mit Buchstaben ein, die es ermöglichte, mit der Untersuchung des Genotyps der Gameten zu beginnen. Durch die Hinwendung der Aufmerksamkeit auf die Geschlechtszellen erhielt die Analyse einen Zugang zu den Erscheinungen der Mikrowelt und ging so von der Ebene der Merkmale zu der Ebene der Gene über.

Tatsächlich ergab sich das Wissen von den Genen durch indirekte Schlußfolgerungen aus der Verteilung von phänotypischen Merkmalen. B. Glass bemerkte mit Recht, daß „die exakte Analyse der Vererbung alternativer Merkmale durch Mendel in einer zytologischen und biochemischen Einöde durchgeführt wurde. Sie war eine völlig abstrakte, mathematische Analyse der Verteilung, der Kombination und der unabhängigen Kombination erblicher Charakteristika."[40]) Es ist nicht schwer festzustellen, daß die zytologische und biochemische Leere, in der die Untersuchungen von MENDEL durchgeführt wurden, sich als Ergebnis der analytischen Richtung des Kenntnisgewinns zeigte, aus der sich eine weitgehende Abstraktion ergab, die die Vorstellung von dem Gen als abstrakte, mathematische Einheit schuf. Einen reicheren Inhalt des Begriffs „Gen" konnte man aufgrund der Hybridisationsmethode in der Interpretation von MENDEL nicht entdecken, da ihre gnoseologischen Möglichkeiten, wie die einer jeden naturwissenschaftlichen Methode, ihre bestimmten Grenzen hatten.

Jedoch kann man die analytischen Möglichkeiten nicht unabhängig von der Besonderheit der Objekte ermessen, an denen die Untersuchungen der Gesetze der Vererbung durchgeführt werden, wie sie auch direkt vom Ausmaß der Reproduzierbarkeit dieses oder jenes Objektes, d. h. der Quantität der in das Experiment einbezogenen Individuen, abhängig ist. Es ist nicht schwierig, nachzuweisen, daß ein Wechsel der Objekte der Untersuchung deshalb auch eine grundlegende Entwicklungsetappe der Genetik bedeutet,[41]) woraus sich die Möglichkeit ergibt, auf jeder folgenden Etappe die Begrenztheit der analytischen Möglichkeiten der Hybridisationsmethode zu überwinden. Bei einer solchen Etappe in der Entwicklung der Genetik, wie sie der Mendelismus war, erwies sich als entscheidend für die Möglichkeit der genetischen Analyse die in Anbetracht der kleinen Zahl (10^2—10^3) von Individuen (Pflanzen oder Versuchstiere [Vertebraten]), die in das Experiment einbezogen wurden, durch das Ausmaß der Gruppen begrenzte Kopplung.

Es versteht sich von selbst, daß eine solche Begrenztheit der Kreuzungsmethode sich nicht auf den konkreten Inhalt des Begriffs „Gen" erstrecken konnte. Tatsächlich beurteilten die Mendelisten, die nur das als wahr anerkannten, was sie aus dem Experiment gewonnen hatten, den Erbfaktor nach den Eigenschaften, die sich im Experiment zeigten. Das Entdecken der konkreten strukturell-funktionellen Grundlage des Gens war aufgrund der Besonderheiten des gnoseologischen Charakters der Hybridisationsmethode im Rahmen des Mendelismus nicht möglich. Was die Mendelisten unter „Erbfaktor" verstanden, ist aus den Erläuterungen von JOHANNSEN ersichtlich. „Das Gen", schrieb er[42]), „ist ... zunächst nur als eine Art Rechnungseinheit zu verwenden. Man hat durchaus nicht das Recht, ein Gen als morphologisches Gebilde im Sinne von DARWINS ‚gemmules', oder ‚Biophoren', ‚Determinanten' u. a. spekulativ-morphologischer Begriffe anderer Autoren zu betrachten." Jedoch gelang es mit dem sehr armen Inhalt des Begriffs ‚Gen' nicht nur, diesen zu formulieren, sondern, was vor allem für die weitere Entwicklung der Genetik wichtig war, die wichtigsten Gesetzmäßigkeiten der Vererbung zu ergründen. An die Lösung dieser sehr engen Aufgabe bei der Untersuchung der Vererbung durch den Mendelismus denkend, schrieb G. A. LEWITSKIJ: „Die Frage danach, was der ‚Erbfaktor' eigentlich konkret darstellt, wurde ganz bewußt ausgeklammert, als für die Erforschung der Erscheinungen der Vererbung selbst im Sinne der Feststellung der zwischen ihnen bestehenden gesetzmäßigen Beziehungen vollkommen überflüssig. Der Begriff Faktor als rein durch seine sichtbaren Erscheinungen bedingtes Symbol erwies sich als vollkommen ausreichend und ersparte irgendwelche hypothetischen Konstruktionen."[43])

Wenn man den hohen Grad der Abstraktheit des Begriffs „Gen" im Mendelismus hervorhebt, ist es notwendig, an diesen Begriff vom Standpunkt der Dialektik heranzugehen — als bestimmte Entwicklungsstufe des Erkenntnisprozesses in der Genetik. Tatsächlich hat es die Abstraktheit des Begriffs „Gen" einerseits ermöglicht, in der weiteren Entwicklung diesen Begriff „mit neuen Verbindungen und Beziehungen zu füllen"[44]), d. h., sie war gleichsam die erste Stufe, der Ausgangspunkt in der Entwicklung dieses Begriffs vom Abstrakten uzm Konkreten. Dazu gehört die objektive Seite des Begriffes Gen, denn menschliche Begriffe sind „objektiv im Ganzen, im Prozeß, im Ergebnis, in der Tendenz, im Ursprung"[45]).

Gerade aufgrund der objektiven Seite der wissenschaftlichen Begriffe „spiegeln *alle* wissenschaftlichen (richtigen, ernst zu nehmenden, nicht unsinnigen) Abstraktionen die Natur tiefer, richtiger, vollständiger wider“[46]). Deshalb „entfernt sich das Denken, das vom Konkreten zum Abstrakten aufsteigt, nicht ... *von* der Wahrheit, sondern nähert sich ihr“[47]). Man kann mit voller Überzeugung sagen, daß die Wahrheit dieser tiefschürfenden Ausführungen LENINS am Beispiel der Entwicklung der materialistischen Auffassungen in der Genetik glänzend bestätigt wird.

Andererseits ist der Begriff Gen nicht nur objektiv, sondern auch subjektiv. „Die menschlichen Vorstellungen“, schrieb LENIN, „sind subjektiv in ihrer Abstraktheit, Losgelöstheit ...“[48]) Das Interesse für die subjektive Seite des Begriffs Gen hat große Bedeutung für die Klärung der gnoseologischen Wurzeln des Idealismus in der Genetik. Einer seiner Gründe ist offensichtlich die äußerste Armut des Inhalts dieses Begriffs, die sich aus einer extremen Abstraktion ergibt, aus der sich keinerlei Kenntnisse von den strukturell-funktionellen Grundlagen des Erbfaktors ergeben. Wie die gegebene Situation in weltanschaulicher, philosophischer Hinsicht benutzt werden konnte und kann, ist aus Worten von MORGAN ersichtlich. „MENDEL“, schrieb er, „sprach nicht davon, daß die Elemente, deren Weitergabe und deren Differenzierung er postulierte, materielle Teilchen seien. Soviel wir wissen, konnte der gute Abt im Gegenteil etwas mehr Geistiges oder Wunderbares im Sinne haben.“[49])

In der Genetik entstanden immer häufiger Zweifel verschiedener Art an der materiellen Natur des Gens. Man kann auf den oben zitierten BATESON verweisen, der eindeutig die Grenze wissenschaftlichen Zweifels überschritt, als er schrieb: „Wir wissen nicht, welcher Natur das Agens bei der Übertragung angeborener Merkmale ist, wir wissen nicht einmal, ob es materiell ist oder nicht.“[50]) Es ist vollkommen klar, daß ein Wissenschaftler, der auf diesem Standpunkt steht, nicht dem Druck des Idealismus widerstehen kann, der mit den neuen Entdeckungen in der Genetik spekuliert. Mehr noch, der Hinweis von Bateson gleicht einem direkten Zugeständnis an den Idealismus.

Ein anderes Verhältnis zu der gegebenen Frage zeigte T. H. Morgan, der sich konsequent bemühte, den Standpunkt des Materialismus in der Genetik zu behaupten. Obwohl Morgan im Umgang mit dem Begriff Gen sehr vorsichtig war, fühlte er genau, daß es ein gefährliches Abgleiten in Mystik bedeutet hätte, die Subjektivität des Begriffs Gen in seiner abstrakten Form hervorzukehren und von seinem objektiven Inhalt abzuweichen. „Ich“, schrieb T. H. Morgan, „bin sogar entschlossen, den Gedanken auszusprechen, daß es für die Biologen keineswegs schlecht ist, mit Bedacht von einer Abstraktion abzugehen, welche die Quellen der Daten ignoriert, aufgrund derer die Abstraktion geschaffen wurde.“[51]) Offensichtlich ist es, damit man im Rahmen der Wissenschaft bleibt, d. h. sich auf die Position des Materialismus stellen kann, notwendig, die objektive Quelle, die im Inhalt des Begriffs Gen widergespiegelt ist, nicht aus den Augen zu verlieren. Noch vollständiger kann diese Forderung nur im Rahmen der experimentellen Methode erfüllt werden, die sich als wirksame Waffe im Kampf gegen die Vertreter der „Emergent Evolution“, des Organizismus, des Neo-Vitalismus, des Holismus, überhaupt gegen spekulatives idealistisches Philosophieren erwiesen hat. Das ist die Position des naturhistorischen Materialisten T. H. Morgan. Von diesem Standpunkt aus bewertet er auch die Ansichten seiner Vorgänger, besonders die von Weismann.

Gleichzeitig führte der klar ausgeprägte analytische Charakter der Methode der Hybridisation nicht nur zur Abstraktheit des Begriffes Gen, sondern auch zum Verlust des ganzheitlichen Herangehens an das Verstehen der Vererbung. Die Konzeption der „kontinuierlichen“ Vererbung wurde verlassen und durch Vorstellungen von einer korpuskulären Natur der Vererbung ersetzt, nach denen die Merkmale im Phänotyp den Genen im Genotyp entsprechen sollten. Aber obgleich sich das Gen im Experiment als unabhängige Einheit verhielt, verpflichtete die gegebene Methode, den Genotyp als Summe der Gene anzusehen, und den Phänotyp als ein Mosaik der Merkmale. Der Mechanizismus derartiger Vorstellungen provozierte kritische Bemerkungen einiger Wissenschaftler, die darin einen Wesenszug des Mendelismus sahen.

Aber der Mechanizismus betraf nicht nur das Verhältnis der einzelnen Gene im Genotyp. Er wurde auch auf das Verhältnis Gen-Merkmal ausgedehnt. „Die Mendelisten", schlußfolgerte E. Mayr, „identifizierten Gene und Merkmale als ob es zwischen ihnen eine eindeutige Übereinstimmung gäbe."[52])

So führte das Abstrahieren von der Ganzheit des Organismus zum Auftreten widersprüchlicher Tendenzen. Es war einerseits günstig, denn es ermöglichte die Entwicklung der wissenschaftlichen Erkenntnis, trug dazu bei, daß die Ausgangsprinzipien erarbeitet wurden, auf deren Grundlage die moderne Genetik entstand und sich entwickelte.[53]) Andererseits wurde das Abstrahieren von der Ganzheit des Organismus, da es undialektisch durchgeführt wurde, (da der Gedanke und die Bedeutung einer solchen Abstraktion nicht bewußt wurden), nicht zu einem Mittel der Erkenntnis der Wahrheit, sondern zum Vehikel mechanistischer Vorstellungen, die vergröberten und gleichzeitig unausweichlich zu Fehlern bei der Darstellung des zu untersuchenden Gegenstandes führten. Diese Tendenz fand ihren Ausdruck in einer präformistisch geprägten Diskussion des Verhältnisses „Gen—Merkmal", die zweifellos eine ungünstige Erscheinung in der Entwicklung der Genetik war.[54])

Gleichzeitig bestimmte der Genbegriff, der als Ergebnis der Anwendung der hybridologischen Methode in der Periode des Mendelismus komplizierter geworden war, nicht nur den grundlegenden Inhalt der Vorstellungen über Genotyp und Phänotyp, sondern beeinflußte auch die Formulierung des Begriffs der Mutation nachdrücklich.

Ja, wenn früher H. de Vries unter „Mutation“ grobe Veränderungen der Erbsubstanz verstand, die plötzlich, sprunghaft, unabhängig von den Einflüssen der Umwelt auftraten, mit „spontan“ im Protoplasma der „Pangene“ stattfindenden Veränderungen verbunden waren, so erwies sich als Ergebnis der Neuentdeckung der Mendelschen Gesetze der Begriff des Gens in Übereinstimmung mit den experimentellen Fakten verändert. Aber im Experiment zeigte das Gen nicht die Fähigkeit zur Veränderung. Es verhielt sich wie ein von der Umwelt unabhängiger, dauerhafter Faktor. Daraus zog man Schlußfolgerungen hinsichtlich der Beständigkeit des Erbfaktors (Bateson, Lotsy). In dem Maße, in dem man das Gen als unveränderlich ansah, begann man die Mutation vom Standpunkt der „Presence-Absence-Hypothese“ Batesons als „Unfall“, als Verlust dieses oder jenes Gens zu betrachten. In den Vorstellungen von Lotsy, der versuchte alle Erscheinungen nur vom Standpunkt der in der Periode des Mendelismus aufgedeckten Gesetzmäßigkeiten zu erklären, war der Begriff der Mutation mit einer Umgruppierung konstanter Gene verbunden.

Eine in vielem ähnliche Diskussion wurde dadurch bestimmt, daß in der betrachteten Entwicklungsperiode der Genetik die Analyse nur durch zwei Methoden (die Selektions- und die Hybridisationsmethode) vertreten war, wobei die Methode der Hybridisation die Hauptquelle zur Gewinnung neuer Erkenntnisse war. Es ist ganz natürlich, daß die Enge der methodologischen Mittel des Mendelismus auch die Begrenztheit des Inhalts des Begriffs der Mutation bestimmte. Wenn man jedoch von der Begrenztheit der Vorstellungen des Mendelismus über das Problem der Variabilität spricht, darf man seinen günstigen Einfluß nicht übersehen.

In Zusammenhang mit der breiten Anwendung der Hybridisation und ihrer Verwandlung in die eigentlich einzige Methode der genetischen Analyse wurde die Untersuchung der Kreuzungen gefördert, die bekanntlich ein wichtiger Faktor der Evolution sind. Nachdem sie die tatsächlich kolossalen Möglichkeiten der Variabilität festgestellt hatten, die der Prozeß der Kreuzung in sich barg, überschätzten die Mendelisten jedoch den Faktor der Kreuzung, indem sie den ganzen, sehr komplizierten Prozeß der Evolution auf ihn zurückführten.

Ein anderer, nicht weniger wichtiger Beitrag zur Lösung des Problems der Variabilität war die Übertragung der Frage der Mutation aus dem Bereich der einfachen Beobachtung in den Bereich des exakten Experiments. Dabei muß das Verdienst von H. de Vries grundsätzlich neu bewertet werden. Sein experimentelles Herangehen an das Problem bestimmte, nach den Worten von N. I. Šapiro, „in bemerkenswertem, wenn nicht entscheidendem Grad die Errungenschaften, deren sich die moderne Lehre von den Mutationen rühmt."[55]) Leider ging es auch hier nicht ohne Extreme ab.

Nachdem de Vries den diskreten, sprunghaften, ruckartigen Charakter der Variabilität festgestellt hatte, verabsolutierte er diesen Typ der Variabilität und trat gegen das Darwinsche Verständnis der natürlichen Auslese auf. „In der Natur", schrieb de Vries, „erscheinen die Arten im allgemeinen nicht allmählich unter dem Einfluß des Milieus, dem sie sich langsam anpassen, sondern mit einem Sprung, unabhängig von der Umwelt."[56]) Die antidarwinistische Orientierung der Äußerung von H. de Vries ist nicht zu bezweifeln, ebensowenig wie die der „Presence-Absence-Hypothese" von Bateson oder der Evolution durch Hybridisation von Lotsy.

Man muß jedoch erkennen, daß viele dieser negativen Tendenzen bereits innerhalb der klassischen Genetik überwunden wurden. Tatsächlich wurde dabei festgestellt, daß die alleinige Anwendung der mendelistischen Methoden, der Selektion und der Hybridisation, bei all ihrer hervorragenden Bedeutung keine ausreichende Lösung der Grundprobleme der Genetik bringen konnte. Daher war die folgende Entwicklung der Genetik mit der Suche nach neuen Arten genetischer Experimente verbunden, die es ermöglichten, von der rein quantitativen zur qualitativen Untersuchung der Vererbung und der Variabilität überzugehen.

„Die ausschließlich mathemathische Bearbeitung der Aufspaltung und der unabhängigen Verteilung der Gene," schrieb MORGAN, „konnte die Botaniker und Zoologen nicht lange befriedigen. Es mußte unausweichlich das Bestreben entstehen, festzustellen, wo, wann und wie der Prozeß der Aufspaltung und Neuvereinigung vor sich ging, und unausweichlich waren die Versuche, diese Erscheinungen im Zusammenhang mit den bemerkenswerten Prozessen in den Gameten zu sehen, die eine so allgemeine Verbreitung besitzen."[57])

Dieser Versuch, auf Fragen zu antworten, die vom Mendelismus nicht gestellt worden waren und auch gar nicht gestellt werden konnten, bedeutete eine neue Etappe in der Geschichte des Erkennens der Vererbung und der Variabilität. In dieser Etappe wurden in der Genetik neben der hybridologischen Analyse in breitem Maße auch zytologische Untersuchungen durchgeführt. In der Erkenntnis der Vererbung und der Variabilität vollzog sich der Übergang von der Ebene des Organismus zur Ebene der Zelle. BOVERI, SUTTON, WILSON und andere Wissenschaftler, die die Parallelität und Übereinstimmung der Mendelschen Gesetze der Vererbung der Merkmale mit den Gesetzmäßigkeiten des Verhaltens von Elementen des Zellkerns (den Chromosomen) bei der Bildung der Gameten und der Befruchtung festgestellt hatten, legten die Grundlage, auf der zu Beginn des zweiten Jahrzehnts des 20. Jahrhunderts durch MORGAN und seine Schule die Chromosomentheorie der Vererbung entwickelt wurde.

Die Formierung dieser Theorie geschah im Prozeß der Konkretisierung der anfänglich ganz abstrakten, spekulativen Vorstellungen von der materiellen Natur der Erbfaktoren, der genetischen Struktur der Chromosomen und der Lokalisation der Gene in ihnen. Es wurde ein Objekt gefunden, das geeigneter für das Experiment war als die

Pflanzen — die sich außerordentlich schnell vermehrende Fruchtfliege Drosophila, die im ganzen nur vier Paare nach Form und Größe leicht zu unterscheidender Chromosomen besaß.

Im Verlaufe der mit den Ergebnissen der Zytologie verbundenen genetischen Untersuchungen gelang es MORGAN und seinen Schülern 1. das Vorhandensein von Faktoren festzustellen, die in den Geschlechts- (X-) Chromosomen lokalisiert und erblich mit dem Geschlecht verbunden sind, 2. die Erscheinung des „Crossing-over“ zu entdecken, d. h. den Austausch von Genen zwischen homologen Chromosomen, der sich aus ihrer Überkreuzung ergibt, die zu einer Neukombination früher miteinander verknüpfter Merkmale führt. Das ermöglichte, den Genbestand der Chromosomen festzustellen, aber auch die Lokalisationsorte der einzelnen Gene in ihnen, die die Vererbung dieser oder jener Merkmale kontrollieren. So ergab sich die Möglichkeit, eine genetische Karte der Chromosomen zu konstruieren und nachzuweisen, daß die Gene in den Chromosomen streng linear lokalisiert sind.

Es ist ein großes Verdienst von MORGAN und seiner Schule, daß die Feststellung der materiellen Natur der Vererbung und der Variabilität eng verbunden war mit der Suche nach einem Weg der Synthese der Genetik und der Evolutionstheorie aufgrund der Entwicklung einer Konzeption von der Mutation. Als Ergebnis der Arbeiten von E. BAUR, der auf die Bedeutung kleiner Mutationen für die Evolution hingewiesen hatte, die in natürlichen Populationen sehr häufig sind, wurde nach und nach der fälschlich angenommene Widerspruch zwischen der Mutationstheorie und der Lehre von der natürlichen Auslese, der Genetik und der Evolutionstheorie beseitigt.

Es stimmt, daß in den Arbeiten von MORGAN selbst, der die Grundlage für diese progressive Tendenz gelegt hatte, noch Ansichten bewahrt wurden, die denen analog waren, welche bei den Pionieren des Mutationismus, vor allem bei DE VRIES, bestanden, und auch MORGAN selbst bezog in einigen Fällen eine sehr extreme Position zur DARWINschen Lehre von der natürlichen Auslese. „Ein Mutationist kann bestimmt beweisen“, schrieb er, „daß der wesentliche Teil der Theorie von der natürlichen Auslese von DARWIN sich als unbeständig erwiesen hat, vor allem seine Meinung, daß die individuellen Variationen, die überall angetroffen werden, das Ausgangsmaterial für die Evolution darstellen; diese Meinung bestreitet der Mutationist.“[58]) Nach MORGAN bestreitet der Mutationist nicht nur das, er war auch der Ansicht, daß „sogar ohne eine natürliche Auslese eine Evolution habe stattfinden können“, und daß „die natürliche Auslese keine entscheidende Rolle in der Evolution gespielt hat.“[59])

MORGAN überhöhte die Bedeutung des genetischen Faktors außerhalb seiner Verbindung zur Umwelt und auch die Widerstandsfähigkeit des Erbsubstrats (der Gene) selbst. Er näherte Prozesse, die auf zwei verschiedenen Ebenen abliefen, — der des Organismus und der der Population — mechanistisch einander an. Er war der Ansicht, daß die Methoden der genetischen Analyse, vor allem das Experiment, die im Widerspruch zu der historischen Methode des Darwinismus standen, universelle Bedeutung auch für die Untersuchung der Probleme der Evolution hätten.

Man muß im Auge behalten, daß vielen antidarwinistischen Schlußfolgerungen der Vergangenheit die ungenügende Vertrautheit oder die Unterbewertung der genetischen Prozesse in der Evolution zugrunde lag. Die Lehre DARWINS forderte tatsächlich experimentelle Untersuchungen des Mechanismus der Evolution, und vor allem ihrer Voraussetzungen und Grundlagen — der Gesetzmäßigkeiten der Vererbung und der Variabilität. Deshalb war MORGAN auch der Ansicht, daß „wir nur mit Hilfe des Experiments hoffen können, die Evolutionstheorie von den trüben spekulativen Wegen einer nicht fernen Vergangenheit zu befreien“.[60]) Und noch zu Lebzeiten MORGANS wurde aufgrund seiner Forschungen, die im Rahmen der Chromosomentheorie der Vererbung entwickelt worden waren, reale und effektive Wege gefunden, die zu einer organischen Synthese der Genetik und der Evolutionstheorie führten.

1926 erschien die klassische Arbeit von S. S. Čertwerikow „Über einige Momente des Evolutionsprozesses vom Standpunkt der modernen Genetik", die im wesentlichen den Anfang eines Prozesses bestimmte, auf dem die Populationsgenetik entstand. In den Arbeiten der Nachfolger von Čertwerikow, darunter sowjetischer Wissenschaftler, aber auch in den Arbeiten von S. Wright, R. Fisher, J. S. B. Haldane und anderen wurden schon am Ende der 20er, anfangs der 30er Jahre die Voraussetzungen für die Populationsgenetik erarbeitet, die den antidarwinistischen Spekulationen ein Ende bereitete, die zu dieser Zeit noch als eine Art Rezidiv in Erscheinung traten, wobei sie trotz ihrer Berufung auf die Lehre von Mendel und Morgan, auf die Theorie der Genetik, jede wissenschaftliche Grundlage vermissen ließen. Morgan, der die Arbeiten von Haldane und Fisher sehr hoch geschätzt hatte, die die genetische Grundlage der mathematischen Untersuchungen in der Evolutionstheorie erarbeitet und den Einfluß der natürlichen Auslese nachgewiesen hatten, bemerkte vorausschauend, daß „sich die Erforscher der Evolution in Zukunft auch auf das Gebiet der Mathematik spezialisieren können, das mit der Wahrscheinlichkeitstheorie zusammenhängt, wie sie auch neue experimentelle Methoden zur Klärung der Ursachen der Mutationen und der entscheidenden Rolle der Konkurrenz bei verschiedenen Fällen des Überlebens des Tauglichsten erarbeiten könnten."[61])

Unter diesen Bedingungen wurden die unrichtigen, begrenzten Vorstellungen in der Genetik überwunden, die aus den vorausgehenden Etappen ihrer Entwicklung übernommen, aber äußerlich dem neuen Faktenmaterial der Wissenschaft entsprechend modifiziert worden waren. Das gilt besonders für die mechanistischen Elemente in der Chromosomentheorie der Vererbung in der Anfangsperiode ihrer Geschichte, vor allem für die Überbewertung der Beständigkeit des Gens, die bekannte Verneinung seiner komplizierten und verzweigten Verbindungen zu den anderen Komponenten des Kerns und des Organismus als einer System-Ganzheit in seiner Verbindung zur Umwelt. Das legte die Präzisierung, aber gelegentlich auch die Überprüfung verschiedener anscheinend unerschütterlicher Konzeptionen und die Hinwendung zu neuen experimentellen und theoretischen Fakten nahe. Die Genetik bewältigte, selbstverständlich nicht ohne Schwierigkeiten, von denen sich viele auch noch heute bemerkbar machen, diese Aufgabe glänzend, nachdem sie selbst die Voraussetzungen für ihre spätere intensive Entwicklung geschaffen hatte.

Der Beginn dieses progressiven Prozesses wurde 1925 geschaffen, als die sowjetischen Genetiker G. A. Nadson und G. S. Filippow in Versuchen mit Schimmelpilzen und 1927 H. Muller an *Drosophila* nachwiesen, daß man Mutationen künstlich durch Einwirkung ionisierender Strahlen erzeugen könnte, die, wenn sie in die Zelle eindrangen, die Erbsubstanz des Organismus veränderten. Dann entdeckten W. W. Sacharow, M. E. Dobašew, E. Baur und später Ch. Auerbach, I. A. Rappoport u. a. die Möglichkeit, Mutationen durch chemische Faktoren hervorzurufen und legten damit gleichzeitig die experimentelle Grundlage für ein neues Verstehen des Wesens des Mutationsprozesses.

So wurde bereits im Schoße der klassischen Genetik eine neue biochemische Genetik geboren, die das Erkennen der Vererbung und der Variabilität wesentlich erweiterte. Einige alte Konzeptionen, die verschiedene fehlerhafte Thesen aus früheren Entwicklungsetappen der Genetik dogmatisierten, waren jedoch noch nicht endgültig beseitigt worden. Besonders akut wurden die Fragen nach der Rolle der äußeren und inneren Faktoren, nach der ganzheitlichen Auffassung des Genotyps und Phänotyps und nach ihrer Verbindung in der individuellen und historischen Variabilität im schöpferischen Charakter der natürlichen Auslese.

Eine sehr große Bedeutung für die Formierung vollkommen wissenschaftlicher Ansichten zu diesen Fragen hatten die in den 20er und 30er Jahren entstandenen Arbeiten von A. N. Sewercov und I. I. Šmal'gauzen, die vor allem die Bedeutung der Korrelation verschiedener Ebenen der strukturell-funktionellen Organisation lebender Systeme nachwiesen. Von N. I. Wawilow wurde das „Gesetz der homologen Reihen" formuliert, nach dem genetisch nahe Arten durch einen ähnlichen Typ der genetischen Variabilität charakterisiert werden, der durch die innewohnende, komplizierte, historisch gewordene genotypische Struktur der Arten determiniert ist. Das Verdienst Wawilows für die Entwicklung der Genetik besteht darin, daß er sie eng mit der Züchtungspraxis verband, daß er der Wissenschaft von der Vererbung und der Variabilität selbst neue Impulse gab, wie auch dem Darwinismus eine breitere allgemeinbiologische Grundlage.

Alle diese neuen theoretischen und experimentellen Befunde beeinflußten die Entwicklung der genetischen Wissenschaft wesentlich. Sie führten dazu, daß Ende der 30er, Anfang der 40er Jahre ein neuer Durchbruch gelang, der das Ende der klassischen Genetik und den Beginn ihrer neuen Entwicklungsetappe bedeutete. Zu dieser Zeit waren die Grundbegriffe und -konzeptionen der Genetik schon in genügend präziser Form formuliert worden, aber ihr Inhalt bedurfte nicht nur der Vertiefung, sondern auch eines bestimmten Umdenkens und einer intensiven Entwicklung unter Berücksichtigung neuer Methoden auf der qualitativ anderen molekularen Ebene. Wie L. Dunn in der „Kurzen Geschichte der Genetik" hervorhebt, waren die 30er Jahre nicht nur der Kulminationspunkt in der Entwicklung der Grundprinzipien der Vererbung und der Variabilität, sondern auch eine Periode neuer Richtungen.[62])

Die weitere Entwicklung der Genetik, in deren Verlauf die mechanistische Begrenztheit ihrer Grundkonzeptionen und ihrer Forschungsmethodologie stufenweise überwunden wurde, festigte um so mehr die Positionen des naturhistorischen Materialismus und führte zu einer dialektischen Interpretation der Vererbung und der Variabilität in ihren Zusammenhängen mit der Evolution. N. I. WAWILOW bemerkte im Hinblick auf die sich in der Mitte der 30er Jahre komplizierende Situation in der Genetik, daß „die moderne Genetik und Zytologie sich immer mehr einem materialistischen Verstehen der Vererbung annähern. In jedem Jahr stellt man größere Errungenschaften auf diesem Gebiet fest. Der Mechanizismus der Lehre MENDELS in ihrer Anfangsetappe ... wird durch ein dialektisches Verstehen der Vererbung abgelöst."[63]) Wie das vor sich ging, werden wir im nächsten Kapitel betrachten.

Kapitel IV.

Die Entwicklung der Methodologie der Genetik vom Mendelismus bis zur Molekulargenetik

Der Mendelismus stand am Anfang einer besonderen Einstellung zur Erkenntnis biologischer Erscheinungen und bestimmte den neuen experimentellen Charakter der genetischen Forschung. Seine Vorzüge und seine Begrenztheit wurden bereits in der klassischen Periode der Entwicklung der Genetik offenbar, als der Mendelismus sich zur Chromosomentheorie der Vererbung von MORGAN entwickelte. Seitens des Antidarwinismus wurde der Mendelismus bedrängt und in die Richtung der exakten genetischen Untersuchung evolutionstheoretischer Probleme gelenkt.

Die Entwicklung neuer, moderner Richtungen der experimentellen Erforschung von Vererbung und Variabilität, die in den 30er und 40er Jahren begann und sich bis in unsere Tage fortsetzt, ist bekanntlich mit einem intensiven Eindringen physikalisch-chemischer Methoden in die Genetik verbunden, die es ermöglicht haben, die traditionellen Arbeitsweisen zu vertiefen und auf der Grundlage der Untersuchung elementarer Wechselwirkungen, „fundamentaler" Komponenten und Mechanismen strukturelles und funktionelles Betrachten des Objektes zu vereinen. Es ist charakteristisch, daß der neue qualitative Sprung in der Entwicklung der Genetik nicht nur durch die Anwendung neuer Methoden, sondern auch durch die Wahl neuer Objekte der genetischen Untersuchung bedingt war. Als solches Objekt der experimentellen Untersuchung tauchten *Neurospora*-Pilze und zu Beginn der 40er Jahre Mikroorganismen (Bakterien und Bakteriophagen) auf.

Hier spielten nicht nur Überlegungen über die Eignung

(große Geschwindigkeit der Vermehrung und einfache Organisation der Mikroorganismen) eine Rolle, sondern auch, daß ihre Merkmale den biochemischen Charakteristika näher waren als frühere Objekte der genetischen Forschung. Das bestimmte auch das Streben der Wissenschaftler, die begonnen hatten die Untersuchung der Rätsel der Vererbung und der Variabilität speziell in diesen Richtungen durchzuführen.

Durch das tiefere Eindringen der Wissenschaft in die „intimsten" Bereiche der lebenden Systeme formierte sich die Molekulargenetik (deren Schöpfer N. K. Kolzow war), die die chemischen und physikalischen Grundlagen der Vererbung vor allem an solchen für das Experiment besonders geeigneten Objekten, wie Viren und Bakterien untersucht. Die gegen Ende der 20er Jahre entdeckten Erscheinungen der Transformation, d. h. die Veränderungen der Vererbung bei Bakterien durch die Übertragung von Merkmalen anderer Formen, stimulierte das Erforschen und die Analyse des transformierenden Stoffes oder Agens, d. h. des chemischen Substrats des Gens. Die ursprünglichen Vorstellungen, daß Eiweißmoleküle als solche stoffliche Grundlage auftreten, wurden im Experiment nicht bestätigt, aber 1944 wurde nachgewiesen, daß die Desoxyribonukleinsäure (DNS) der Stoff ist, der die Rolle eines solchen Agens ausfüllt.

Diese Entdeckung hatte eine entscheidende Bedeutung für die Entwicklung der modernen Konzeption der Vererbung und das Verstehen der Mechanismen der Variabilität. Im Verlaufe zahlreicher Experimente wurde festgestellt, daß speziell die in den Chromosomen lokalisierte DNS die chemische Grundlage ist, die die Spezifität des Gens bestimmt, daß vor allem hier die genetische Information „inskribiert" ist, der entsprechend die molekulare Synthese durchgeführt wird und letztlich sich selbst reproduzierende Zellen und lebende Systeme insgesamt entstehen. Die nachfolgenden Untersuchungen des Aufbaus des DNS-Moleküls, die 1953 zur Schaffung seines Strukturmodells durch Watson und Crick führten, öffnete neue Wege für die Entwicklung der Genetik. Auf diesen Wegen gelang es, künstlich, im Reagenzglas, den genetischen Stoff, die DNS, eines lebenden Virus zu erhalten und die ersten Erfolge bei der Synthetisierung von Genen zu erringen, was neue aussichtsreiche Perspektiven für die Untersuchung der Vererbung und der Variabilität eröffnete.

Diese hervorragenden Errungenschaften erwiesen sich als stimulierend für viele Teilgebiete der modernen Genetik und riefen auch in den Grenzgebieten der Genetik innerhalb der biologischen Wissenschaft eine vorwärtsdrängende Bewegung hervor.[2]) Die Anwendung der kybernetischen Modellierung und der Informationstheorie in der Genetik legte die Grundlage für eine neue Auffassung von den Aufgaben und dem Charakter der wissenschaftlichen Untersuchung der Vererbung und der Variabilität auf verschiedenen Ebenen der Organisation lebender Systeme. Das bedingte auch eine vollkommene Umgestaltung der Methodologie. Dabei führten, was sehr wichtig ist, die allgemeinen Tendenzen und Richtungen der methodologischen Forschungen und Verallgemeinerungen der Genetik diese immer mehr zur Dialektik. Diese Linie zieht sich eindeutig durch die Geschichte der Genetik, beim Mendelismus angefangen.

Was bedeutet der dialektische Weg der Genetik für die Entwicklung ihrer methodologischen Grundlagen? Der Beginn der dialektisch-materialistischen Linie in der Genetik wurde durch die Lehre geschaffen, die das allgemeine Herangehen an das Problem der Vererbung und der Variabilität bestimmte — den Darwinismus. Die philosophischen Ansichten von Ch. Darwin sind in genügendem Umfang bekannt und klar bestimmt durch die Positionen des naturhistorischen Materialismus, in dem sich spontan — und zeitweise sogar widersprüchlich — Elemente des dialektischen Begreifens der komplizierten Verbindungen und Wechselwirkungen lebender Systeme einen Weg gebahnt haben.

Ein vielgestaltiges Spektrum philosophischer Anschauungen finden wir in den ersten Etappen der Geschichte der Genetik, als sie sich zur selbständigen Wissenschaft formierte, aber zunächst dem fruchtbaren Fundament der DARWINschen Methodologie, der die historische Methode zugrunde lag, abtrünnig war. Damit war ein gewisses Abweichen vom naturhistorischen Materialismus in den Mechanizismus, die Metaphysik unumgänglich. Es geschah, daß die Vertreter der Genetik vieles noch einmal von vorn anfingen, wobei sie häufig behaupteten, was der Darwinismus bereits überwunden hatte. Aber auch in der Methodologie der späteren „Vereinigung" der Genetik und der Darwinschen Evolutionstheorie auf neuer Grundlage kam es zu den gleichen günstigen Ergebnissen wie durch die Theorie der Vererbung und der Variabilität allein.

Bereits bei MENDEL war die Forschungsmethodologie neben neuen, zutiefst wissenschaftlichen und fruchtbaren Momenten durch eine eindeutig mechanistische Begrenztheit charakterisiert; sie befand sich jedoch ihrem Wesen nach im Rahmen des Materialismus.

Eine ihrer philosophischen Grundlage nach vollkommen uneinheitliche Richtung war der Neo-Lamarckismus, dessen positive Seite die Orientierung der Aufmerksamkeit der Wissenschaft auf die Rolle der Faktoren der Umwelt bei der individuellen und historischen Veränderlichkeit der Organismen war. In seiner materialistischen Variante (Mechano-Lamarckismus) spiegelte er vulgärmechanistische philosophische Positionen wider, die z. B. von H. SPENCER klar formuliert wurden. Dieser war, wie bekannt, einer der Ahnherren des Positivismus und begründete die „Gleichgewichtstheorie", die komplizierte Verbindungen und Wechselwirkungen lebender Systeme metaphysisch vereinfachte. Diese Simplifizierung war in den philosophischen Anschauungen SPENCERS mit ausgeprägten Elementen des Agnostizismus verbunden, der Verneinung der wissenschaftlichen Erkennbarkeit des Wesens der Dinge. „Das, was unter den wahrnehmbaren Erscheinungen, die uns das Universum darbietet, an

Quantität unverändert beharrt, aber in der Form fortwährend wechselt", erklärte er[3]), „— es ist eine nicht erkannte und nicht erkennbare Kraft . . ." Zur Erkenntnis des Wesens des Lebens vertrat er die Ansicht, daß „auf dem tiefsten Grund des Wesens des Lebens die Relativität unseres Wissens erkennbar wird. Die Analyse der Lebensvorgänge im Allgemeinen führt uns nicht bloß zu dem Schlusse, daß die Dinge an sich für uns erkennbar sind, sondern auch weiter zu der Folgerung, daß die Erkenntnis derselben, wenn sie auch möglich wäre, doch nutzlos sein würde."[4])

Auf ähnlicher mechanistischer Grundlage standen auch die philosophischen Verallgemeinerungen vieler Neo-Darwinisten, besonders die von A. WEISMANN. Der metaphysische Materialismus, der das Wesen des methodologischen Herangehens in ihren Forschungen bestimmte, führte, wie beim Mechanolamarckismus, zu begrenzten einseitigen Ergebnissen bei der konkreten Untersuchung der Gesetzmäßigkeiten der Vererbung und der Variabilität.

Die Enge und Beschränktheit des Mechanizismus schufen Raum für falsche Theorien. Der Mechanolamarckismus z. B. wurde durch den Psycho-Lamarckismus „ergänzt", in dem vor allem die Zielgerichtetheit, die der Mechanolamarckismus als von Anfang an gegeben postuliert hatte, eine offen idealistische, mystische Deutung bekam. Von verschiedenen Philosophen und Biologen wurden unter Bezugnahme auf den Neodarwinismus, vor allem auf WEISMANN und seine Lehre von der „Kontinuität des Keimplasmas", auf den Mutationismus von DE VRIES u. a. idealistische, ja sogar fideistische Schlußfolgerungen gezogen. Die mechanistische Begrenztheit der Theorie der Genetik wurde durch den Neo-Vitalismus, den Holismus und andere reaktionäre Strömungen weidlich ausgenutzt, die auch unter den heutigen Bedingungen noch versuchen an Problemen zu schmarotzen, die durch die Wissenschaft noch ungelöst oder nicht vollständig gelöst sind. Aber die Positionen des naturhistorischen Materialismus wurden immer stärker. Das fand nicht nur in Spezialuntersuchungen Ausdruck, sondern auch in den philosophischen Ansichten einer ganzen Reihe von Genetikern, vor allem von MORGAN, dessen Position völlig typisch für dieses Entwicklungsstadium der Genetik war und in vielem auch für das heutige, wenn man an die Wissenschaftler denkt, die nicht bewußt Vertreter des dialektischen Materialismus sind.

MORGAN, als echter Naturforscher, der einen bedeutenden Beitrag zur Erkenntnis der objektiven Gesetzmäßigkeiten der Natur geleistet hat, war ein überzeugter Materialist. Diese seine Überzeugung drückt sich nicht nur in den konkreten Untersuchungen der Probleme der Genetik aus, sondern auch in den philosophischen Verallgemeinerungen, der bewußt zugrunde gelegten methodologischen Linie, die sich wie ein roter Faden durch alle seine Arbeiten zieht. Es stimmt, MORGAN drückte seine philosophischen Anschauungen oft ähnlich aus wie die naturhistorischen Materialisten, gewöhnlich in einer recht ungenauen und zeitweise widersprüchlichen Form, hinter der sich die Begrenztheit und die Vorurteile der von ihm verwendeten philosophischen Traditionen der bürgerlichen Gesellschaft verbargen und die den äußeren Vorwand für eine unrichtige Beurteilung dieser Anschauungen lieferten.

So nannte er z. B. seine philosophische Position ständig „mechanisch“, übertrieb ihren Empirismus und stellte sich energisch gegen „metaphysische Spekulationen“ aller Art. Er verwahrte sich sogar dagegen, daß seine Ansichten als materialistisch charakterisiert wurden. Dabei nahm MORGAN eine unversöhnliche Haltung gegenüber dem Idealismus, gegen jede Art Mystik überhaupt ein. Das wird besonders in seinen polemischen Beiträgen gegen den Neovitalismus, den Holismus, die Vertreter einer „Emergent Evolution“ wie des Organizismus u. a. deutlich. Vor allem in der Polemik gegen idealistische „Theorien“ enthüllte MORGAN die „Geistlosigkeit der metaphysischen Spekulationen“, denen er das streng wissenschaftliche Herangehen entgegenstellte, das sich auf Erfahrungen und die experimentelle Analyse der Fakten in der Biologie gründet. So äußerte sich MORGAN z. B. in bezug auf die Ansichten Lloyd MORGANS, die „nur auf philosophischen Erwägungen beruhen", dazu, daß die Wissenschaft vollständig zu einem Abbild von Übernatürlichem, von außernatürlichen Potenzen (Kraft, Entelechie, Lebensdrang oder Gott) werden müsse, sarkastisch: „Über vieles, was wir in diesem Zitat finden, braucht man sich nicht zu streiten, auch nicht mit den Worten, die in großen Buchstaben geschrieben sind: Fähigkeit, Kraft, Entelechie, Drang, Gott; es ist auch nicht nötig, daß man zu entscheiden versucht, ob eine konstruktive Philosophie etwas Größeres ist als die Wissenschaft und worin dieses Größere besteht. Für unsere Zwecke ist diese Rettung in die Metaphysik und die Philosophie unannehmbar, wie sie auch zweifellos nichts Größeres ist als das Gebiet, mit dem sich die Biologie beschäftigt."[5])

Das Bestreben zur Abgrenzung von der Philosophie bedeutet bei MORGAN, auch wenn es hypertrophe Formen annimmt, im Grunde genommen einen Protest gegen die spekulative, idealistische Philosophie, die im Widerspruch zur Wissenschaft im allgemeinen und zur Biologie und Genetik im Besonderen steht. Er vertrat die Ansicht, daß „Versuche, die Probleme über die Grenzen der Biologie hinauszuführen, infolge ihres üblichen Hinwendens zum Mystizismus und ihres Abwendens von der mühseligeren, aber richtigen Untersuchung des Problems der Evolution auf dem Wege, auf dem auch andere Probleme der Wissenschaft untersucht werden, größeren Schaden als Nutzen bringen."[6])

MORGAN verurteilte zwar „metaphysische Weisheiten aller Art", hielt aber eine „offenkundig naive Ansicht" nicht für falsch, nämlich die im wesentlichen von allen echten Naturforschern spontan eingenommene Position des Materialismus. Obwohl er den Terminus „Materialismus", wie bereits gesagt wurde, ablehnte, drücken die

„mechanistischen“ philosophischen Positionen, die er verteidigte, nichts anderes aus als einen „verschämten“ Materialismus. MORGAN sah nicht die Termini als das Wichtigste an, sondern die unbegrenzten Möglichkeiten der wissenschaftlichen Erkenntnis, die wissenschaftliche, aber nicht spekulative, mystische Forschungsmethode. „Ob man diese Methode nun mechanistisch nennt oder irgendwie anders, ist seiner Meinung nach nicht so wichtig.“[7])

Selbstverständlich hebt das alles nicht die bekannte Begrenztheit der philosophischen Positionen MORGANS auf. Sie sind sogar aus dem Positiven, das wir oben erwähnt haben, erkennbar und eine Erklärung für sie finden wir nicht nur in Faktoren, die in der philosophischen, sondern auch solchen, die in der sozial-politischen Sphäre liegen, und ihren Einfluß auf die Weltanschauung MORGANS und in der Einseitigkeit und Beschränktheit seiner theoretischen Positionen in der Genetik ausübten. Der weitere Fortschritt auf diesem Gebiet ließ die Frage nach einer dialektisch-materialistischen Methodologie für die Analyse der genetischen Probleme akut werden. Und es ist kein Zufall, daß, nach dem authentischen Zeugnis von N. I. WAWILOW in Erinnerung an seine letzte Begegnung mit MORGAN im Jahre 1933, dieser Wissenschaftler, einer der Begründer der Genetik, der einen hervorragenden Beitrag zu ihrer Entwicklung geleistet hat, ihm Fragen über den dialektischen Materialismus stellte.

Die Genetik war gleichsam von innen her auf die Begegnung mit der Dialektik vorbereitet. Sie kam im Ergebnis ihrer gesamten historischen Entwicklung zur Dialektik, und daher war ihre „Vereinigung“ nicht nur möglich, sondern notwendig. Dieser Prozeß verlief jedoch nicht automatisch und konfliktlos. Er umfaßt eine ganze Periode der historischen Entwicklung, die mit dem Entstehen neuer sozialistischer gesellschaftlicher Verhältnisse verbunden ist, mit der Zerstörung veralteter Traditionen in der Wissenschaft, mit einem heftigen und kompromißlosen ideologischen Kampf. Er ist nicht nur durch Erfolge charakterisiert, sondern auch durch Fehlschläge, zeitweilige Abweichungen von der Bewahrung und Festigung der allgemeinen, progressiven Richtung. Man kann nicht sagen, daß jetzt schon alles abgeschlossen ist; eben daher können theoretische Überlegungen zu diesen Problemen nur lehrreich sein.

Die moderne Genetik ist nach vorn orientiert. Die Probleme, die sie in nicht zu ferner Zukunft lösen muß, werden viel schwieriger sein als die, welche sie bisher gelöst hat. Auf diesem Wege muß sie immer mehr führend in der Biologie werden. Die Befürchtungen der Vergangenheit hinsichtlich des „genetischen Geschwürs" in der Wissenschaft vom Leben verlieren sich offenbar allmählich in der Vergangenheit. Es ist bekannt, daß die Wissenschaft insgesamt aller zehn Jahre ihre Ergebnisse verdoppelt, die moderne Biologie aber es in fünf Jahren, die Genetik sogar in zwei Jahren tut. Das hängt mit den allgemeinen Prozessen der Integration, der gegenseitigen Beeinflussung, der einzelnen biologischen Disziplinen zusammen, unter denen die Genetik sich vor allem als komplexe Wissenschaft auszeichnet, deren Methoden und Prinzipien fast alle anderen Teilgebiete der Biologie berühren. Die Untersuchung der Mechanismen der Vererbung und der Variabilität führt die heutige Genetik auf der Ebene des Moleküls, der Zelle, des Organismus und der Population durch. Das bedeutet, daß sie bestrebt ist, die Erscheinungen der Vererbung und der Variabilität von der Position der Einheit von Analyse und Synthese, auf einer breiten allgemeinbiologischen Basis und in Verbindung mit der Evolutionstheorie zu betrachten.

Alles das stellte unter anderem auch die Aufgabe, die Ergebnisse der modernen Genetik vom Standpunkt der materialistischen Dialektik methodologisch, philosophisch zu verallgemeinern. Vor mehr als 30 Jahren begann man in Abwandlung einer Formulierung LENINS davon zu sprechen, daß „die Genetik den dialektischen Materialismus hervorbringt." Wenn man jedoch einschätzt, daß auch noch heute das Problem der Dialektisierung vieler genetischer Konzeptionen, und auch in gewissem Sinne der Theorie im ganzen besteht, dann muß man diese Geburt als äußerst langgezogen empfinden. Verschiedene Philosophen und Biologen haben bekanntlich versucht, sie künstlich zu beschleunigen, aber was sich als Ergebnis dieser Bemühungen ergab, konnte sich nicht entwickeln und normal wachsen. Es gibt „Vegetationspunkte", Etappen, Abschnitte in der Entwicklung einer Wissenschaft, die man nicht überspringen kann. Die Genetik bewegt sich, wie jede andere beliebige Wissenschaft, bewußt oder unsicher tastend zur dialektisch-materialistischen Methodologie. Zur Zeit kann sie noch nicht voll auf ihr fußen, obgleich der ganze Verlauf ihrer Entwicklung auf die Dialektik hinzielt, nicht einfach als Tendenz, sondern als ein inneres Bedürfnis, ohne das eine Weiterentwicklung ihrer Theorie unmöglich ist.

Der gegenwärtige Stand der Genetik ist bereits so, daß sie mit Notwendigkeit und aus innerer Bereitschaft zur Lösung dieses Problems kommt. Bei aller Vieldeutigkeit der philosophischen Vorstellungen über die Theorie der modernen Genetik führte die objektive Logik der Entwicklung der einzelnen Auffassungen die Genetik zur Dialektik, wobei sich die gegenseitigen Beeinflussungen zwischen ihnen auch in nächster Zukunft nicht nur einfach erweitern und vertiefen werden, sondern zu einem qualitativ höheren Niveau, dem Niveau gemeinsamer konstruktiver Forschungen und der Lösung der Hauptprobleme der Theorie aufsteigen werden.

Unter Berücksichtigung dieser Realität und dieser Perspektive ist es unseres Erachtens notwendig, nicht nur in bezug auf die Genetik die Frage nach der Dialektik ihrer theoretischen Grundlagen zu stellen und zu bewerten. Es ist hier wichtig zu betonen, daß, nach Lenin, die Dialektik und folglich auch die philosophischen Schlußfolgerungen, in denen sie mit der Analyse der Daten dieser oder jener konkreten Wissenschaft in Erscheinung tritt, nicht nur in ihrer allgemeinen Form auftreten. Als inhaltsreichste Methode der wissenschaftlichen Erkenntnis funktioniert sie in den einzelnen Zweigen der Wissenschaft, die ein spezifisches Objekt haben, in Formen, die ebenfalls spezifisch sind. Gleichzeitig erweisen sich diese als die tatsächliche Form der Existenz der dialektischen Prinzipien in der wissenschaftlichen Erkenntnis.

W. I. LENIN stellte bekanntlich in vielen Fällen die Aufgabe, diese oder jene philosophische These detaillierter, die Materialien der Einzelwissenschaften auswertend, zu untersuchen. Das wurde von ihm als die methodologische Forderung nach der „konkreten Analyse der konkreten Situation" formuliert. Die Spezifik der materialistischen Dialektik im Gegensatz zum naturphilosophischen Apriorismus besteht auch darin, daß sie diese Analyse als wichtigste Form des wissenschaftlichen Philosophierens durchführt, in realer Verbindung mit den konkreten Wissenschaften und methodologisch auf sie angewandt. Wir machen in diesem Zusammenhang darauf aufmerksam, daß LENIN, als er von der Notwendigkeit einer systematischen Untersuchung der Dialektik HEGELS vom materialistischen Standpunkt aus sprach, sie als die Dialektik präzisierte, „die MARX sowohl in seinem ‚Kapital' wie auch in seinen historischen und politischen Schriften praktisch angewandt hat ... Gestützt auf die MARXsche Anwendung der materialistisch aufgefaßten Dialektik HEGELS, können und müssen wir diese Dialektik nach allen Seiten hin ausarbeiten ..."[8]) Für die Biologie (und darunter auch für die Genetik und offensichtlich jede andere wissenschaftliche Erkenntnis) bedeutet das, daß die Dialektik in ihr nicht irgendwie neben anderen Formen der Forschung (den vergleichend-historischen Methoden, dem Experiment u. a.) und in Widerspruch zu ihnen steht. Alle Versuche, irgendwelche besonderen Arten logischer Operationen zu finden, die über den Rahmen der Grundlagen der Einzelwissenschaften hinausgehen, sind zum Scheitern verurteilt.

Die Dialektik in ihren verschiedenen Formen, die den verschiedenen Entwicklungsstadien der Genetik entsprechen, ist die Grundlage der Bewegung des erkennenden Denkens, das sich in historisch gegebenen Konzeptionen und Theorien der Genetik realisiert. Nur durch die konkrete Analyse der wissenschaftlichen Theorien ist dialektisches Herangehen möglich, ein Denken frei von Einseitigkeiten, dynamisch und kritisch, das die Widersprüche und Zusammenhänge des Objekts, seine Entwicklung fixiert.

Selbstverständlich unterliegt keinem Zweifel, daß es notwendig ist, sich die wissenschaftlich geklärten allgemeinen Formen des dialektischen Denkens anzueignen und in die genetische Wissenschaft einzuführen. Das ist eine besondere und wichtige Frage, die gesonderter Behandlung bedarf. Hier soll nur vor der leider verbreiteten vereinfachten Vorstellung über diesen Vorgang gewarnt und eine einfache, aber aktuelle Wahrheit hervorgehoben werden: man kann nicht denken lernen, indem man nur die Gesetze des Denkens erlernt. Das wahrhaft wissenschaftliche, d. h. dialektische Denken ist nicht nur eine „Technik“, ein Wissen, das man sich im Prozeß des Lernens aneignet, es ist das Ergebnis einer hohen Entwicklung der intellektuellen Tätigkeit, der Ausdruck von individueller Geisteskraft, Kultur, Fähigkeit und Talent.

Wie die historischen Erfahrungen beweisen, sind die Prozesse der Theoretisierung dieser oder jener Wissenschaft unauflöslich mit der Herausbildung des wissenschaftlichen Denkens, mit der Erarbeitung einer bestimmten Methodologie der Erkenntnis verbunden. Für die Genetik hat das wegen der größeren Kompliziertheit des Objektes selbst, der Vererbung und der Variabilität lebender Systeme, vielleicht in einem viel größeren Umfang Bedeutung als für andere naturwissenschaftlichen Disziplinen. Das zeigt sich heute besonders augenscheinlich, da in einer neuen Etappe der Erkenntnis Versuche des Aufbaus einer „synthetischen Genetik“ (N. P. Dubinin) gemacht werden, welche die höheren Formen der Theorie dieser Wissenschaft mit der Dialektik verbindet.

Die Verbindung einer wissenschaftlichen Theorie mit der Dialektik wurde schon von F. ENGELS erwähnt. Im Gegensatz zu HEGEL, der die Ansicht vertreten hatte, daß die empirische Naturerkenntnis ungeeignet für das dialektische Denken sei, hatte er die Tendenz ihrer Entwicklung auf dem Wege ihrer Umwandlung in das Theoretische geklärt und begründet, wobei die Dialektik, die dialektische Denkweise, zur Grundlage und Methode der Erkenntnis wird. Als ENGELS davon sprach, konzentrierte er die Aufmerksamkeit auf die inneren, objektiven Prozesse der Entwicklung der Wissenschaft selbst, die spontan entstehende Dialektik, die gleichzeitig die Wissenschaftler in einem bestimmten Entwicklungsstadium der Theorien und Methoden auf diesem oder jenem Gebiet des konkreten Wissens zur bewußten Aneignung des dialektischen Denkens als wissenschaftliche Notwendigkeit drängt. ENGELS analysierte die Tendenzen der Naturerkenntnis seiner Zeit und betonte, daß „man zur dialektischen Auffassung der Natur gelangen kann, indem man von den sich häufenden Tatsachen der Naturwissenschaft dazu gezwungen wird; man gelangt leichter dahin, wenn man dem dialektischen Charakter dieser Tatsachen das Bewußtsein der Gesetze des dialektischen Denkens entgegenbringt."[9]) Als ENGELS darauf aufmerksam machte, daß „das dialektische Denken sich naturwüchsig durchsetzen kann durch die bloße Gewalt der naturwissenschaftlichen Entdeckungen selbst" und daß „das aber ein langwieriger schwerfälliger Prozeß ist, bei dem eine Unmasse überflüssiger Reibereien zu überwinden ist", bezog er sich vor allem auf die Biologie.[10]) Dabei dachte er an die Lehre vom zellulären Aufbau der Lebewesen und vor allem an die DARWINsche Evolutionstheorie.

LENIN übernahm diese Arbeitsweise und wandte sie schöpferisch bei der Analyse einer analogen Situation an, die um die Wende vom 19. zum 20. Jahrhundert die Physik komplizierte. „Die neue Physik ist", nach den Worten LENINS, „hauptsächlich gerade deshalb zum Idealismus abgeglitten, weil die Physiker die Dialektik nicht kannten."[11]) Die Kenntnis der Dialektik war aber besonders notwendig geworden, als in der Physik selbst unter dem Druck neuer Entdeckungen bereits spontan dialektische Tendenzen auftraten (genauer: aufzutreten begannen). Folglich betonten ENGELS wie auch LENIN, als sie über die Prozesse der bewußten Dialektisierung der konkreten wissenschaftlichen Erkenntnis sprachen, daß die Aneignung der dialektisch-materialistischen Philosophie den Weg der theoretischen Entwicklung der Wissenschaften erleichtern und abkürzen kann. Schließlich bedürfen nicht nur die historischen Zeiträume der Dialektisierung der Wissenschaft einer Präzisierung. Viele ihrer Formen und Gesetzmäßigkeiten blieben unbekannt. Nach den Worten von M. BORN finden die Wissenschaftler durch Versuch und Irrtum zu ihnen, indem sie in dem Maße einen Weg hinter sich bauen, in dem sie voranschreiten.

Wenn man zurückblickt, kann man erkennen, daß ungeachtet einzelner Fehler und Irrtümer, die zur Schaffung undialektischer Konzeptionen in der Genetik führten, die historische Entwicklung der Theorie der Genetik im ganzen die Dialektik als wissenschaftliche Notwendigkeit bei dem Erkennen der Gesetze der Vererbung und der Variabilität bestätigte. Die heuristische Effektivität der Dialektik als wissenschaftliche Weltanschauung und Methode beweist sich bei der Untersuchung vieler genetischer Probleme. Vor allem betrifft das die Probleme in der Genetik, die mit der Entwicklung und Anwendung der wichtigsten methodologischen Prinzipien der Dialektik, besonders der Prinzipien der Ganzheit, der Systembedingtheit und der Historizität des Objektes sowie des Prinzips des Determinismus beim Erkennen des Wesens der Vererbung und der Variabilität der Organismen.

Die Untersuchung der materiellen Grundlagen der Vererbung beweist überzeugend die Notwendigkeit des dialektischen Herangehens an sie, wie auch an die Begriffe des Gens und des Genotyps und die Untersuchung ihrer Verbindung zu dem Phänotyp und der Population in Wechselwirkung mit der Umwelt. Ein reiches und vielgestaltiges Material für dialektisch-materialistische Verallgemeinerungen und Schlußfolgerungen bietet auch die Betrachtung der Entwicklung des Genbegriffs, die Analyse der historisch entwickelten Gegenüberstellung der Vererbung als „Stoff" und als „Eigenschaft", des Übergangs zum dialektischen Bewußtwerden der Fehlerhaftigkeit dieses scheinbaren Dilemmas. Die Darstellung des Gens und der materiellen Grundlagen der Vererbung im allgemeinen als besonderes ganzheitliches System in Verbindung und Wechselwirkung mit den Systemen anderer Ebenen der biologischen Organisation ist eine Aufgabe, bei deren Lösung nicht nur das Experiment, sondern auch die wissenschaftliche Methodologie, das dialektische Verstehen der Prozesse der lebenden Natur eine große Rolle spielen.

Die dialektisch-materialistische Methode ermöglicht eine genauere und vielseitigere Definition des realen Inhalts des Begriffs Gen, das Vertreiben von Mythen jeder Art, die im Überfluß um ihn geschaffen wurden und werden. Es versteht sich, daß die Frage nach den materiellen Grundlagen der Vererbung keinesfalls ein spezifischer Gegenstand der philosophischen Erkenntnis ist. Mehr noch, sie wird auch nicht auf dem Wege der „reinen Theorie" im Bereich der Genetik gelöst. Die experimentelle Analyse ist es, die es viel stärker ermöglicht, das Geheimnis der lebenden Materie zu enthüllen. Sie schuf speziell die Möglichkeit, den eigentümlichen Gordischen Knoten in der Theorie zu durchschlagen, der anscheinend hoffnungslos in das Ergebnis jeder Art von Überlegungen und Spekulationen über die Unlösbarkeit der Frage nach den materiellen Grundlagen der Vererbung verwoben war.

Das Experiment schuf die Grundlage für wissenschaftliche Konzeptionen, Verallgemeinerungen in der Theorie der modernen Genetik, die ihrerseits das weitere experimentelle Forschen stimulierten und programmierten.

Gleichzeitig nutzte die Genetik in ihrer Entwicklung Methoden und theoretische Konzeptionen verschiedener anderer Wissenschaften, darunter auch der Philosophie. Und nur in diesen methodologischen, theoretisch-gnoseologischen Grenzen ist heute eine Analyse der Frage nach den materiellen Grundlagen der Vererbung möglich.

Die Situation ist komplizierter geworden, jedoch nicht schlagartig.

Erinnern wir uns, daß nach der Wiederentdeckung der MENDELschen Gesetze, in deren Ausführung die Erbsubstanz noch nicht vertreten war, genauer gesagt, nicht ausdrücklich als Stoff vertreten, sondern als eine Art diskreter Faktor postuliert worden war, die Untersuchung der materiellen Natur der Erbsubstanz anfangs gleichsam an eine sekundäre Stelle gesetzt worden war. Die zu dieser Zeit dominierende Forschungsrichtung wurde auf die einfache Annahme des Bestehens irgendeines Erbfaktors in den Erscheinungen der Vererbung beschränkt. DE VRIES nannte ihn Pangen, JOHANNSEN, wie auch BATESON, LOTSY und andere Wissenschaftler Gen. Dabei wurden im Gegensatz zu den Pangenen die Gene als etwas Unveränderliches, das prinzipiell nicht von Veränderungen des Soma und Einwirkungen äußerer Faktoren abhängig war, behandelt. Dementsprechend bewahrte der Begriff Genotyp, der von JOHANNSEN eingeführt worden war, seine mechanistischen Züge, die von WEISMANN diesem Begriff als Determinant der Ganzheit, als Keimplasma im Ganzen beigelegt worden waren. Auch wurde die tiefe Kluft zwischen den Vorstellungen vom Genotyp als Ansammlung unveränderlicher Gene und dem Phänotyp als „Mosaik der Merkmale", die durch einzelne Gene determiniert sind, beibehalten.

Die experimentelle Bestätigung der WEISMANNschen Ideen über die Lokalisation der Erbsubstanz in den Chromosomen, die unter neuen Bedingungen und an neuen zytogenetischen Materialien von MORGAN und seiner Schule bestätigt wurden, führte zu einem wesentlichen Durchbruch im Erkennen der materiellen Grundlagen der Vererbung und zur Entwicklung der Konzeption des Gens. Das leitete die Schaffung der Grundlagen für die experimentelle Untersuchung der materiellen Grundlagen der Vererbung ein, die in der Chromosomentheorie verallgemeinert wurden. Mit dieser Ausgangsposition begann auch die theoretische Formulierung der Konzeption des Gens, nachdem sie eine strukturelle Interpretation erhalten hatte, die in der Genetik lange Zeit heimisch war.

MORGAN und seiner Schule gebührt das Verdienst der „Materialisierung" der Gene und ihrer Lokalisation, des Beweises, wie sie in den Chromosomen lokalisiert sind und sich bei der Meiose verhalten. Durch den Nachweis des Zusammenhangs zwischen Genen und den innerzellulären Prozessen der Zellteilung, der Gametogenese und der Befruchtung hat MORGAN die Grundlagen der Lehre von der Determination der Ontogenese durch die Gene gelegt.

Der Begriff des Gens wurde von MORGAN in verschiedenen Entwicklungsstadien der Chromosomentheorie der Vererbung unterschiedlich behandelt, wobei man sagen muß, daß viele seiner orthodoxen Anhänger, die diese Entwicklung ungenügend verfolgten, einzelne „klassisch" genannte Vorstellungen verabsolutierten und sich als größere Morganisten erwiesen als MORGAN selbst.

Ein wesentlicher Charakterzug dieses „klassischen" Begriffs des Gens war die übertriebene Vorstellung von seiner Konstanz. Faktisch wurde das Gen lange Zeit als letztes, nicht mehr teilbares Korpuskel der Vererbung behandelt, das vom Stoffwechsel der Zelle und des Organismus im ganzen ausgeschlossen war und sich als praktisch unveränderlich gegenüber den Einwirkungen äußerer Faktoren erwies. Dementsprechend wurde der Genotyp des Individuums häufig als Mosaik der Gene und der Organismus als Ganzes als eine mechanische Summe der Merkmale dargestellt, die durch diskrete Erbfaktoren determiniert werden. Solche in methodologischer Hinsicht schwache Vorstellungen über die gegenseitigen Beziehungen zwischen Genotyp und Phänotyp des Individuums waren eine Vereinfachung, ein Ignorieren der dialektischen Verbindungen des Inneren und des Äußeren, der Ganzheit der biologischen Systeme und Prozesse. Die später unter Überwindung dieser Schwächen entwickelten Auffassungen eröffneten der Chromosomentheorie der Vererbung und ihrer Anwendung neue Perspektiven. Das ging mit einem intensiven Sammeln neuer experimenteller Fakten über die Natur und den Charakter der Wirksamkeit der Gene einher, wobei hier viele Jahre sowjetische Genetiker in den ersten Reihen standen.

Bereits zu Beginn der Entwicklung der Chromosomentheorie der Vererbung gingen die Biologen von der Vorstellung vom Genotyp als einfacher Summe isolierter Gene ab. Die weitere Untersuchung der gegenseitigen Beeinflussung der Gene führte dazu, daß einzelne Merkmale mit der Einwirkung vieler Gene verbunden wurden und gleichzeitig der Einfluß eines Gens auf viele Merkmale erkannt wurde.

Das führte seinerseits zu einer Überprüfung der Vorstellung von den Genen als isolierten Einheiten der Vererbung, zum Verstehen ihrer gegenseitigen Verbindungen und ihrer gegenseitigen Beeinflussung. Allmählich wurden die rein morphologischen Arbeitsweisen bei der Behandlung der Natur des Gens immer mehr durch physiologische und biochemische ergänzt, was in bedeutendem Maße die „klassische“ Konzeption des Gens erweiterte, zur Feststellung seiner Verbindungen zu den Stoffwechselprozessen der Zelle und des ganzen Organismus, zum Verstehen der Variabilität und folglich der nur bedingten Konstanz des Gens führte. Bekanntlich erhielt dieser Prozeß mächtige Impulse, als Untersuchungen über die mutagenen Einflüsse der Röntgenstrahlen und einiger Chemikalien durchgeführt wurden. Viele dieser neuen Charakteristika des Begriffs Gen erhielten ihre theoretische Verallgemeinerung in den Arbeiten von Morgan selbst, vor allem gegen Ende seiner wissenschaftlichen

Tätigkeit. Am vollständigsten kommt nach unserer Meinung die Konzeption MORGANS mit ihren Veränderungen in seinem Nobelpreis-Vortrag zum Ausdruck, die im Juli 1934 gehalten wurde und in überarbeiteter Form in dem Buch „Experimentelle Grundlagen der Evolution“ enthalten ist.

Im ursprünglichen Text hatte MORGAN direkt die Frage gestellt, „welche Natur die Elemente der Vererbung haben, die MENDEL als rein theoretische Einheiten postuliert hatte? Was sind die Gene? Haben wir das Recht, nachdem wir die Gene in den Chromosomen lokalisiert haben, sie als materielle Einheiten, als chemische Körper höherer Ordnung als die Moleküle zu betrachten?“[12]) Seine Antwort lautete: „Offen gesagt, alle diese Fragen beschäftigen die Aufmerksamkeit der genetischen Experimentatoren sehr wenig, wenn man jene unbegründeten Spekulationen über die Natur der postulierten Einheiten nicht berücksichtigt, die von Zeit zu Zeit in der Presse erscheinen. Unter den Genetikern besteht keine Übereinstimmung hinsichtlich der Natur der Gene, ob sie real oder Abstraktionen sind, weil es auf dem Niveau, auf dem sich die modernen genetischen Versuche befinden, nicht den kleinsten Unterschied bedeutet, ob das Gen hypothetisch oder ein materielles Teilchen ist. In beiden Fällen ist diese Einheit mit einem spezifischen Chromosom assoziiert und kann auf dem Wege einer rein genetischen Analyse lokalisiert werden. Wenn das Gen daher eine materielle Einheit darstellt, dann ist es ein Stückchen eines Chromosoms; wenn das Gen eine abstrakte Kategorie ist, dann muß es auf eine bestimmte Stelle im Chromosomen bezogen werden, auf dieselbe wie bei der ersten Hypothese. Daher ist es für die praktische genetische Arbeit ohne Bedeutung, welcher Gesichtspunkt dominiert.“[13])

Jedoch bereits in dem Buch, das ein Jahr später veröffentlicht wurde, beantwortete MORGAN diese Frage bestimmter: „Nach den Fakten, die in der heutigen Zeit gewonnen werden, kann kein Zweifel bestehen, daß die

Genetiker mit dem Gen als materiellem Teil der Chromosomen arbeiten.“[14])

Die Theorie des Gens, die von MORGAN entwickelt worden war, wurde zur Bearbeitung zahlreicher experimenteller Fakten verwandt, die sich hauptsächlich auf das Niveau der Zelle bezogen. Das überaus strenge, man kann sagen gewissenhafte Verhalten MORGANS führte dazu, daß die Theorie genau den ermittelten Fakten folgte, seine Ablehnung jeder Art „metaphysischer Spekulation“ und die äußerste Genauigkeit seiner Schlußfolgerungen, alles das bedingt zweifellos den Umstand, daß die Gentheorie MORGANS nicht nur eine hervorragende wissenschaftliche Errungenschaft der klassischen Periode der Geschichte der Genetik ist, sondern sich auch in ihren Hauptzügen im Fundament der modernen Lehre über die materiellen Grundlagen der Vererbung befindet. Daher kann man von einer Folgerichtigkeit in der Entwicklung des Genbegriffs sprechen und keinesfalls von einem Gegensatz der modernen — selbstverständlich vollkommen veränderten — Auffassungen zu den allgemeinen Vorstellungen MORGANS.

Einige dieser Vorstellungen wurden nicht einfach unter Berücksichtigung neuer Fakten der Molekulargenetik modifiziert, sondern auch kritisch überarbeitet, in einer neuen Etappe der Erkenntnis der materiellen Grundlagen der Vererbung abgelehnt. Vieles jedoch war in allgemeinen Zügen von MORGAN selbst vorausgesehen worden, von ihm als gewünschte und notwendige Entwicklungsrichtung der Gentheorie vorhergesagt worden. Das bezieht sich besonders einerseits auf die Vorstellungen MORGANS von den Genen als Einheiten der Vererbung und andererseits auf seine Einsicht in die Notwendigkeit, die rein morphologischen Arbeitsweisen bei der Untersuchung der materiellen Grundlagen der Vererbung zu überwinden, die physiologische Analyse bis hin zum molekularen Niveau zu vertiefen, auf dem die Aufklärung der physiko-chemischen Prozesse möglich würde, welche die Genwirkungen realisieren. Und im ersten wie im zweiten Falle handelt es sich selbstverständlich nicht nur um eine Konzeption MORGANS, sondern um die Entwicklung und Vertiefung des Begriffs Gen selbst, um seine Evolution.

MORGAN ging, wie die Mehrzahl der Genetiker seiner Zeit, davon aus, daß das Gen eine elementare, nicht weiter teilbare Einheit der Vererbung ist, die bei Rekombination, Mutation und der Auswirkung auf den Phänotyp in Erscheinung tritt. Jedoch wurde bereits Ende der 20er/Anfang der 30er Jahre durch SEREBROWSKIJ und seine Schule (N. P. DUBININ u. a.) festgestellt, daß eines der Gene aus einer Serie linear angeordneter Einheiten (Zentren) besteht, deren Unterschiede z. B. in der Anwesenheit oder dem Fehlen eines Härchens am Körper von *Drosophila* zum Ausdruck kommen. Im Zusammenhang damit schrieb MORGAN folgendes: „SEREBROWSKIJ ist der Ansicht, daß jedes von ihnen (von den Merkmalen) von kleineren Teilchen aus dem Gen abhängt ... Die Daten, die von ihm zur Bestätigung einer solchen Meinung angeführt werden, sind jedoch nicht völlig überzeugend. Diese Frage wird kritisch untersucht, und man kann gegenwärtig in geringerem Maße sagen, daß die klassische Vorstellung von dem Gen als Einheit nicht widerlegt ist.“[15])

Man muß vermerken, daß diese Meinung MORGANS, die im Verlauf der folgenden Entwicklung der Genetik revidiert worden ist, zu dieser Zeit die herrschende war und daß ein ihr entgegenstehender Standpunkt sich erst dann durchsetzen konnte, als die Genetik der Mikroorganismen entwickelt war, als es die Möglichkeit gab, die Feinstruktur des Gens in physiko-chemischer und molekularer Hinsicht zu untersuchen. Schon in der klassischen Periode der Genetik waren gewisse Fakten gewonnen worden, die am Anfang nur den traditionellen Begriff des Gens erschütterten und dann zur Abkehr von ihm und zum Übergang zur Erkenntnis der komplizierten Natur des Gens führten. Wie damals N. P. DUBININ in dem Artikel „Die Natur und der Aufbau des

Gens" bemerkte, „konnte die Genetik ungeachtet des sehr umfangreichen faktischen Materials über den inneren Aufbau des Gens sehr wenig aussagen. Aber die ersten Schritte in dieser sehr schwierigen Frage wurden bereits gemacht."[16])

Diese ersten Schritte erhielten von vielen Genetikern, besonders von MORGAN, keine Unterstützung. Sie führten nicht zu einem prinzipiellen Widerspruch zu den Grundlagen der Chromosomen(Gen-)theorie der Vererbung, aber sie bereiteten dafür den Boden in Richtung auf die Entwicklung der Erkenntnis der Natur des Gens vor. MORGAN hielt es für einen großen Mangel, daß es damals unmöglich war, das Gen unmittelbar mit Methoden der Physik und Chemie zu untersuchen. Er vertrat jedoch die Ansicht, „daß die Größenordnung der Erbteilchen so klein ist, daß es unmöglich ist, sie in eine Reihe mit den molekularen Erscheinungen zu stellen. Wenn es so ist, dann kann es sich sehr leicht erweisen, daß wir uns auf dem Weg in das gelobte Land befinden, in dem biologische Erscheinungen als physikalische und chemische Erscheinungen angesehen werden können."[17])

Der Weg in das „gelobte Land", d. h. der Übergang zur Erkenntnis der materiellen Grundlagen der Vererbung auf molekularem Niveau war bekanntlich bereits lange durch die Arbeiten des hervorragenden sowjetischen Wissenschaftlers N. K. KOL'COW gewiesen, der nicht nur die Frage nach der chemischen, molekularen Natur des Gens, nach der Untersuchung seines Einflusses auf den Stoffwechsel der Zelle und des ganzen Organismus aufgeworfen hatte, sondern bereits 1927 eine Hypothese entwickelt hatte, nach der „den Chromosomen ein langes Kettenmolekül zugrunde liegt, oder eine Mizelle, die aus einem einzigen langen Molekül besteht, deren Seitenzweige — Eiweißradikale — die Gene sind."[18])

1935 legte KOL'COW das Schema eines Genonems als eines komplizierten Moleküls vor, das aus Eiweiß und anderen Radikalen (Genen) bestand, die er als spiralig gewundene Kettchen dargestellt hatte. „Das Genonem, das nicht unmittelbar am Stoffwechsel teilnimmt", schrieb er, „spielt eine ganz besonders wichtige Rolle im Prozeß der *physiko-chemischen Assimilation*. Es trägt in sich die fertigen Modelle aller für die Art und das Individuum spezifischen komplizierten Eiweiße und andere Verbindungen, die irgendwann einmal in einem langen Prozeß der Evolution der Arten herausgearbeitet worden sind, und deren chemische Synthese sich wahrscheinlich nicht jedes Mal wieder ohne fertiges Modell vollziehen könnte. Das Genonem und seine einzelnen Bestandteile — die Gene — sind Zünder, um die sich herum der Prozeß der Assimilation vollzieht, der in physiko-chemischer Hinsicht ein Kristallisationsprozeß ist."[19])

Jetzt ist klar, daß viele der konkreten Vorstellungen Kol'cows über die chemische, molekulare Natur des Gens (vor allem die von ihm angenommene Eiweißgrundlage) nicht der Wirklichkeit entsprechen. Aber es ist auch klar, welche große potentielle Kraft diese Vorstellungen in sich trugen, die wahrhaftig das gelobte Land für die Genetiker entdeckten. Kol'cow erkannte ausgezeichnet, daß die Zukunft der Genetik in ihrer Vereinigung nicht nur mit der Physiologie der Entwicklung und der Zytologie, sondern auch mit der Biochemie lag. Das ergibt nach seiner Meinung „eine einheitliche Wissenschaft, welche die allgemeinen biologischen Probleme lösen könnte."[20])

Die ersten Schritte auf diesem Wege sind schwierig und es ist nötig, mit einigen Hypothesen zu beginnen, die vielleicht nicht voll begründet sind, äußerte Kol'cow. Er sah das Hypothetische in seinen Schlußfolgerungen über die chemische, molekulare Natur des Gens und vertrat die Ansicht, daß „unsere physikalischen und chemischen Methoden bei weitem noch nicht ermöglichen, unsere Kenntnisse von diesen Molekülen zu präzisieren und z. B. von ihnen Röntgenogramme zu erhalten, die etwas über ihre chemische Analyse und Synthese aussagen."[21]) „Jedoch", bemerkte er weise, „bin ich keineswegs darüber bestürzt, daß viele der von mit entwickelten Hypothesen in ihrer Auffassung als zu gewagt erscheinen und in der Folgezeit vielleicht widerlegt werden ... Es ist besser, mit schlechten Hypothesen zu arbeiten, die widerlegt werden können, als ohne alle Hypothesen, wenn unbekannt ist, was zu beweisen oder zu widerlegen ist ... Zu unserer heutigen Synthese wird es eine neue Antithese geben, aber das wird schon eine neue Etappe der Entwicklung der Wissenschaften sein."[22])

Diese bemerkenswerte Voraussage Kol'cows bezog sich auf das Jahr 1935 und sie erfüllte sich bedeutend früher, als er vorhergesagt hatte. Bereits zu Beginn der 40er Jahre vergrößerte sich die Zahl der Untersuchungen beträchtlich, die auf eine Klärung der chemischen Natur des Gens und der Mechanismen seines Einflusses auf den Stoffwechsel, der sich auf molekularem Niveau abspielte, orientiert waren. Die komplexe Anwendung der Methoden der Chemie, der Physik, der Mathematik und in den letzten Jahren der Kybernetik in der Genetik konkretisierte den Begriff des Gens und machte eine genaue Untersuchung seiner Struktur und Wirksamkeit möglich. Diese neuen Arbeitsweisen bedeuten eine neue Etappe in der Entwicklung der Genetik, in der Erkenntnis der Natur der materiellen Einheiten der Vererbung.

Da sie genügend in der Literatur beschrieben worden sind, hat es keinen Sinn, hier bei ihnen zu verweilen. Wir betonen nur, daß unter Berücksichtigung der Untersuchungen der Vererbung auf molekularem Niveau, und auch der genetischen Experimente, in deren Verlauf die strukturellen Besonderheiten eines Erbfaktors mit ihrer phänotypischen Ausprägung (Merkmale) verglichen werden, der Begriff Gen heute konkreter definiert wird. Welches sind die charakteristischen Züge, die die neue Konzeption des Gens von den traditionellen („klassischen") Vorstellungen unterscheiden und worin besteht die wissenschaftliche Entwicklung in methodologischer Hinsicht?

Vor allem muß man den überaus wesentlichen Umstand erwähnen, daß die moderne Auffassung des Gens, wie auch zuvor, mit Vorstellungen von seiner Strukturiertheit und funktionellen Ganzheit verbunden ist. Jedoch führten die Untersuchungen der chemischen Grundlagen des Gens zur Schaffung einer neuen Auffassung von seiner Struktur und seiner funktionellen Ganzheit. Die biochemische Beständigkeit der materiellen Einheiten der Vererbung erweist sich unter modernen Bedingungen als relativ; sie ist eng verbunden mit den Stoffwechselprozessen, und so erweisen sich die Gene als organisch einbezogen in die biochemischen Prozesse der Zelle und des Organismus als Ganzem, sie bleiben als Reaktion auf die Einflüsse von äußeren Faktoren und von Faktoren der inneren genotypischen Umwelt nicht unverändert.

Dieses wichtige Prinzip der modernen Konzeption vom Gen, nach der es eine bestimmte Stelle des Chromosomen ist, welche die Eiweißsynthese determiniert (chemisch ausgedrückt — ein Teilchen des DNS-Moleküls, das die Verteilung der Aminosäuren in einer Peptidkette reguliert), ergänzt die Vorstellung davon, daß das Gen nicht unteilbar ist, sondern aus einigen genetischen Untereinheiten besteht. Neben den strukturellen Einheiten des genetischen Materials enthält es komplizierte Systeme von Gen-Regulatoren und die Gene selbst — ganzheitliche Systeme, die innerhalb des Genotyps aufeinander einwirken.

Gegenwärtig wird die Feinstruktur des Gens intensiv untersucht, deren Idee durch A. S. Serebrowskij begründet wurde. Das genetische Material gliedert sich (nach S. Benzer) in Zistrons — Einheiten der Funktion, Mutons — Einheiten der Mutation, und Rekons — Einheiten der Rekombination. Man unterscheidet auch Einheiten der Kodierung, die von F. Crick Kodons genannt wurden. Alle diese unterschiedlichen Klassen der Untereinheiten des Gens erhielten eine besondere molekulare Interpretation und werden mit Teilchen des Chromosoms von unterschiedlicher Größe verbunden, mit unterschiedlichen Anzahlen von Nukleotid-Paaren im DNS-Molekül.

Wie man sieht, ist der neue Begriff des Gens in einigen Punkten sozusagen eine Negation der „klassischen“ Auffassung des Gens. Hier vollzog sich etwas Analoges zu dem, was in der Entwicklung des Begriffes Atom geschah. Und genau wie die Aufspaltung des Atoms kein „Unglück“ für die Atomforscher war, können die neuen Vorstellungen von der Struktur und der Wirksamkeit des Erbfaktors nicht gegen die Chromosomentheorie der Vererbung ausgespielt werden, was auch heute noch einige ihrer Gegner häufig tun.

Einige Wissenschaftler jedoch, die aktiv von der Konzeption des Gens abrücken, schlagen vor, nicht einfach von einem neuen Inhalt des Begriffs Gen auszugehen, sondern den gegebenen Begriff vielleicht überhaupt zu eliminieren. Besonders akut wird die Frage gestellt, wenn es darum geht, den Begriff Gen mit dem Begriff Zistron in Zusammenhang zu bringen. Der Unterschied ist, wie A. A. Prozorow einschätzt, mehr quantitativ als qualitativ: das Gen ist ein kompliziertes Zistron, und das Zistron ist ein einfaches Gen. Prozorow schlägt nicht ohne Grund in diesem Zusammenhang vor, daß „man hier vielleicht wieder zu der Terminologie vor Benzer zurückgehen muß, und bei den funktionellen Einheiten nicht von Zistronen oder Genen spricht, sondern von einfachen und komplexen Genen. Der Terminus ‚Gen‘ hat eine große Geschichte, er ist fester eingebürgert und es besteht kein Grund, ihn durch den Terminus ‚Zistron‘ zu ersetzen.“[23])

Das sind jedoch nicht die einzigen Schwierigkeiten bei der Formulierung des heutigen Begriffs Gen. Es ist bekannt, daß die Vererbung der Organismen insgesamt Information umfaßt, die bedeutend über das hinausgeht, was in den Chromosomen enthalten ist. Das bedeutet, daß ein Teil der Erbinformationen außerhalb der Chromosomen lokalisiert, in anderen genetischen Systemen der Zelle enthalten ist. Es ist bewiesen, daß es zumindest zwei Formen der Vererbung außerhalb des Zellkerns gibt — durch die Plastiden und das Zytoplasma. Dementsprechend tauchte in der modernen Genetik der Begriff des zytoplasmatischen Gens auf, das nicht dem MENDELschen Gesetz von der gleichwertigen Beteiligung der Gene beider Eltern am Genotyp der Nachkommenschaft unterworfen ist (vom männlichen Elternteil werden keine zytoplasmatischen Gene übertragen).

Selbstverständlich differenziert und kompliziert alles das den heutigen Begriff des Gens. Nicht zufällig beschreiten daher einige Wissenschaftler den Weg einer Definition, die eine äußerste Allgemeinheit und Universalität besitzen könnte. Eine dieser „Arbeitsdefinitionen" bieten R. SEDGER und F. RAIN: „Wir definieren das Gen im weitesten Sinne als Vererbungsdeterminante, dessen alternative Formen für die Unterschiede eines bestimmten Merkmals verantwortlich sind. Wir bestimmten weder seine Lokalisation in der Zelle (im oder außerhalb des Chromosoms) noch seine chemische Zusammensetzung (DNS, RNS oder Eiweiß), da die Elastizität und Allgemeinheit der Definition im Hinblick auf den schnellen Fortschritt auf diesem Gebiet notwendig ist."[24])

Eine solche Definition kehrt im wesentlichen zu den Vorstellungen MENDELS vom „Erbfaktor" zurück. SEDGER und RAIN präzisieren das weiter, indem sie mit Fakten operieren, die sich aus dem Zusammenhang zwischen dem Vererbungsdeterminanten und bestimmten makromolekularen Konfigurationen ergeben. Als allgemeine Definition wird von ihnen folgendes vorgeschlagen: „Die Vererbung besteht in der Bewahrung der Spezifität, und in diesem Sinne ist der Vererbungsdeterminant eine bestimmte Einheit, die genetische Funktionen besitzt, die sich aus der Bewahrung der Spezifität ergeben."[25])

Diese dynamische Definition wird durch den folgenden Hinweis auf konkrete Fakten nahegelegt, über die die Gentheorie auf einer bestimmten Etappe ihrer Entwicklung verfügt. Offensichtlich handelt es sich hier nicht um eine Definition, die selbstverständlich niemals eine ganz vollständige, absolut exakte Widerspiegelung des Wesens des Gegenstandes sein kann. Es geht vielmehr um grundlegende Eigenschaften des Gens, deren Kenntnis und theoretisches „Resumé“ uns nicht nur einen relativen Begriff seines Wesens, sondern auch eine Vorstellung von dem, was erkannt werden muß, gibt.

Jetzt ist klar, daß der Begriff des Gens heute noch weit von seiner endgültigen Formulierung entfernt ist. Daher bedarf es der weiteren experimentellen und theoretischen Arbeit, besonders zur Feststellung der engen gegenseitigen Verbindungen und gegenseitigen Beeinflussungen der elementaren Zellstrukturen und biochemischen Prozesse. Dabei ist die Überwindung des Gegeneinanderstellens von Struktur und Funktion, das für die frühesten Etappen der Anwendung eines ganzheitlichen Herangehens an die genetische Analyse sehr charakteristisch war, überaus wichtig. Wie M. E. Lobašew mit Recht bemerkte, „ist es noch zu früh, davon zu sprechen, daß das Gen erkannt ist. Gegenwärtig werden schnell neue Fakten gesammelt, die unzweifelhaft darauf hinweisen, daß das Gen nicht einfach eine elementare und autonome Einheit der Vererbung ist, sondern ein kompliziertes ganzheitliches System. Seine funktionelle Diskretheit erweist sich als abhängig vom System des Genotyps im weitesten Sinne dieses Wortes, d. h., in diesen Begriff sind auch die extranuklearen Gene einbezogen. Dabei ist der Genotyp kein Mosaik von Genen, sondern eine dynamische Systemverbindung der Gene und ihrer Allele. Vielleicht ist die Zeit nicht fern, in der es möglich wird, nicht nur die Anordnung der Gene zu beschreiben, sondern auch das Maß ihrer gegenseitigen Beeinflussung im System des Genotyps zu formulieren.“[26])

Namentlich hier ergibt sich auch die Wichtigkeit eines dialektischen Herangehens, besonders an die Systemanalyse. Die genetische Forschung, die heute weitgehend die physiko-chemische Analyse der elementaren Wechselwirkungen benutzt, die sich auf molekularem Niveau abspielen, empfindet um so klarer die Notwendigkeit einer Hinwendung zu komplexen, synthetischen Untersuchungen, bei denen die komplizierten Verbindungen und

Wechselwirkungen der lebenden Systeme auf verschiedenen Ebenen ihrer strukturellen und funktionellen Organisation studiert werden. Die moderne Genetik empfindet bereits heute klar die Enge eines rein physiko-chemischen Herangehens an die Untersuchung der Vererbung, sie stellt die Aufgabe ihrer Untersuchung in der Einheit des Molekularen und des Organismischen, des Ganzheitlichen und anderer Formen des Herangehens.

Der ganzheitliche Charakter der genetisch gesteuerten Systeme auf den Ebenen des Moleküls, der Zelle, des Organismus und der Population wird gegenwärtig zum Gegenstand spezieller Untersuchung mit Hilfe nicht nur der „traditionellen" Methoden der Genetik, sondern auch immer breiter angewandter mathematischer Methoden mit der kybernetischen Modellierung.

Es ist nicht notwendig, hier einzelne Beispiele zu betrachten, welche die eindeutige Fruchtbarkeit der neuen Methoden in der Genetik illustrieren. Es soll nur noch einmal betont werden, daß, wenn man an die methodologische Bedeutung dieser neuen Forschungsmittel in der modernen Genetik denkt, sich diese aus der Entwicklung neuer Tendenzen der Erkenntnis ergeben, die im Herangehen an Vererbung und Variabilität als Eigenschaften der Organisation des Lebenden in Systemen zum Ausdruck kommen, die in ihrer Struktur und ihren Erscheinungen innerlich differenziert und integriert sind.

Das Verständnis dafür ergibt sich für viele moderne Genetiker (darunter nicht nur diejenigen, die bewußt den dialektischen Materialismus anwenden) klar daraus, daß die Dialektik immer tiefer in die Untersuchungen genetischer Prozesse und Systeme eindringt, unter Umständen der von verschiedenen Wissenschaftlern vertretenen Weltanschauung und Methodologie zum Trotz. Dafür ist die Genetik in vielem der Kybernetik verpflichtet, einer ihrem Wesen nach synthetischen Wissenschaft, die komplexe, dialektische Arbeitsweisen und Methoden bei der Betrachtung komplizierter Verbindungen und Wechselwirkungen der selbstregelnden Systeme benutzt.

In methodologischer Hinsicht verdient die Analyse funktioneller gegenseitiger Abhängigkeiten der Einheiten, die die Feinstruktur des Gens bilden und der einzelnen Gene, aus denen sich der Genotyp zusammensetzt, besonderes Interesse. Die Makro- und Mikrostrukturiertheit des Gens wird durch eine hierarchische Abhängigkeit charakterisiert, durch komplizierte Wechselwirkungen zwischen den einzelnen molekulargenetischen funktionellen Einheiten der Vererbungsstruktur einer ganzheitlichen Zelle. Untereinheiten verschiedener Klassen bilden die Struktur des Gens insgesamt. Sie sind das genetische Substrat, das funktionell unter vielfältigen Aspekten und mit vielfältigen Methoden betrachtet und untersucht werden muß. Diese anders zu definierenden und anders zu untersuchenden genetischen Einheiten besitzen eine eigene Mikrostruktur. So bilden die materiellen Grundlagen der Vererbung eine ganze Hierarchie einander subordinierter Strukturen, die in den Genotyp integriert sind.

Die Feststellung der Strukturiertheit und der funktionellen Ganzheit des Genotyps ist eine der wichtigsten Errungenschaften der modernen Genetik; das ist gleichzeitig die Grenze, die Ausgangsstellung, von der aus man beginnt, aufs neue in die Tiefe der lebenden Materie vorzudringen. Wie R. SEDGER und F. RAIN vermerken, „... macht die Zergliederung der Struktur und der Funktionen, die in einer frühen Entwicklungsperiode der Genetik sehr nützlich war, jetzt einer stärker ganzheitlichen Auffassung Platz, die für die tiefere Analyse der genetischen Mechanismen notwendig ist.“[27])

Die strukturelle und funktionelle Differenziertheit der genetischen Mechanismen und gleichzeitig ihre Integration, ihre Ganzheit auf verschiedenen Ebenen der Organisation der lebenden Materie, erfordert selbstverständlich weitere Untersuchungen, in deren Verlauf wahrscheinlich neue genetische Strukturen entdeckt und auch die bereits bekannten detaillierten untersucht werden. B. L. ASTAUROW hat in diesem Zusammenhang mit Recht hervorgehoben, daß die Genetik in ihrer Entwicklung bereits vor der Beantwortung der folgenden Fragen steht: „Wie ‚arbeitet' das Gen? Wie kontrolliert der Genotyp die Prozesse der biochemischen Synthese, die Physiologie der Zelle, den Stoffwechsel, die Differenzierung, die Morphogenese und die überaus komplizierte ganzheitliche Ontogenese? Und umgekehrt, wie arbeitet die ‚Rückkopplung'? Wie dirigieren die Produkte der Biosynthese, die Besonderheiten der zytoplasmatischen Differenzierung und die ganze Gesamtheit der sich entwickelnden Systeme und das umgebende innere Milieu die Instrumente des Orchesters der Gene?"[28])

Diese Fragen können ihre weitere Lösung nur durch die konzeptionelle und methodologische Synthese der Genetik und der Embryologie erhalten.[29]) So führen die Wege dieser beiden großen Gebiete der Biologie wieder zusammen. „Differentielle Genfunktion — die Herkunft vieler Zell-Phänotypen aus einem einzigen Genotyp — das ist das zentrale Gegenwartsproblem sowohl der Genetik, als auch der Entwicklungsbiologie ..."[30]) Wir sehen, wie weit die moderne Genetik auf dem Wege der Konkretisierung des Mendelschen „Erbfaktors" vorangekommen ist und wieviel noch nicht erkannt worden ist, wie wichtig jetzt die Anwendung der dialektischen Methode, des systemisch-strukturellen Herangehens als integriertem Bestandteil dieser Methode ist. Die Betrachtung der Objekte der genetischen Untersuchung auf der methodologischen Grundlage der Dialektik demonstriert ihre heuristische Effektivität, nicht nur bei der Analyse des Begriffes Gen, sondern auch bei den theoretischen, konzeptionellen Problemen der Mutagenese. Das erfordert jedoch eine besondere Betrachtung, die wir im folgenden Kapitel durchzuführen versuchen.

Kapitel V.

Der organische Determinismus und das Problem der Mutagenese

Große heuristische Effektivität erlangten in den letzten Jahren die Prinzipien des dialektisch-materialistischen (organischen) Determinismus, vor allem bei der Erkenntnis der Ursachen und des Charakters der erblichen Veränderungen (Mutationen). Die Frage nach dem Wesen der Mutation erwies sich als ein spezieller Schleifstein, an dem unterschiedliche, zum Teil diametral entgegengesetzte methodologische Arbeitsweisen geschärft wurden. Faktisch vollzog sich die Abgrenzung zwischen den verschiedenen Formen des Mechanizismus, der Metaphysik, des Idealismus und der Teleologie einerseits und dem dialektisch-materialistischen Determinismus andererseits.

Im Rahmen dieser methodologischen Konzeptionen bewegte sich die Klärung der konkreten Mechanismen der erblichen Veränderungen, die theoretische Verallgemeinerung der experimentellen Beobachtungen. Dabei führte die Hauptentwicklungslinie der Genetik zu einem vollkommeneren, zunehmend allseitigen Erkennen der objektiven, ihrem Wesen nach dialektischen inneren und äußeren Wechselwirkungen der lebenden Systeme, die Überwindung ihrer vereinfachten Erklärung, sei es gemäß der Konzeption des mechanistischen Determinismus, einer Verabsolutierung der Zufälligkeit und Unbestimmtheit der Mutationen, sei es durch die Hinwendung zur Teleologie.

Die dialektisch-materialistische Bestimmung des Determinismus ermöglicht eine Überwindung dieser Extreme und eine Erklärung besonders der genetischen Prozesse, die als unmittelbare und eindeutige ursächliche

Verbindungen dynamischen Typs angesehen werden, wie auch der statistisch zu interpretierenden, in denen die Notwendigkeit, die Gesetzmäßigkeit nur summarisch in Erscheinung tritt, sich als „Mittleres“ in den vielgestaltigen, zufälligen Tendenzen im inneren Milieu der lebenden Systeme, ihrer Aktivität und Ganzheit, „durchsetzt“.

Geleitet von diesen Prinzipien gelangt die moderne Genetik durch eine immer vollkommenere und vielseitigere Widerspiegelung der Spezifik des organischen Determinismus in den Erscheinungen der Variabilität zu neuen Erfolgen. Tatsächlich entstanden im Verlaufe des Bewußtwerdens dieses wichtigen methodologischen Prinzips in der Genetik eine Menge Schwierigkeiten und Hindernisse, nicht nur speziell biologischen, sondern auch philosophischen Charakters, von denen viele auch heute noch nicht vollkommen überwunden sind. Es handelt sich um offen antidarwinistische Interpretationen des Mutationsprozesses, der mechanistischen und idealistischen Schlußfolgerungen aus ihnen, und auch um Tendenzen zum Agnostizismus beim Erkennen der Natur der Mutationen, bis zur Verneinung irgendwelcher Gesetzmäßigkeiten.

Auf diesem Boden wurde auch die Konzeption des „organischen Indeterminismus“ komplizierter und erfuhr eine bedeutende Verbreitung, ebenso die darüber spekulierenden neofinalistischen Vorstellungen. Auf der anderen Seite der wissenschaftlichen „Barrikade“ wurden neolamarckistische (mechanolamarckistische und psycholamarckistische) Richtungen und der Neo-Vitalismus aktiviert, deren allgemeine methodologische Grundlage (selbstverständlich mit unterschiedlichen allgemeinbiologischen und philosophischen Schlußfolgerungen) die Konzeption des mechanistischen Determinismus ist. Einem teleologisch wirkenden „richtenden Faktor“ wanden sich im Ergebnis der mechanistischen Diskussion der Theorie der natürlichen Auslese, wie sie im „Neofinalismus“ oder in den Arbeiten von Molekularbiologen und Kybernetikern geführt wird, besonders G. Schramm,

E. Sinnot und einige andere Wissenschaftler im Westen zu.[2])

In diesem komplizierten Panorama des philosophischen Kampfes an vorderster Front, an den entscheidenden Stellen des Kampfes waren immer und bleiben auch heute diejenigen die Hauptkräfte der Wissenschaft, die spontan oder bewußt auf der Position des Materialismus, der Position der Dialektik stehen. Ihre immer größere Festigung, ohne Abweichung und ohne die bekannten Einbußen durch zeitweilige methodische „Zickzackwege", hat einen spürbaren positiven Einfluß auf die Entwicklung der Genetik ausgeübt.

Eine solche Auffassung der erblichen Veränderlichkeit wurde zuerst (allerdings in sehr allgemeiner und teilweise widersprüchlicher Form) von Darwin vertreten. Obwohl er in seinen philosophischen Interpretationen noch in gewissem Maße traditionellen Definitionen des Begriffs der Zufälligkeit folgte, wobei er gleichzeitig seine Unzufriedenheit mit ihnen ausdrückte, und sie als ungenau usw. einschätzte, ging er faktisch von der dialektischen Auffassung der objektiven Natur der Zufälligkeit, ihrer Abhängigkeit von konkreten Bedingungen und ihrer Verbindung mit der Notwendigkeit, der Gesetzmäßigkeit aus. Er sah vor allem die Bedingtheit der Zufälligkeit, ihre Abhängigkeit von den konkreten Bedingungen, unter denen sie auftritt. Diese methodologischen Auffassungen Darwins bestimmten in vielem nicht nur seinerzeit, sondern in gewisser Hinsicht auch die folgende Entwicklung der Interpretation des Problems der Variabilität, besonders im Rahmen der Genetik, und sie sind in verschiedenen Punkten bis jetzt für viele zeitgenössischen Genetiker, die die dialektische Methode nicht beherrschen, noch unerreicht.

Bei der Interpretation des Problems der Veränderlichkeit nach Darwin fand man zwei formal einander scharf gegenüberstehende, aber faktisch eng verwandte Linien: einerseits die Verabsolutierung der Zufälligkeit und andererseits die Negierung ihres objektiven Charakters.

Offensichtlich wird in beiden Fällen die Zufälligkeit metaphysisch aufgefaßt, ohne Verbindung zur Notwendigkeit, zur Gesetzmäßigkeit.

Die mechanistische Verabsolutierung der Zufälligkeit, die Bekräftigung des statistischen Charakters der Prozesse der Variabilität, verbunden mit Vorstellungen von ihrer strengen Eindeutigkeit auf verschiedenen Ebenen der erblichen Selbstreproduktion, erschien plastisch im Neodarwinismus, in seinen frühen und späteren Varianten, bei den Vertretern des Mutationismus, war für die frühen Entwicklungsetappen der Genetik charakteristisch. Man muß jedoch betonen, daß das intensive wissenschaftliche Interesse an Erscheinungen, die als „rein" zufällig behandelt wurden, die breite Anwendung statistischer Methoden unter Berücksichtigung der Spezifik der biologischen Wissenschaft ermöglichte, wie sich auch im Rahmen einer einseitigen methodologischen Interpretation des Problems der Veränderlichkeit Elemente ansammelten, welche die Erkenntnis dieses Problems vorantrieben.

Ein solch widersprüchliches Bild findet man jedesmal, wenn es sich um die Tätigkeit wirklicher Wissenschaftler handelt, die einen bedeutenden Beitrag für die experimentelle und theoretische Begründung der Genetik leisteten. Das bezieht sich auch auf MENDEL und viele seiner hervorragenden Nachfolger.[9]) Es ist wichtig, auch daran zu denken, daß der einseitige Akzent auf den zufälligen Charakter der Prozesse der Veränderbarkeit durch viele Wissenschaftler zum Teil gesetzt wurde, um ihre Ansichten den teleologischen Vorstellungen von der Veränderbarkeit, vor allem über das Wirksamwerden irgendwelcher „geistiger Faktoren", besonders entschieden entgegenzustellen. Dieser Umstand (aber hauptsächlich die Begrenztheit der Kenntnisse von den konkreten Mechanismen der individuellen und historischen Variabilität, und auch die Unkenntnis des dialektisch-materialistischen Determinismus, bzw. die Unfähigkeit, ihn anzuwenden) erklärt vieles in den Positionen der Genetiker, welche die Zufälligkeit in den Erscheinungen der erblichen Veränderlichkeit verabsolutierten.

Bereits in der klassischen Genetik wurden Schritte getan, die zur Überwindung einer solchen Verabsolutierung führten. MORGAN z. B., obwohl er die Zufälligkeit in der organischen Evolution als eine Erscheinung behandelte, deren Ursachen unbekannt sind, vertrat die Ansicht, daß sie sich bei einer näheren Betrachtung der Mutationsprozesse in ihr Gegenteil „verwandeln" würde. Er schloß eine chaotische Variabilität aus und lehnte Vorstellungen von ihrer Spezifik nicht ab, die durch äußere Agentien bestimmt wird; er lehnte folglich mögliche Zusammenhänge zwischen Faktoren, die gewisse Veränderungen im Gen und in der Konsequenz Veränderungen im Organismus und seinen Beziehungen zur Umwelt herbeiführen, nicht ab. Eine solche gegensätzliche Ansicht, schrieb MORGAN, würde darin bestehen, daß kausale Veränderungen zu den Kategorien gehören, die von sich aus kein Ziel haben, auch wenn das endgültige Ergebnis uns als Erfüllung oder Enthüllung eines „Ziels" erscheint.[4])

Diese zutiefst materialistischen Ideen, die, wie MORGAN äußerte, „ein Mechanist als Arbeitshypothese akzeptieren könnte"[5]), stellte ein Problem, das auch heute noch eines der grundlegenden in der methodologischen Interpretation der Variabilität ist. Die Entwicklung der biochemischen und molekularen Genetik, der rasche Fortschritt der Populationsgenetik führten dicht an die Lösung dieses Problems heran, die grundsätzlich auf einer dialektisch-materialistischen Auffassung von der Determiniertheit beruht.

Eine solche Entwicklung der Erkenntnis der Natur der Variabilität verbunden mit einer Vertiefung der Prinzipien des dialektisch-materialistischen Determinismus, ist ein komplizierter Prozeß, und man kann heute ungefähr einschätzen, daß er in seinen Grundzügen abgeschlossen ist. Daher kann man, wenn man die Interpretation des Problems der Variabilität von falschen methodologischen Positionen ablehnt, nicht der Ansicht sein, daß ihnen eine absolute Wahrheit gegenübersteht; man darf die große Menge der nicht untersuchten oder ungenügend untersuchten Forschungsprobleme nicht übersehen, die zum Teil entscheidende Bedeutung für die richtige Behandlung des Charakters der erblichen Veränderungen und ihres phänotypischen Ausdrucks haben, den sie als Ergebnis der Wirkung individueller Regulationsmechanismen und der natürlichen Auslese erhalten.

Obwohl die Genetik das Hauptgewicht immer mehr auf die Aufdeckung der Mechanismen der erblichen Veränderung legt, die durch die Auslese in der Evolution verstärkt werden, darunter durch den Mechanismus der Mikroevolution, gibt es noch sehr viele Zwischenglieder, die erforscht werden müssen.

Offensichtlich werden im Prozeß der experimentellen und theoretischen Forschungen auch einige Vorstellungen über den Charakter der Mutationen selbst präzisiert werden. Eine Betrachtung der erblichen Veränderungen der lebenden Systeme in einer komplizierteren Wechselwirkung der Komponenten als es üblicherweise getan wird, ist notwendig. Nicht die geringste Rolle muß hierbei die Analyse der regulierenden, programmierenden Rolle des Genotyps für die erblichen Veränderungen spielen. Wenn es sich bestätigt, daß die Vererbung ein Produkt der historischen Entwicklung der Organismen in sich verändernden Umweltbedingungen ist und daß sie einen in bestimmter Weise kodierten Informationsstrom über diese Umwelt enthält, der in der Ontogenese des Individuums und in der Phylogenese der Population gewonnen wurde, dann muß man aufdecken, wie diese Informationen die Richtung der Mutationen beeinflussen, die unter der Einwirkung äußerer Faktoren auftreten.

Es handelt sich nicht um eine strenge, eindeutige Programmierung der Mutationen, und noch weniger um eine Orientierung des Evolutionsprozesses, wie dies die

Mechanolamarckisten, die Vertreter der nomogenetischen, teleologischen Ansichten, des Neofinalismus und anderer Richtungen behaupten. Ein solcher Standpunkt ist, wie wir gesehen haben, mit Vorstellungen von einem monotypischen Determinismus und seiner Gesetzmäßigkeiten für verschiedene Organisationsebenen der lebenden Natur verbunden, z. B. für Individuum und Population. Gleichzeitig haben sich auch die Versuche einer nicht überwindbaren Grenze zwischen den erblichen Veränderungen, den Zyklen der Mikroevolution und der Makroevolution als schädlich erwiesen.

Der Aufbau eines Modells, das die Spezifik der Wechselwirkungen ganzheitlicher biologischer Systeme sowie die organische Determiniertheit der genetischen Prozesse vollständiger berücksichtigt, setzt offensichtlich eine Auffassung vom Mechanismus der erblichen Reproduktion voraus, die eine sehr zuverlässige Weitergabe der Erbinformationen sichert, bei der die Kriterien der Nützlichkeit in einzigartiger Weise nicht nur für die bestehende Struktur, sondern auch für ihre Veränderungen verbreitet werden.

Es ist charakteristisch, daß diese Auffassung, die mit dem bekannten begrenzten „Freiheitsgrad" der erblichen Veränderungen, die sich aus ihren „Leitthemen" einer anpassenden Gerichtetheit ergeben, im wesentlichen in dem Gesetz der homologen Reihen der erblichen Veränderungen enthalten ist, das von N. I. Wawilow 1922 formuliert wurde. Erinnern wir uns in diesem Zusammenhang daran, daß N. I. Wawilow von der absoluten Ungerichtetheit der Veränderungen der Erbsubstanz abging. Er vertrat die Meinung, daß „die Fragen nach den einwirkenden Faktoren, nach dem Charakter der Mutationen bei weitem noch nicht geklärt sind. Die Physiologie des Mutationsprozesses ist so gut wie gar nicht untersucht. Besonderes Interesse", so urteilte er, „verdient die von Jollos gestellte Frage nach der experimentellen Steuerung der Mutationen. Auf der Tagesordnung steht das Studium der vergleichenden Genetik der Mutationen bei verschiedenen Objekten, die Rolle des Genotyps bei den durch Mutationen bedingten Veränderungen, aber auch die Untersuchung der Typen der Mutationen und ihr Verhalten bei unterschiedlichen Einwirkungen (verschiedener Faktoren).“[6])

Bei der Begründung und Entwicklung von Forschungen dieser Art spielten viele hervorragende sowjetische Wissenschaftler eine sehr große Rolle. Sie versuchten die Prinzipien der Dialektik auf die Analyse der individuellen und historischen Variabilität anzuwenden. Gegenwärtig ist das für die Auffassung von einer relativen Gerichtetheit der Mutationen als allgemeine Tendenz, die sich nicht eindeutig, sondern statistisch realisiert, noch stärker begründet. Hierauf beziehen sich zahlreiche (aber sicher noch für eine breite Verallgemeinerung ungenügende) Untersuchungen der Spezifik der Einwirkung mutagener Faktoren, die beweisen, daß sich hinter der Zufälligkeit des Mutationsprozesses die Notwendigkeit verbirgt.

Die Wissenschaft beweist immer vollständiger die erstaunliche Übereinstimmung der einzelnen Glieder des Stoff- und Energiewechsels, der in lebenden Systemen vor sich geht, ihre Subordination und integrierte Abhängigkeit vom Ganzen. Diese Abhängigkeit vom Ganzen und auch der besondere Typ der inneren Wechselwirkungen der lebenden Systeme als organische Ganzheiten, die eine gezielte Anpassung ihrer Prozesse bedingt, zeigt auf molekular-genetischem Niveau der spezifische Einfluß auf den Charakter der Veränderungen der Erbsubstanz (Mutationen) und ihres phänotypischen Ausdrucks. Der Mutationsprozeß, der mit Veränderungen des genetischen Materials, der Gene und Chromosomen, mit Störungen in der Synthese der Eiweißstoffe und der DNS verbunden ist, kann nur äußerlich als absolut zufällig und ungerichtet aufgefaßt werden, nur, wenn man die isolierten Komponenten auf molekularem Niveau betrachtet, ohne Berücksichtigung der über-molekularen biologischen Organisation der Chromosomen, der Zelle und des Organismus im Ganzen, der aktiv auf verändernde Einflüsse reagiert.

Demgegenüber ist es nach Meinung vieler Wissenschaftler falsch, die Aufmerksamkeit nur darauf zu konzentrieren, daß die Mutationen als Folge zufälliger „Fehler“ auftreten, wie das einige Genetiker, z. B. F. W. STAHL[7]) immer noch behaupten. In einer Entgegnung lenkte S. I. ALICHANJAN die Aufmerksamkeit auch auf andere Aspekte der Mutagenese, vor allem auf die Entdeckung von SETLOW, der Fermente fand, die „fehlerhafte“ Bestandteile in der DNS „erkannten“ und sie beseitigten. Diese Entdeckung stellt nach ALICHANJAN „ein vollkommen neues Problem — die Beseitigung von Fehlern in der DNS, die besonders durch die Einwirkungen von Mutagenen entstehen. ... Die Idee einer Korrektur von Fehlern kann auch einen großen Einfluß auf die Untersuchung der molekularen Grundlagen der Mutagenese haben, so wie sie auch beweist, daß zwischen dem Entstehen und dem Erscheinen von Mutationen keine Übereinstimmung besteht.“[8])

Eine solche fehlende Übereinstimmung ist um so einleuchtender, je größer die Anzahl der Komponenten ist, die auf verschiedenen Ebenen der Einwirkungen auf das genetische System in den Prozeß der Mutagenese einbezogen ist. Sie macht eine „Umstellung“ in der Auffassung von der Natur der Mutationen nicht nur für ihre primären Mechanismen, sondern auch für die komplizierteren Prozesse der ganzen Zelle und des Organismus notwendig. Das öffnet den Weg für das Verstehen der allgemein (und selbstverständlich immer relativ) gerichteten Angepaßtheit der erblichen Veränderungen, so weit man im Falle ihrer Bewertung nicht nur das Entstehen von Mutationen, sondern auch ihr Erscheinen berücksichtigt.

Angesichts der komplizierten Determiniertheit der Veränderungen lebender Systeme ist es notwendig, ihre organische Ganzheit stärker zu berücksichtigen, auf die seinerzeit N. I. WAWILOW die Aufmerksamkeit orientierte, nach dessen Meinung die theoretische Genetik in ihrer Entwicklung wieder auf die Ganzheit der Organismus zurückkommt, aber auf einem anderen, höheren Niveau.

Diese Richtung wurde in der Sowjetunion intensiv bearbeitet, vor allem von I. I. Šmal'gauzen, dessen Ideen sich die moderne Genetik offenbar noch nicht voll angeeignet hat. Indessen könnte die Analyse der Mechanismen, die den auf Anpassung gerichteten Charakter des Mutationsprozesses sichern, sowie der selektiven Aktivität der lebenden Systeme in ihren Wechselwirkungen mit äußeren Faktoren und der komplizierten korrelativen Umgestaltungen, die im Verlaufe der „Transformation" der Einwirkungen äußerer Faktoren auf innere Eigenschaften des Organismus auftreten, die Vorstellungen von dem Charakter der Mutationen wesentlich erweitern.

Ohne Lösung dieser Fragen ist offensichtlich ein effektives Erarbeiten von Methoden der gerichteten Erzeugung von Mutationen nicht möglich. Und, wie N. P. Dubinin richtig bemerkte, bedeutet die Lösung der Aufgabe, gerichtete vererbliche Veränderungen zu erhalten, zu lernen, das Leben zu steuern. Dies ist eine faszinierende, phantastische und sehr dringende Aufgabe der modernen Naturwissenschaft. Diese Aufgabe wird durch die gemeinsamen Bemühungen der Genetik, Zytologie, Chemie, Physik, Kybernetik und anderer Wissenschaften gelöst werden.[9])

Für das Verstehen des besonderen Charakters der Wechselwirkungen lebender Systeme, ihrer Aktivität, der Spezifik der Prozesse der Regulation und Steuerung haben heute Fakten, die vor allem durch die Biokybernetik gewonnen wurden, große Bedeutung. Diese neue wissenschaftliche Richtung, die vor allem die Informationstheorie und die Kybernetik bei der Untersuchung der Organismen anwendet, stellt vielfach wieder konkrete Fragen, die mit der Erkenntnis der Anpassungsfähigkeit lebender Systeme zusammenhängen.

Bei der Untersuchung der Gesetzmäßigkeiten kompliziert organisierter, selbstregulierender und selbststeuernder Systeme und des Charakters ihres Funktionierens im Verhältnis zu den Prinzipien der Kausalität und der Zweckmäßigkeit zeigt die Biokybernetik vor allem die Fähigkeit dieser Systeme, unter dem Einfluß der Information von Signalen ihren Zustand durch Suchen nach einer optimalen Größe der Parameter zu ändern, d. h., ihre Fähigkeit zur Wahl der entsprechenden Wirkungen, Reaktionen. Komplizierte Systeme dieses Typs besitzen auch die Fähigkeit, sich an den günstigsten Effekt vorhergehender Reaktionen zu „erinnern" und daher werden sie als selbstaufbauende lernende Systeme charakterisiert. Derartige Systeme können informierende Signale von anderen Systemen auch des äußeren Milieus empfangen und innerhalb einer unbestimmt großen Zwischenzeit übernehmen. Sie sind in der Lage, Arbeitsalgorithmen und die eigene Organisation in Abhängigkeit von den Veränderungen der Signalinformation zu ändern, was nicht nur die erlangte Selbstregulation der Organisation, sondern auch ihre Verbesserung und Entwicklung sichert.

Sehr wesentlich ist auch, daß selbstregulierende und -steuernde Systeme diese Eigenschaften mit Hilfe des Mechanismus der Rückkoppelung realisieren, d. h. durch einen ununterbrochenen Informationsaustausch zwischen den steuernden Mechanismen und den ausführenden Organen, der als geschlossener zyklischer Prozeß verläuft.

Die aufgezählten Charakteristika komplizierter Systeme haben universelle Bedeutung. Man findet sie bei jedem Prozeß der gerichteten Anpassung, der mit der Wahl einer optimalen Variante der Änderung struktureller oder funktioneller Eigenschaften des Systems verbunden ist. Es muß selbstverständlich nicht noch einmal betont werden, daß diese Änderungen nicht eindeutig auftreten, sondern daß ihre allgemeine Orientierung, die sich integriert realisiert, einen statistischen, einen Wahrscheinlichkeitscharakter hat.

Diese kybernetische Charakteristik ergibt sich bereits aus der Analyse der biochemischen und der thermodynamischen Prozesse lebender Systeme und ihrer molekular-genetischen Wechselwirkungen. Am klarsten findet man das beim Mechanismus der Eiweißsynthese, bei dem die Moleküle der DNS als ausschließliche Träger des Kodes der genetischen Information fungieren, der entsprechend sich auch die molekulare Synthese und letzten Endes die Selbstreproduktion der Zelle und des lebenden Systems vollziehen.

Die Mechanismen der molekularen Synthese liegen bekanntlich den genetischen Prozessen, der Vererbung und der Variabilität, lebender Systeme zugrunde, wobei die Information, die in der DNS kodiert ist, deren Lokalisationen die Gene bilden, das Programm genetischer Prozesse und ihrer Realisierung in der individuellen und der Artentwicklung der Organismen ist. Die Vorstellungen von dem Genotyp des Individuums als eigenständigem „programmierendem" Mechanismus führte dazu, daß die biologische Bedeutung der Erbinformationen der Organismen als einem kodierten Strom der Einflüsse der Umwelt, der eine wichtige Stellung im Verlauf des individuellen Lebens der Organismen und der historischen Entwicklung der Arten einnimmt, tiefer verstanden wird.

Die Vorstellungen vom Mechanismus der Selbstregulation komplizierter Systeme haben eine große Bedeutung für das Verstehen der Evolution der Populationen. Vor allem kann man nach Šmal'gauzen die Evolution als einen sich selbst regulierenden Prozeß ansehen, bei dem die Verbindung zwischen der Biogeozönose und der Population in zwei Richtungen verwirklicht wird: direkt durch Übertragung der steuernden Signale von der Biogeozönose zur Population und rückwirkend von der Population zur Biogeozönose.[10])

Auf dem höheren Organisationsniveau des Lebenden, und vor allem bei der Betrachtung der Verhaltensreaktionen der höheren Organismen sehen wir, daß die primären Mechanismen der ererbten Selbstregulationen gleichsam „aufgestockt" werden. Dementsprechend bestehen neben den Mechanismen zur Realisierung der „ererbten Reaktionsnormen" (Šmal'gauzen), der Verwirklichung des „ererbten Programms der Entwicklung" (Astaurow), ergänzende fixierende Mechanismen, neue

Regulationsmechanismen, durch die der auf Anpassung gerichtete Charakter der Verhaltensreaktionen gesichert wird.

Das zentrale Nervensystem übernimmt die Rolle als Regulator des Verhaltens des lebenden Organismus, orientiert auf die Befriedigung seiner Bedürfnisse, die unter dem Einfluß der äußeren und inneren Signale als Stimuli dieser Tätigkeit, als ihre unmittelbaren Beweggründe in Erscheinung treten. Es vollzieht sich eine — exakte oder dynamische — Programmierung des angepaßten Verhaltens nach einem Modell, das in der Großhirnrinde des Tieres als Apparat formiert wurde, den P. K. Anochin als Akzeptor dieser Einflüsse bezeichnet, der diese Ergebnisse aufnimmt und bewertet. Der lebende Organismus führt unter dem Einfluß des Tätigkeitskommandos ein aktives Suchen in der Umwelt aus, wobei er von dieser als Rückkopplung Signale über das erreichte Ergebnis erhält, die ständig mit den Parametern der Tätigkeit verglichen werden, welche der Akzeptor besitzt, die in bestimmter Form als Nervenreiz kodiert worden sind. Die suchende Tätigkeit wird fortgesetzt oder unterbrochen, wenn die Ergebnisse der Tätigkeit den Parametern entsprechen oder nicht entsprechen, worüber auf dem Wege der Rückkoppelung Signale in das Zentralnervensystem gelangen.

Die Anpassungsmechanismen, deren Formen genetisch kodiert (als bestimmtes Schema programmiert) oder im Verlaufe des individuellen Lebens nach dem Typ der bedingten Reflexe herausgearbeitet sein können, werden als gerichtete charakterisiert, weil sie durch ein bestimmtes Programm bedingt sind, dessen Informationsumfang außergewöhnlich groß ist. Man kann sogar von einer eigentümlichen überschüssigen Kompliziertheit dieses Programms sprechen, die verständlich wird, wenn man die Kompliziertheit berücksichtigt, die unerschöpfliche „Erfindungsgabe“ der Umwelt, unter deren Bedingungen sich die Lebenstätigkeit der Organismen sowie ihr anpassendes Verhalten vollzieht und die in aktiver Wechselwirkung mit dieser Tätigkeit die Formierung des komplizierten Programmes bedingt.

Vor allem deshalb kann dieses Programm, das sowohl in den genetischen Strukturen wie in den physiologischen Systemen kodiert ist, die einen fixierten Akzeptor des Ergebnisses der Einwirkung besitzen, als „vorwegeilendes Modell“ der noch nicht vollzogenen Wirkung, ihres Resultats, auftreten. Und der Dienst der Kybernetik besteht vor allem darin, daß sie die Möglichkeit eines solchen perspektivischen Modells in der Natur nachgewiesen hat, das dem Verständnis für das Problem des Zieles und der Zweckmäßigkeit in einem allgemeinen dialektisch-materialistischen und antiteleologischem Sinne ihrer wissenschaftlichen Erklärung eine neue Richtung gegeben hat. Hier, wo die Teleologie eine idealistisch zu interpretierende Einwirkung von „Endursachen“, „vernünftiger Ziele“ usw. gesehen hat, hat die Biokybernetik materielle, kausale Verhältnisse nachgewiesen, wobei sie streng wissenschaftlich und in voller Übereinstimmung mit der darwinistischen Theorie die allgemeinsten Grundlagen der Beziehung der Zweckmäßigkeit in der Natur als materielle Beziehung erklärt hat. Dabei hat sie den objektiven Gehalt dieser Relation bewahrt und rational gefaßt und die Sache Darwins in der Erforschung der materiellen Ursachen der Zweckmäßigkeit in der Natur fortgesetzt.

Gleichzeitig grenzt die Kybernetik, wenn sie die Teleologie gleichsam von innen aus dem Phänomen der Zweckmäßigkeit verbannt, z. B. die organische Zweckmäßigkeit nicht einfach mechanisch von der zielgerichteten Tätigkeit des Menschen ab, sondern deckt, wenn sie ihre allgemeinen Prinzipien als Mechanismen der Realisierung gerichteter Prozesse in sich selbst regulierenden Systemen untersucht, den „rationellen Sinn“ der Analogie der Anpassungsfunktionen und der Entwicklung lebender Systeme mit der zweckmäßigen zielgerichteten Tätigkeit auf. Sie „erobert“ so diesen erweiterten, empirisch bestehenden Brückenkopf, der bis dahin von der Wissenschaft umgangen wurde, weil man ihn durch den Erbfeind — die Teleologie — besetzt glaubte.

Die Ergebnisse dieser Erkenntnis, ausgedrückt in den Termini der Information und der Rückkoppelung, befinden sich in vollkommener Übereinstimmung mit der Konzeption des materialistisch-dialektischen Determinismus, bereichern und entwickeln ihn. Dementsprechend ist festzuhalten, daß in der Funktion und in der Entwicklung selbstregulierender, selbststeuernder Systeme ein neuer Typ von Verbindungen erscheint, die vor allem durch ihren zyklischen Charkter gekennzeichnet sind. Vom Standpunkt der Information kann die zyklische Verbindung, die sich in der Form einer gegenseitigen Beeinflussung unterschiedlich gerichteter Prozesse verwirklicht, als direkt und rückläufig bezeichnet werden. In ihr werden Prozesse einer eigenartigen Prädetermination beobachtet, die im Programm als kodiertes Modell der folgenden Einwirkungen fixiert wird und eine sich statistisch realisierende Gerichtetheit dieser Einwirkungen erzeugt. Der Mechanismus derartiger Verbindungen besteht in einer „Verdoppelung", die dem objektiven materiellen Prozeß aufliegt, entweder als dessen ideales Schema, als dessen Erkenntnisabbild seines Zieles, oder als materielles Programm, kodiertes Modell, das bekanntlich keine abbildliche Bedeutung zu haben braucht. Die Wechselwirkungen, die zwischen verschiedenen Zuständen des selbstregulierenden Systems beobachtet werden und sich in Form kausaler Verbindungen ausdrücken, können durch die Begriffe der zyklischen Verbindung von Ursache und Wirkung (direkt und rückläufig) charakterisiert werden, von denen eine auch die sogenannte zielgerichtete Kausalität ist. Ihr Vorhandensein wird nicht negiert, aber es werden die Grenzen ihrer Wirksamkeit gezeigt, die man nur bedingt erweitern kann.

Von hier aus ist es auch klar, daß die Versuche verfehlt sind, bei der Behandlung dieser Prozesse mit Hinweisen auf die Untersuchung lebender Systeme auf molekularem Niveau und auf die Kybernetik, Teleologie und Finalismus wiederauferstehen zu lassen. Solche Versuche werden mit Hilfe der Idee der „Ergänzungsbedürftigkeit“ der materiellen Ursachen (der „physikalischen Kausalität“, begrenzte Formen der physikalisch-chemischen Analyse lebender Systeme) durch das „teleologische Prinzip“, das auf das Begreifen des Wesens des Lebens ausschließlich orientiert, durchgeführt. Die Unbegründetheit solcher Tendenzen ist offensichtlich, wenn man berücksichtigt, daß die biologische Wissenschaft, angefangen mit der Theorie DARWINS und endgültig mit den modernen Theorien der Molekularbiologie und der Biokybernetik, der Teleologie den Boden entzogen hat, da ja die Methoden der biologischen Erkenntnis in ihrem systemischen Ganzen die Möglichkeit geben, nicht nur äußere, eindeutige Wechselwirkungen mechanischen Typs zu bestimmen, sondern in der Lage ist, die Formen von Zusammenhängen, die von der Teleologie idealistisch im Geiste des Finalismus ausgelegt werden, zu erkennen, darunter auch die zyklischen.

Man muß jedoch berücksichtigen, daß in vielen Fällen Wissenschaftler, die auf die eine oder andere Weise eine gnoseologische Bedeutung des „teleologischen Prinzips“ anerkennen, keinesfalls die Notwendigkeit einer Bekehrung zur Teleologie (mit ihrer Lehre von einem „immanenten Ziel“) als bestimmte philosophische, theoretisch-gnoseologische Konzeption vertreten. Sie verstehen unter Determinismus entweder nur die traditionelle Vorstellung von einer eindeutigen Kausalität, und sehen daher zum Teil die Anerkennung einer statistischen oder zyklischen Kausalität als „Indeterminismus“ als „Zerstörung“ des Prinzips der Kausalität an. Es liegt hier ein eigentümlicher „gnoseologischer Nonsens“ vor, verbunden mit der Unkenntnis der Dialektik, der dialektisch-materialistischen Konzeption des Determinismus. Beispielweise zieht der bekannte Genetiker T. DOBZHANSKY auf Grundlage vor allem einer undialektischen Determinismuskonzeption, die eine Eindeutigkeit der Zusammenhänge voraussetzt, und im Bestreben, den nichteindeutigen, schöpferischen Charakter des Evolutionsprozesses zu unterstreichen, die Schlußfolgerung, daß dieser keinen Aspekt des Determinismus hat. DOBZHANSKY vergleicht die Evolution mit dem Schöpfertum eines Künstlers, dem Mängel und Fehler unterlaufen.

Selbstverständlich wollen Wissenschaftler wie DOBZHANSKY keine philosophischen Schlußfolgerungen ziehen, die den oben zitierten ähnlich sind. Aber die sehr enge Auffassung von Determinismus bei einigen Wissenschaftlern kann sich bei entsprechenden Gelegenheiten gegen eine wissenschaftliche, dialektisch-materialistische Methodologie wenden. Teilweise sind damit auch die Schlußfolgerungen von einem „begrenzten Indeterminismus", aber auch viele finalistische Spekulationen verbunden, wobei sich für das Erkennen ihrer gnoseologischen Wurzeln auch heute noch die Leninsche Methodologie bei der Analyse des Materiebegriffs und der Behauptungen der Machisten über ihr Verschwinden als sehr effektiv erweist. Die Leninsche Arbeitsweise, die nachweist, daß anscheinend bloß formale, terminologische Widersprüche hin zu prinzipiellen, philosophischen Zugeständnissen an den Idealismus führen, kann auch der modernen Kritik an den Verteidigern der Teleologie als Beispiel dienen. Die Diskussionen über die gnoseologische Bedeutung der Teleologie werden nicht in einem weltanschaulichen Vakuum geführt, und eine Anerkennung der wissenschaftlichen Effektivität des „teleologischen Prinzips" kann leicht zur Bestätigung einer „Neugeburt" der Teleologie und des Finalismus als philosophische, theoretisch-gnoseologische Konzeption, die im Widerspruch zu den dialektisch-materialistisch verstandenen Prinzipien des Determinismus steht, umgewandelt werden.

Man muß bemerken, daß eine solche Situation, die im äußersten Falle zu einer formalen Bestätigung, einer „Neugeburt" der Teleologie und des Finalismus führt, heute als eine gewisse Realität besteht. Und viele große Naturforscher, aber auch Philosophen, Methodologen, darunter auch solche, die nicht auf dem Standpunkt des dialektischen Materialismus stehen, versuchen dem dadurch zu entgehen, daß sie sich sogar in semantischer Form von Teleologie und Finalismus abgrenzen. E. MAYR z. B. sagte 1966 auf einem Symposium über theoretische Biologie, die Biologen hätten schon lange die Doppeldeutigkeit der Bezeichnung des Verhaltens eines Individiums, das zielgerichtet durch die Eigenschaften des genetischen Kodes programmiert ist, als „teleologisch" gefühlt. Aber nach seiner Meinung habe die wissenschaftliche Biologie nichts gefunden, was einer Bestätigung der Teleologie in dem Sinne, der den verschiedenen vitalistischen und finalistischen Theorien entspräche, als Bestätigung dienen könnte. Die Kompliziertheit der biologischen Kausalität rechtfertige nicht die Anwendung unwissenschaftlicher Theorien, z.B. von vitalistischen oder teleologischen; die Biologie dürfe sich nur für alles das begeistern, was versucht, dem Begriff der Kausalität eine breitere Grundlage zu schaffen.[11])

Bei dem Versuch, diese „breitere Grundlage" in ihm geläufige Begriffe und Termini zu fassen, verwandte MAYR die von PITTENDRIGH eingeführte Bezeichnung des Verhaltens von Systemen, „die nicht mit der aristotelischen Teleologie zusammenhängen", als „teleonomisch", und begrenzte das auf Systeme, die auf Grundlage eines Programms oder einer kodierten Information arbeiten, und verstand darunter, nach einem Ausdruck von J. HUXLEY, die scheinbare Zielgerichtetheit der Organismen und ihrer Merkmale.

Als C. H. WADDINGTON diese Überlegungen von E. MAYR kommentierte, stimmte er mit dem überein, das sich auf die Unannehmbarkeit der teleologischen oder vitalistischen Erklärungen und die Notwendigkeit „teleologischer", oder wenn man einen von ihm eingeführten Terminus benutzen will, „quasiteleologischer" Erklärungen, bezieht. Er stimmte MAYR jedoch nicht zu, daß die natürliche Auslese kein zielgerichteter Prozeß sei. Selbstverständlich sei er nicht stärker zielgerichtet als der Prozeß der chemischen Verbindung zwischen Atomen. Aber Ähnliches wie dem zuletzt genannten Prozeß liege den Eiweißsynthesen zugrunde, die ihrerseits in einem quasiteleologischen Mechanismus vereinigt sind, der sich aus der Entwicklung ergibt, wobei die natürliche Auslese der Hauptmechanismus eines anderen quasiteleologischen Prozesses, der Evolution, ist. Hier sei es notwendig, die neuen Vorstellungen über die Natur der quasiteleologischen Mechanismen anzuwenden, um das Verständnis für die Evolutionsprozesse zu vertiefen.[12]) In Anlehnung der Teleologie versuchte WADDINGTON die „quasiteleologische“ Erklärung der biologischen Prozesse im Rahmen des Materialismus (nach seiner Terminologie „Mechanismus“) zu interpretieren, wobei er sogar voraussetzte, daß das „allgemeine System von Vorstellungen, das sich abzuzeichnen beginnt ... in einem gewissen Grade der marxistischen dialektischen Philosophie nahesteht. ... Diese Vorstellungen entsprechen, wie mir scheint, in einem höheren Grade den dialektischen Konzeptionen von MARX und ENGELS als dem üblichen vulgärmaterialistischen Herangehen an die Probleme der Biologie.“[13])

So haben sich die Termini „Teleonomie“ und „Quasiteleologie“ als Alternative zur teleologischen Auslegung der Kausalität im Sinne des Finalismus entwickelt. Im wesentlichen beschreiben sie kausale Zusammenhänge, die in der Sprache der Kybernetik durch die Begriffe Programm und Rückkoppelung ausgedrückt werden, d. h. als zyklische, rückgekoppelte Kausalität, die eine Prädetermination des Ergebnisses der Einwirkung und dementsprechend eine Orientierung des Verhaltens einschließt. Man kann natürlich darüber streiten, ob diese Termini geeignet sind, die im allgemeinen nicht völlig mit den Ausgangsbegriffen der Teleologie brechen. Das Bestreben, sich von ihr abzugrenzen, ist jedoch klar, wie auch das, sich ein Hilfsmittel zur Untersuchung komplizierter Systeme mittels einer Analyse der Zielgerichtetheit zu bewahren.

Das ist nur ein Beispiel für die Kompliziertheit der

methodologischen Probleme der modernen Genetik und die Bedeutung der dialektischen Methode für ihre Analyse. Ausdrucksvoller jedoch zeichnet sich die Verbindung zwischen Dialektik und Genetik in der Sphäre der Wechselwirkungen der Methoden der genetischen Forschung als System ab. Die Betrachtung dieses Problems ist Aufgabe des folgenden Kapitels.

Kapitel VI.

Die Dialektik und das Methodensystem der modernen Genetik

Die Genetik befindet sich auf dem Wege zur Enträtselung der verborgensten Geheimnisse der lebenden Materie. Sie eilt auf sie zu, indem sie neueste Forschungsmittel und -methoden anwendet, deren Entwicklung und Anwendung mannigfaltige neue theoretisch-gnoseologische Probleme hervorbringen, die dialektisch-materialistisches Herangehen erfordern, und dazu zwingen, in vielem auch die Art des genetischen Wissens neu zu betrachten, das mit ihrer Hilfe gewonnen wurde.

Das dialektisch-materialistische Herangehen ermöglicht es, verhältnismäßig klar einige Etappen in der Entwicklung der Erkenntnis des Wesens von Vererbung und Variabilität zu unterscheiden. Die hauptsächlichen Kennzeichen des Standes der Genetik in diesen Etappen erweisen sich als direkt von den Forschungsmethoden abhängig, die die dominierende Rolle im sich historisch verändernden System der Methoden spielen. Das ermöglicht es, die Haupttendenzen des wissenschaftlichen Fortschritts und seine wichtigsten Besonderheiten in der jetzigen Etappe klarer zu erkennen. Dementsprechend kann man auch die objektive Bedeutung der philosophischen Interpretation bewerten, die die Errungenschaften der Genetik seit den Arbeiten MENDELS erfahren haben und erfahren. In den Anfangsetappen der historischen Entwicklung der Genetik (speziell beim Mendelismus) spielten bekanntlich die rein morphologischen Arbeitsweisen die entscheidende Rolle, wobei sich die formalen Methoden der Untersuchung der Gesetzmäßigkeiten der Vererbung und ihrer Veränderungen (Zahl, Form, Wechselbeziehungen der Chromosomen und Merkmale) als die wichtigsten erwiesen. Die Methodologie der Genetik beruhte auf dem Vergleich der Fakten des Kreuzungsexperiments (Analyse der Hybridisation), in deren Verlauf die Verteilung der elterlichen Merkmale unter der Nachkommenschaft untersucht wurde (hinsichtlich Ähnlichkeit und Verschiedenheit, auftretenden Veränderungen und „Überresten“).

Das auf diesem Wege gewonnene klare Bild der Merkmalsverteilung ermöglichte es nicht nur, einige Gesetzmäßigkeiten zu formulieren (die MENDELschen Gesetze) und die Diskretheit des genetischen Materials zu postulieren, sondern auch auf dieser Grundlage Wahrscheinlichkeitsvorhersagen zu machen. Dementsprechend erfuhren vor allem die mathematischen Methoden der Statistik, die mit diskreten Elementen operiert, eine große Entwicklung in der Genetik.

Diese formale Methodologie des Mendelismus ohne Berücksichtigung einer qualitativen biologischen Interpretation war jedoch ihrem Wesen nach begrenzt. Das beeinflußte die vor allem zu jener Zeit herrschenden Konzeptionen des Gens sowie der Natur und der Ursachen der erblichen Veränderungen. Diese Methodologie ermöglichte nur mittelbare Schlüsse über Gene und Mutationen aufgrund der Analyse ihrer Wirkungen auf den Organismus, die phänotypischen Merkmale, zu ziehen.

Die quantitativ-analytische Methode wurde bereits zu Beginn unseres Jahrhunderts durch neue Arbeitsweisen modifiziert und ergänzt, als die „zweite Entdeckung“ der Mendelschen Gesetze erfolgte. Es ist charakteristisch, daß sie zu der Zeit bekannt wurden, als Theorie und Methode der Genetik das Niveau der Zelle einbezog. Die zytologische Analyse der Veränderungen an den Chromosomen, ihre Gegenüberstellung mit den Daten über die Veränderungen der Merkmale und ihr gegenseitiges Verhältnis erlaubten es, die relative Anordnung der Orte der einzelnen Gene zu bestimmen und erweiterte die Vorstellungen von dem Charakter der Mutationen.

Damit war die Grundlage für eine neue Methode der genetischen Forschung geschaffen, in deren Prozeß die Ergebnisse der Hybridisation und der zytologischen Methode verglichen wurden, wobei der Rahmen der morphologischen Arbeitsweisen damals noch nicht überschritten wurde und gleichzeitig die Arbeitsweise bis zu einem gewissen Grade formal blieb, da es unmöglich war, direkt mit dem genetischen Material, dessen Untersuchung die konkrete materielle Natur der Gene enthüllte, auf molekularem Niveau zu experimentieren. Die Verwirklichung dieser Möglichkeit in den folgenden Jahren bedeutete daher eine echte Revolution in der Genetik, mit der die rein morphologische, formale Arbeitsweise zum Anachronismus wurde.

Diese wissenschaftliche Revolution, die Ende der 30er Jahre begann und sich bis heute fortsetzt, war vor allem mit einer Erweiterung der Sphäre der experimentellen Untersuchungen durch die intensive Einführung physikalisch-chemischer Methoden in die Genetik verbunden, wodurch eine Vertiefung der traditionellen Arbeitsweisen und eine Vereinigung der funktionellen und strukturellen Betrachtung des Objekts auf dem Boden der Untersuchung seiner elementaren Wechselwirkungen, seiner „fundamentalen" Komponenten und Mechanismen ermöglicht wurde. Die Feststellung der chemischen Natur und der physikalischen Struktur des Gens und der Mutationen ist in Zusammenhang mit den Erfolgen bei der Untersuchung der Nukleinsäuren (DNS und RNS) und der intrazellulären Prozesse der Biosynthese des Eiweißes ein direktes Ergebnis der Anwendung dieser neuen Methoden.

Die theoretisch-gnoseologische Bedeutung der physikalisch-chemischen Methoden in der Genetik besteht darin, daß sie es ermöglichen, die kolossalen technischen und methodischen Mittel, mit denen die moderne experimentelle Forschung ausgerüstet ist, auf dem neuen Niveau der primären Wechselwirkung der Mikrokomponenten der lebenden Systeme einzusetzen. Das betrifft vor allem die Elektronenmikroskopie, das Differentialzentrifugieren, die Mikroradiographie usw.

Das genetische Material wird jetzt mit vollständiger Nutzung aller Vorteile untersucht, über welche die experimentelle Methode im Vergleich zu den Methoden verfügt, die auf einfacher Beobachtung und Vergleich der Erscheinungen beruhen, die im Verlauf der Untersuchungen keiner künstlichen Deformierung ausgesetzt sind. Die lebenden Systeme werden im Experiment einer zielgerichteten Untersuchung unter vielfältigen Bedingungen, einer vertieften Analyse und einer Isolierung vor störenden Einflüssen usw. unterzogen, wobei alles das mit strenger Kontrollierbarkeit und quantitativer Meßbarkeit durchgeführt wird, wodurch das Experiment auch in der Genetik zur exakten Untersuchung wird.

Die physikalisch-chemische Untersuchung der submikroskopischen Strukturen und Prozesse der lebenden Zelle, die die Grundlage für Vererbung und Variabilität sind, befindet sich gegenwärtig in einem Stadium, in dem buchstäblich jeder Tag neue Ergebnisse bringt, darunter auch über die Entwicklung dieser Art von Experiment selbst, in deren Verlauf nicht nur eine Verbesserung der Technik und der Methodik der analytischen Hilfsmittel der Untersuchung lebender Systeme stattfindet, die mit einer Zerstörung des Ganzen verbunden sind, sondern auch der ganzheitlichen Untersuchung der biologischen Prozesse, des Experiments in vivo.

Das letztere wird dank der Fortschritte der Elektronenmikroskopie, der Anwendung der Methode der Isotopenindikatoren, der paramagnetischen Resonanz, der Molekularspektroskopie usw. möglich.

Obwohl die Anwendung chemischer Methoden, die zur Schaffung der biochemischen Genetik geführt hat, aber auch bestimmter der Physik entlehnter Arbeitsweisen und Ideen, Hilfsmittel der Forschung, bereits vor langer Zeit begann, wurden qualitativ neue Formen erst im letzten Jahrzehnt eingeführt. Wir wollen nicht im Einzelnen auf die Ergebnisse der Anwendung physikalisch-chemischer Methoden in der Genetik eingehen, da wir ja die besonders wichtigen bereits oben betrachtet haben, sondern unsere Aufmerksamkeit auf die theoretisch-gnoseologischen Probleme konzentrieren, die im Zusammenhang mit der Anwendung dieser Methoden entstehen. Man muß vor allem erwähnen, daß die methodologische „Umrüstung", die sich während des letzten Jahrzehnts in der Genetik besonders stürmisch entwickelt hat und bereits heute bedeutsame theoretische und experimentelle Resultate erbringt, nicht nur mit den bekannten Modifikationen einhergeht, sondern auch zum Teil mit einem radikalen Brechen mit traditionellen Begriffen, qualitativen Auffassungen vom Wesen und den Aufgaben, dem Charakter der wissenschaftlichen Untersuchung lebender Systeme. Das fand (und findet auch noch heutzutage, da ja der erwähnte Prozeß in der Wissenschaft nicht abgeschlossen ist) seine widerspruchsvolle gnoseologische Widerspiegelung, die sich unterschiedlich und gelegentlich ihrem Wesen nach gegensätzlich in der philosophischen Interpretation der gnoseologischen Bedeutung neuer, besonders physikalisch-chemischer Methoden und der Sphäre ihrer Anwendbarkeit, ausdrückt.

Noch vor gar nicht so langer Zeit rechnete man die Biologie kategorisch zu den Wissenschaften, die nicht zur exakten Erkenntnis von Gesetzmäßigkeiten gelangen. Daher war man auch der Ansicht, daß die experimentelle Methode hier keine so umfangreiche Anwendung erfahren könne wie etwa in der Physik oder der Chemie. Die breite und vielfältige Nutzung der experimentellen Formen der Untersuchung lebender Systeme besonders während der letzten Jahrzehnte macht diesen eigenartigen Agnostizismus zum Anachronismus. Seine Rezidive jedoch, die in verschiedenen Formen auftraten, vor allem als Zweifel an der Möglichkeit bei der Untersuchung lebender Systeme physikalisch-chemische Methoden anzuwenden, blieben lange Zeit spürbar und sind auch jetzt noch nicht vollständig überwunden.

Als allgemeine philosophische Grundlage für die Verneinung der heuristischen Effektivität der Anwendung neuer Methoden dient der Appell an die qualitative Spezifik der lebenden Systeme, die niemals genau definiert worden ist, aber immer den Bewegungsformen der Materie, die „niedriger“ sind als die „biologische“, gegenübergestellt wurde. Dabei wurde das Verbot des sogenannten „krampfhaften Zusammenziehens“ des Lebens sehr vereinfacht aufgefaßt, als Ausschluß der physikalisch-chemischen und anderer unspezifischer Methoden aus dem Arsenal der gnoseologischen Mittel der Genetik. Diese Arbeitsweisen bilden, so meinte man, die „Peripherie“ der Wissenschaft und ihre Bewertung wurde bei uns in die Sphäre der metaphysischen Spekulationen verlegt, weit entfernt von den grundlegenden methodologischen Problemen der modernen Genetik. Wir beziehen uns nicht darauf, sondern wollen realere Probleme betrachten, die durch die Kompliziertheit der Anwendung physikalisch-chemischer Methoden in der Genetik wissenschaftlich begründet sind.

Die Dialektik legt hier eine zweifache Aufgabe fest: einerseits das Erschließen des vollen Zugangs für die intensive Nutzung der Methoden der Chemie und Physik bei der Erforschung lebender Systeme, andererseits das Auffinden der methodologischen Prinzipien, die die Formen ihres effektiven Funktionierens bei der Erkenntnis des Wesens der Vererbung und der Variabilität als biologische Erscheinungen bestimmen, wobei diese Methoden folglich durch den Rahmen ihrer tatsächlichen Anwendbarkeit in der Genetik begrenzt werden. Jetzt kann man kaum noch daran zweifeln, daß diese theoretisch-gnoseologischen Grenzen bestehen, obgleich sie sich in Verbindung mit der Verbesserung der physikalisch-chemischen Methoden wie auch als Ergebnis der Entwicklung der Genetik selbst ständig verändern. Es ist bewiesen, daß, obgleich die lebende Natur aus den gleichen Atomen aufgebaut ist wie die nichtlebende, und nicht aus irgendwelchen besonderen „vitalen“ elementaren Wechselwirkungen, sie doch nicht einfach eine quantitative

Komplizierung der molekularen Organisation und der chemischen Prozesse darstellt, die in der nichtlebenden Natur ablaufen.

Bereits ENGELS sagte, daß sich die Bewegungsform der Materie im Organismus von der mechanischen, der physikalischen und der chemischen dadurch unterscheidet, daß sie diese in einer höheren Form enthält[1]). Die lebenden Systeme sind so organisiert, daß sich einige ihrer Eigenschaften als unerklärbar erweisen, wenn man versucht, sie auf rein physikalische, chemische usw. zurückzuführen, auf elementare Formen und Erscheinungen im Bereich der molekularen Wechselwirkungen. So verwirklichen sich z. B. sogar die Grundfunktionen der Eiweiße und Nukleinsäuren nicht auf Grundlage des „reinen Chemismus", sondern in ihrer zellulären Organisation, d. h. in strukturellen Formen, die spezifisch für das Leben sind.

Bedeutet das, daß das die Methode der Chemie und Physik dementsprechend in der Genetik auf „höherer Art" effektiv sein können? Wie kann man sich das real vorstellen, wenn man an den Prozeß ihrer Anwendung denkt? Eine eindeutige Antwort auf diese sehr fundamentale, und, nach unserer Ansicht, rein philosophische, methodologische Frage hat die Wissenschaft bisher nicht gegeben. Daher ist es hier angebracht, daß wir uns mit der Betrachtung verschiedener (manchmal widersprüchlicher) Gesichtspunkte beschäftigen. Die Dialektik bestimmt nur die allgemeinen „Parameter" der Tauglichkeit einer wissenschaftlichen Auffassung eines Problems, die Grenzen, innerhalb derer dieser oder jener Gesichtspunkt methodologisch zuständig ist, aber nicht ihren konkreten naturwissenschaftlichen Inhalt, so weit er in diesen „Parametern" enthalten ist.

Die dialektische Arbeitsweise bestimmt die Grenzen der Wissenschaft, jenseits derer nicht nur der Neovitalismus, sondern auch die modernisierten und auf einen neuen Boden „transplantierten" Formen des Neomechanizismus, die jetzt als „Chemizismus" oder „Physikalismus" auf molekularer und quantenmechanischer Ebene in Erscheinung treten. Unannehmbar erscheint daher der Gesichtspunkt, den B. RUSSEL wie folgt umschreibt: „Die Begründungen, wenn sie auch nicht entscheiden, haben die Tendenz zum Beweis, daß alles, was die lebende Materie unterscheidet, sich auf Chemie, und letzten Endes auf Physik zurückführen läßt. Die Grundgesetze, die die lebende Materie regieren, sind aller Wahrscheinlichkeit nach die gleichen, die auch das Verhalten der Wasserstoffatome bestimmen, und vor allem die Gesetze der Quantenmechanik."[2]) Und weiter: „Es gibt keinen Grund für die Annahme, daß die lebende Materie durch andere Gesetze regiert wird als die unbelebte Materie und es gibt ernsthafte Gründe für den Gedanken, daß alles im Verhalten der lebenden Materie theoretisch in den Termini der Physik und der Chemie erklärt werden kann."[3]) Dieser neomechanistische Standpunkt ist gegen den Vitalismus gerichtet, der irgend ein außerzeitliches „Wesen" (Entelechie u. a.) postuliert, daß die lebende Materie zu dem macht, was sie ist, im Gegensatz zu einer Summe mechanischer, physikalischer und chemischer Gesetze der anorganischen Natur. Er berücksichtigt jedoch nicht das Auftreten dieser Gesetze in einer „höheren Einheit", einer neuen Qualität ihrer Wirksamkeit in der Sphäre des Lebens. Dadurch verschwindet im wesentlichen das Problem der Anwendung der physikalisch-chemischen Methoden selbst, besonders in der Genetik, da sie ja von der Chemie und der Physik „aufgesaugt" wird.

Ein solches Herangehen hatte und hat eine sehr große Verbreitung, aber wird vielleicht häufiger philosophisch formuliert als daß es im Verlauf konkreter Forschungen praktisch in Erscheinung tritt. „Die Molekularbiologie", schreibt M. IČAS, „wird häufig als Kulminationspunkt in der Entwicklung der ‚reduktionistischen' Konzeption angesehen, die das gesamte Wesen des Lebens auf die Chemie und Physik zurückführt. Natürlich fügt sie vom Standpunkt der formalen Logik den philosophischen

Argumenten von DESCARTES nichts hinzu und unterscheidet sich in nichts von ihnen: im Prinzip ist es vollkommen gleichgültig, ob wir den Organismus als molekulare oder hydraulische Maschine betrachten werden. Rein psychologisch jedoch stärkt die Molekularbiologie die Position der Reduktionisten kräftig. Man kann auch leicht eine praktische Schlußfolgerung ziehen: wenn das ganze Leben bald nur noch aus Molekülen und sonst weiter nichts besteht, dann ist der Gegenstand der Biologie offensichtlich bereits erledigt, mit Ausnahme einiger Details, die noch festgelegt werden müssen.

Daher kann sich die Tatsache als eine Ironie des Schicksals (eine Erscheinung, die aus der Geschichte der Wissenschaft bekannt ist!) erweisen, daß im Moment des Triumphes des Reduktionismus die Stimmen der Vertreter des entgegengesetzten Standpunkts mit besonderer Kraft zu erschallen beginnen. Es ist unmöglich, ihnen Argumente ad hominem entgegenzustellen, denn die Einwände stammen ... von vollkommen ehrbaren Physikern, die offensichtlich fühlen, daß, sobald das ganze Problem in die Sphäre ihrer Kompetenz übertragen wird, sie mit Recht fordern, daß es auch in der Sprache der Physik behandelt wird.

Die Einwände gegen den naiven Reduktionismus, die mehr oder weniger philosophischen Charakter tragen, kann man mit einigen Beispielen illustrieren.“[4]) Dabei bekräftigt IČAS seine Argumente durch Hinweise auf H. PATTEE, der nachzuweisen versucht, daß die Beteuerungen, der Möglichkeit, biologische Erscheinungen in den Termini der Physik zu beschreiben nicht überzeugend sind.[5]) Ein anderes Beispiel ist der Standpunkt von ELSASSER, der die Ansicht vertritt, daß es irgendwelche autonomen „biotischen Gesetze“ geben müsse. Diese Gesetze würden der Quantenmechanik nicht widersprechen, aber sie seien deshalb nicht weniger autonom, da es im Prinzip unmöglich sei, lebende Systeme durch die Kriterien zu charakterisieren, die es ermöglichen, das Verhalten physikalischer Systeme vorherzusagen.[6])

Im allgemeinen ist ein solches Herangehen auch für bedeutende Biologen charakteristisch, welche die ganze Kompliziertheit der Erkenntnis des Wesens des Lebens, der Vererbung und der Variabilität als Erscheinungen des Biologischen erfassen. So sah E. S. BAUER, einer der Pioniere der breiten und originellen Anwendung physikalisch-chemischer Ideen und Arbeitsweisen in der Biologie, die von ihm auch in methodologischer Hinsicht vom Standpunkt der Dialektik gesehen wurden, klar nicht nur, wie die „Gesetze der Chemie und Physik ihre volle Gültigkeit auch für das Lebewesen behalten", sondern auch, worin sie, entgegen der Meinung der Mechanisten, sich nicht vollkommen für die Sphäre des Lebens eignen. Sonst wäre, schrieb BAUER, die Biologie „nur eine angewandte Physik oder Chemie und könnte in wissenschaftlicher Hinsicht nichts Neues hervorbringen, da sie ja nur die Bestätigung der allgemeinen Gesetze der Physik und Chemie in verschiedenen speziellen Fällen und unter speziellen Bedingungen fände."[7])

BAUER vertiefte zudem die philosophische Kritik des Mechanizismus, indem er darauf hinwies, daß dieser in seiner „orthodoxen biologischen Form qualitative Sprünge verneint. In den Erscheinungen des Lebens sieht er nur eine kompliziertere Physik und Chemie, die keine spezifischen Gesetze besitzt, die sie von der Physik auch der anorganischen Natur unterscheiden."[8]) Die endgültige Schlußfolgerung daraus: „Das lebende System ist nicht nur die Summe der Ionen und Moleküle, sondern infolge ihrer besonderen Lokalisation stellt es eine Gesamtheit dar, die auch ihre eigenen besonderen Gesetzmäßigkeiten hat. So", schlußfolgert BAUER, „erkennt die Dialektik der Natur an, daß jedes Gesetz der Natur, auch wenn es allgemein wirksam ist, ein begrenztes Gebiet der Anwendung hat."[8])

Ähnliche methodologische Positionen verteidigte in diesen Jahren faktisch, wenn auch mit anderen allgemeinphilosophischen Begründungen ebenfalls M. HARTMANN, der das in einer seiner Arbeiten folgendermaßen beschrieb: „Die Biologie ist keine angewandte Physik oder Chemie, sondern eine selbständige Wissenschaft, die nicht nur ihre eigenen Objekte, sondern ihre besonderen Gesetze aufweist ... Die Aufgabe der Kausalforschung in der Biologie ist ja nicht die Zurückführung des biologischen Geschehens auf physikalisch-chemische Vorgänge, sondern die Ermittlung der spezifischen Gesetze der Komplizierung, die das Wesen dieser besonderen, individualisierten Naturkörper bestimmen."[11])

Man kann sich auch noch auf die Meinung eines zur damaligen Zeit bedeutenden Theoretikers der Biologie berufen, der in der Folgezeit seine Tätigkeit den Problemen der Methodologie der wissenschaftlichen Erkenntnis und der Erarbeitung einer allgemeinen Systemtheorie widmete — L. v. Bertalanffy.[12]) Er lehnte den Vitalismus wie den Mechanizismus ab und vertrat die Ansicht, der ganze organische Prozeß müsse kausal beschrieben werden.[13]) Eine volle Beschreibung durch die Methoden der Chemie und Physik ist jedoch nach seiner Meinung unmöglich, vielmehr sei es notwendig diese durch eine ganzheitliche, systemische Betrachtung zu erweitern.

Vollkommen klar formulierte T. H. Morgan seinen Standpunkt zu dieser Frage. Er betonte, daß die Haupteigenschaft der experimentellen Methode darin bestünde, „daß komplizierte Erscheinungen analysiert und zergliedert werden. Das kann entweder durch eine Beobachtung oder Feststellung des Verhaltens unter dem biologischen Gesichtspunkt oder durch eine Lösung des Problems durch physikalisch-chemische Formeln geschehen."[14]) Zu den Experimenten, die auf rein biologischer Ebene blieben, rechnete Morgan die Untersuchung der bedingten Reflexe durch I. P. Pawlow und seine Analyse der Gesetze der Vererbung, die ihre Erklärung in den Gesetzen des Verhaltens der Chromosomen und des Ausschlusses aus ihnen findet. Obwohl er dieser Form der experimentellen Untersuchungen große Bedeutung beimaß, vertrat er jedoch die Ansicht, daß es „mehr als Kurzsichtigkeit wäre, wenn die Biologen auf die Anwendung physikalischer und chemischer Erkenntnisse bei der Lösung ihrer Probleme verzichten würden, besonders wenn die biologische Forschung ein Stadium erreicht hat, in dem chemische und physikalische Analysen möglich werden."[15])

Der Standpunkt MORGANS unterscheidet sich vollkommen von der mechanistischen Ansicht von der „Unbestimmtheit" der Sphäre der Anwendbarkeit chemischer und physikalischer Methoden in der Biologie. „Die moderne Biologie", schreibt er, „beruht auf Voraussetzungen, die manchmal als Ergebnis umfangreicher Erfahrungen in die Überzeugung übergehen, daß die Eigenschaften der Lebewesen die Folge ihres chemischen und physikalischen Gehalts und ihrer Struktur sind. *Das ist nicht identisch mit einer Bestätigung dafür, daß alle Eigenschaften der Lebewesen durch die bekannten Gesetze der Chemie und Physik erklärt werden können;* sondern die Arten der Reaktionen, die in der lebenden Materie ablaufen, hängen in gleichem Maße von dem Charakter des Systems ab, in dem sie vor sich gehen wie auch die Reaktionen der unbelebten Materie in unterschiedlichen Systemen."[16])

MORGAN widersprach dem „Organizisten" WHITEHEAD und vertrat die Ansicht, daß das in letzter Zeit zu beobachtende Interesse, biologische Erscheinungen auf physikalisch-chemische zurückzuführen unvernünftig sei oder eine untergeordnete Bedeutung habe, weil Chemie und Physik der Moleküle und Atome im Organismus etwas von ihrem Verhalten oder wenigstens von ihren Beziehungen außerhalb dieses Systems Verschiedenes seien. „Das", bemerkte MORGAN, „bedeutet, wie ich meine, nicht, daß die Gesetze der Chemie und Physik hier außer Kraft gesetzt werden, sondern daß es neue Gesetze und Beziehungen gibt, und diese untersucht der Biologe . . . Aber wenn Physik und Chemie zu irgendeiner allgemeinen Übereinstimmung kommen und bereit sein werden, eine Arbeitstheorie hinsichtlich der Materie in Systemen vorzulegen, mit denen es die Biologen zu tun haben, dann werden letztere zweifellos gern die neue

Chemie und Physik annehmen und auf ihrem Gebiet nutzen."[17]) Zu dieser Zeit war die Physik noch nicht imstande, eine Theorie vorzuschlagen, welche die Biologen zufriedenstellen konnte, sei es auch nur als Arbeitshypothese. Das wurde bekanntlich etwas später möglich, als nicht nur die Physik, sondern auch die Genetik einen komplizierten Entwicklungsweg zurückgelegt hatte, der sie zu der Notwendigkeit geführt hatte, die materiellen Grundlagen der Vererbung und der Variabilität auf der molekularen Ebene zu untersuchen. Die Bewegung in dieser Richtung begann jedoch und entwickelte sich intensiver. Sie erhielt dabei keine ihrem wissenschaftlichen Wert entsprechende philosophische Widerspiegelung.

Beispielsweise versuchte N. Bohr, vor allem in seinen frühen Arbeiten, das Problem der Anwendung physikalisch-chemischer Methoden bei der Untersuchung von Strukturen und Funktionen der lebenden Systeme zu interpretieren, wobei er von einer in den Vordergrund geschobenen philosophischen Verallgemeinerung des Unbestimmtheitsprinzips zum allgemeinen „Prinzip der Komplementarität" ausging. Entsprechend dem letzteren Prinzip betrachtete Bohr die Erscheinungen des Lebens als etwas den quantenmechanischen Prozessen prinzipiell Identisches und vertrat die Ansicht, daß im Falle einer gleichzeitigen Anwendung physikalisch-chemischer und biologischer Methoden ein fundamentaler Widerspruch entstünde: einerseits könne kein Ergebnis der biologischen Forschungen anders beschrieben werden als aufgrund der Begriffe der Chemie und Physik[18]), aber andererseits sei das Leben das grundlegende Postulat der Biologie, das keiner weiteren Analyse unterläge.[19])

Mit anderen Worten: die physikalisch-chemischen Methoden sind nach Bohr „komplementär" zu den biologischen, d. h. wenn sie ihnen auch nicht widersprechen, so erweisen sie sich doch als prinzipiell unvereinbar, einander ausschließend. Bohr präzisierte später seinen Standpunkt, indem er seinen agnostischen

Charakter etwas veränderte und vor allem die Lösung des Problems aus dem Bereich der Postulate und Prinzipien in den Bereich der praktischen Wirklichkeit des Erkennens übertrug. Er bezog sich auf den Grad der Kompliziertheit der biologischen Systeme als ganzheitliche Gebilde, die nun eine „Komplementarität" der biologischen und der physikalisch-chemischen Methoden bedingen sollte.

Zum anderen kam E. SCHRÖDINGER[20]) zu dieser Frage, der seine Aufmerksamkeit besonders darauf konzentrierte, wie er mit Hilfe der Methoden der neuen Physik die Erscheinungen des Lebens beschreiben, den Mechanismus der Vererbung und der Variabilität erforschen könnte, um gleichzeitig ihre qualitative Spezifität, ihre ungewöhnliche Struktur und funktionelle Kompliziertheit zu untersuchen. Selbstverständlich erscheint vieles von den Vorstellungen SCHRÖDINGERS vom heutigen Standpunkt vereinfacht und abstrakt, der Versuch, jedoch, systematisch und vertieft grundlegende Konzeptionen der Methoden der Physik und Biologie, besonders für die Genetik, aufzustellen, hatte vielleicht einen größeren heuristischen Effekt als irgendwelche konkreten Entdeckungen auf diesem Gebiet.

Als außerordentlich fruchtbar erwies es sich z. B., daß die Frage nach einer breiten Anwendung quantenmechanischer Prinzipien bei der Untersuchung der Prozesse des Lebens gestellt wurde. SCHRÖDINGER entwickelte die Idee einer physikalischen Diskussion der äußerst hohen Organisiertheit der Organismen in Verbindung mit ihrer Umwelt, der Prozesse der Selbstregulation und Selbstreproduktion. Er lenkte die Aufmerksamkeit auf die Möglichkeit, genetische Faktoren auf der molekularen Ebene zu untersuchen, wobei er die Ansicht vertrat, daß bestimmte molekulare Strukturen der Zelle, vor allem die Chromosomen, die Kontinuität, das gesetzmäßige Ablaufen der biologischen Prozesse sichern. „Die erstaunliche Gabe eines Organismus, einen ‚Strom von Ordnung' auf sich zu ziehen und damit den

Zerfall in atomares Chaos auszuweichen, aus einer geeigneten Umwelt ‚Ordnung zu trinken'", schrieb SCHRÖDINGER, „scheint mit der Anwesenheit der ‚aperiodischen festen Körper', der Chromosommoleküle, zusammenzuhängen, die zweifellos den höchsten uns bekannten Ordnungsgrad von Atomverbindungen zeigen. Die Geordnetheit ist hier bedeutend höher als bei den normalen periodischen Kristallen, da jedes Atom und jedes Radikal hier eine ganz individuelle Rolle spielt."[21]) SCHRÖDINGER entging in seinen kühnen und fruchtbaren Analogien vielen mechanistischen Vereinfachungen nicht (das bezieht sich u. a. auf die von ihm entwickelten Vorstellungen von dem Träger des Lebens als aperiodischem Kristall). Viele seiner konkreten Lösungen (z. B. der Frage nach den Ursachen der Reguliertheit lebender Systeme) wurden später zum Teil präzisiert, zum Teil fallen gelassen. Trotzdem sind seine Verdienste auf diesem für die Physik neuen und ungewohnten Gebiet unbestreitbar. Wie A. A. MALINOWSKIJ hervorhob, „hat SCHRÖDINGER durch seine wertvollen Versuche einen großen Schritt zur Einführung und Anwendung der exakten theoretischen Methoden, die schon lange für die Physik charakteristisch sind, in die Biologie getan, aber (wenn man von den statistischen Methoden der Aufbereitung des Materials absieht) sich nur episodisch und großenteils in speziellen Arbeiten einen Weg in die Wissenschaft vom Leben gebahnt hatten. Man muß besonders betonen, daß SCHRÖDINGER, ungeachtet seiner mechanistischen Methodologie zu einer zentralen Vorstellung, zu einem dialektischen Gedanken über den spezifischen, qualitativen Unterschied des Lebenden vom Nichtlebenden kommt, obwohl er diese Spezifität nur auf die physikalische Organisation des Lebenden begrenzt."[22])

Der Mechanizismus, der in vielen Standpunkten und Vorstellungen SCHRÖDINGERS in Erscheinung tritt, und auch die idealistische Begrenztheit seiner allgemeinen philosophischen Positionen riefen eine entschiedene

Kritik durch verschiedene Genetiker, besonders durch H. Muller und J. B. S. Haldane hervor. Sie betonten gleichzeitig die große Fruchtbarkeit der Ideen und Standpunkte Schrödingers für die Genetik, da diese Ideen und Standpunkte Perspektiven für ihre Entwicklung auf der molekularen Ebene, für die Untersuchung der grundlegenden Wechselwirkungen, der physikalisch-chemischen Grundlagen der Vererbung und der Variabilität lebender Systeme, eröffneten.

Jetzt wurde die Feststellung, daß die qualitative Spezifik lebender Systeme tatsächlich nicht einer unmittelbaren Zurückführung auf die physikalisch-chemische und daher mehr mechanischen Gesetze zugänglich ist, zu einem trivialen Fakt. Aber bedeutet das, daß man die Anwendung physikalisch-chemischer Methoden in der Genetik speziell so auffassen muß? Indessen stellen die Gegner dieser Methoden die Angelegenheit auf eine so vereinfachte Art dar. Die Wissenschaft hat jedoch bereits die Antwort auf diese Frage gegeben, und sie schließt alle beliebigen realen Gründe für einen Zweifel aus.

Die neuen Methoden erweisen sich als effektives Mittel der biologischen Forschungen, als gesetzmäßige Ergebnisse der Wechselwirkungen zwischen den Wissenschaften und ihrer inneren Entwicklung, der Entwicklung des Experiments und anderer Formen der Erkenntnis bei ihrer Anwendung in der Biologie. Es handelt sich, folglich, nicht um eine mechanische Herabziehung des Höheren auf das Niedere, sondern um eine Untersuchung tiefliegender Prozesse, „Details“ des Aufbaus und der Funktion der lebenden Systeme, ohne welche die qualitative Spezifik ein mystisches Gebilde bliebe, das der experimentellen Erkenntnis unzugänglich wäre. Eine solche Antwort der Naturwissenschaft stimmt auch vollkommen mit dem philosophischen Materialismus überein, wenn man ihn dialektisch auffaßt und nicht seine metaphysische Form nimmt, die den Umfang der biologischen Forschungen und Verallgemeinerungen begrenzt, auf dogmatische „Verbote“ orientiert.

Die dialektische Arbeitsweise ermöglicht es, die Sphäre und die Formen der Anwendbarkeit physikalisch-chemischer Methoden in der Genetik wissenschaftlich festzulegen, wobei sie von der Analyse des Grades der Analogie der Erscheinungen höherer Ordnung von den niederen ausgeht. Wichtig ist dabei die richtige Behandlung des Begriffs der Zurückführbarkeit. Wie B. M. KEDROW hervorhebt, „gebrauchen ihn die ‚Mechanisten' im Sinne einer Negierung der qualitativen Spezifik der höheren Bewegungsformen, ihrer vollkommenen Erschöpfung durch die Eigenschaften und Gesetze der niederen Form ... Eine vollkommen andere Bedeutung legen Wissenschaftler in das gleiche Wort hinein, wenn sie strukturelle und genetische Verbindungen zwischen dem Höheren und dem Niederen herstellen. Das Höhere wird nicht durch das Niedere erschöpft, sondern in struktureller und genetischer Hinsicht auf dieses zurückgeführt ... In diesem — strukturellen und genetischen Sinne — wird das Leben auf Chemie und Physik zurückgeführt, da ja die biologische Bewegung aus der chemischen und physikalischen entsteht und sich entwickelt, obgleich sie von ihnen in qualitativer Hinsicht nicht voll erfaßt wird.

In jedem Fall ist es notwendig, daß konkret verstanden wird, was jeweils gemeint wird: wird die Spezifik verneint, das qualitativ Eigenständige des Lebens, dann ist das tatsächlich Mechanizismus, oder wird die strukturelle und genetische Verbindung der höheren Form der Bewegung (der biologischen) mit der niederen (der chemischen und der physikalischen) anerkannt, dann ist das ein Fortschritt der Wissenschaft, ein Eindringen in das tatsächliche Wesen des Lebens, in seine physikalisch-chemische Grundlage."[23])

Das moderne biologische Wissen ist nicht homogen. Es ist das integrierte Ergebnis überaus spezialisierter Informationen, das aus Quellen unterschiedlicher Natur gewonnen wurde. Und es wäre unsinnig, diese einander entgegen zu stellen, wobei man die für „illegitim" erklärt, die unmittelbar keine „spezifisch biologische" Ausdrucksform haben. Das betrifft voll und ganz auch die Anwendung physikalisch-chemischer Methoden in der Genetik. Sie erhalten eine spezifisch biologische Bedeutung, wenn sie organisch auf den Komplex der allgemeinen Aufgaben bezogen werden, deren Lösung zur Klärung einer der Grundqualitäten der lebenden Systeme führt, der erblichen Kontinuität und der Variabilität ihrer Strukturen und Funktionen. Für die Methodologie der biologischen Wissenschaft entsteht jedoch die Frage, auf welchem Stadium der Forschung, unter Berücksichtigung welcher Aspekte des Objekts sich die Integration des Wissens vollzieht, das zum biologischen Wissen hinführt. Dabei kommt dem Problem der systemischen Organisation und der Organisationsebenen der lebenden Materie eine erstrangige Bedeutung zu, wobei die Notwendigkeit besteht, daß sich ein solches Vorgehen als heuristisch effektiv für die Erkenntnis der verborgenen Mechanismen dieser Prozesse erweist. Die Integration wird in einer „bedingten Linie von Maßnahmen" erreicht, die direkt und unmittelbar mit bestimmten Organisationsebenen der physikalisch-chemischen Prozesse verbunden sind, in denen grundlegende Eigenschaften gefunden werden, die den lebenden Systemen eigentümlich sind.

Etwas anders verhält es sich, wenn es sich um die Anwendung der physikalisch-chemischen Forschungsmethoden selbst handelt. Hier hat die qualitative Spezifik der Prozesse, die mit ihrer Hilfe untersucht werden, keine unmittelbare Bedeutung. Sie ist bei den Schlußfolgerungen zu berücksichtigen, aber nicht bei den Untersuchungen selbst. Eben das ermöglicht es, einerseits von einer Unbegrenztheit der biologischen Anwendung physikalisch-chemischer Methoden zu sprechen, und, andererseits, von dem Vorhandensein bestimmter Grenzen ihrer Anwendbarkeit, bedingt durch die gnoseologische Natur der Ergebnisse der physikalisch-chemischen Methoden.

In der Genetik wird das dadurch sichtbar, daß die physikalisch-chemischen Methoden eine unbegrenzte Anwendung bei der Untersuchung der Struktur und Funktion der Erbsubstanz auf molekularem Niveau erfahren. Aber diese Untersuchungen, wie detailliert sie auch sein mögen, umfassen die Fülle der Eigenschaften dieses Materials nicht und noch weniger die Erscheinungen der Vererbung und der Variabilität als Ganzes. Selbstverständlich handelt es sich in diesem Fall nicht einfach um eine Untersuchung der „Physik und Chemie des Lebenden", wie auch die physikalisch-chemische Untersuchung der genetischen Prozesse mit Notwendigkeit die qualitativ besondere Organisation dieser Prozesse berücksichtigen muß, unabhängig von der Ebene, auf der sie betrachtet werden.

Das bedeutet folglich, daß die physikalisch-chemischen Methoden, ähnlich wie es auch bei den Methoden der genetischen Analyse geschieht, wenn sie absolut „rein" betrachtet werden, irgendwelcher „Ergänzungen" bedürfen, durch neue Arbeitsmethoden bereichert werden müssen, damit sie auf molekularem Niveau und besonders auf den höheren Strukturebenen — des Organismus, der Population — effektiv funktionieren. Man kann hier von einer Entwicklung der physikalisch-chemischen Methoden bei ihrer Anwendung zur Analyse der genetischen Probleme sprechen, die sich auf eine höhere Organisationsebene der lebenden Materie beziehen. Jedoch könnte das auch ihre Bedeutung beträchtlich überschätzen lassen, die existierenden, aber nicht einheitlichen Elemente und die Aspekte des Objekts, die mit ihrer Hilfe verstanden werden, hypertrophieren.

Wie M. W. Wol'kenstejn bemerkt, ist „die dialektisch-materialistische Auffassung des Problems aussichtsreich und optimistisch", und, nach seiner Meinung „verspricht eine Vereinigung der Biologie mit der Physik und Chemie eine Klärung aller grundlegenden Erscheinungen des Lebens". Er sieht, wie viele andere Wissenschaftler auch, daß „die Erforschung dieses Gebiets erst beginnt. Auf der Karte sind einzelne Konturen eingetragen, wobei der Umfang der weißen Flecken unermeßlich größer ist als der Umfang des untersuchten Gebiets. Und was ist weiter dort verborgen, hinter den Säulen des Herkules?"[24])

Kann es schädlich sein, diese Probleme, speziell in der Genetik, nur mit Hilfe einzelner physikalisch-chemischer Methoden zu untersuchen, ganz gleich welche Entwicklung sie erfahren haben?[25])

Ohne die Frage nach dem gegenseitigen Verhältnis der einzelnen („traditionellen" und neuen) Methoden zu entscheiden, wollen wir die gnoseologischen Besonderheiten der Arbeitsweisen betrachten, die es ermöglichen, die physikalisch-chemischen Methoden zu „ergänzen". Diese Arbeitsweisen führen die genetische Erkenntnis näher an das Wesen der Vererbung und der Variabilität der Organismen, an ihre spezifischen Besonderheiten heran, die mit besonderen Formen der strukturell-funktionellen Organisation verbunden sind. Sie orientieren die Erkenntnis nicht nur auf die Zurückführung, sondern auch auf das Aufsteigen, auf die Synthese der Elemente bei der Untersuchung des untergliederten Ganzen, seiner Zusammenhänge und Beziehungen.

Bereits im Verlaufe der Anwendung der verschiedenen Methoden der genetischen Analyse ergab sich das Problem die gegenseitigen Beziehungen und Abhängigkeiten der Komponenten festzustellen, die an der erblichen Reproduktion der Organismen beteiligt sind (bezüglich der konstanten und der veränderlichen Komponenten). Es ist kein Zufall, daß man vor allem dabei auf genetische Systeme zu sprechen kam, und nicht auf isolierte „Faktoren" der Vererbung und ihre Wirksamkeit. Wie oben erwähnt wurde, müssen bei der biologischen Anwendung physikalisch-chemischer Methoden notwendige Bedingungen berücksichtigt werden, die durch die spezifische Organisation der lebenden Systeme bestimmt sind. Am Beispiel der Analyse der Ganzheit der biologischen Systeme, der Differenzierung und Integration ihrer Strukturen und Funktionen kann man sich davon überzeugen, welche Bedeutung das in der Genetik hat. Die Ganzheit ist jedoch nur eine der möglichen konkreten

Arten der Wechselwirkungen zwischen den Elementen der genetischen Strukturen und Funktionen, die durch den breiteren Begriff des Systems erfaßt wird.

Dementsprechend ist das systemische Herangehen eine allgemeine methodologische Richtung der Forschung, die auch die Betrachtung des Objekts vom Gesichtspunkt der gegenseitigen Beeinflussung des Ganzen und der Teile mit einschließt. Das systemische Herangehen beruht auf der dialektischen Vorstellung vom Zusammenhang und der gegenseitigen Beeinflussung der Objekte, die subordinierte und verhältnismäßig einheitliche Strukturen bilden. Karl MARX hat auf die allgemeine Bedeutung dieses Herangehens hingewiesen, als er einen höheren Typ der systemischen Organisiertheit am Beispiel der Gesellschaft analysierte. Seine Lehre von den sozialökonomischen Formationen, diesen systemischen Ganzheiten, die Strukturen der gesellschaftlichen Entwicklung bilden, ist das Vorbild einer konkreten Anwendung des systemischen Herangehens als einem der fundamentalsten Prinzipien der dialektischen Methode.

Dieses Prinzip fand auch in der Klassifikation der spezifischen Bewegungsformen der Materie, die von F. ENGELS durchgeführt wurde, seine Verwirklichung. Er erkannte nicht nur das Allgemeine, das eine beliebige (z. B. die biologische) Bewegungsform der Materie mit anderen verbindet, sondern auch in der Klassifikation, die — in moderner Terminologie — „strukturell-systemische" Untergliederung der Objekte innerhalb der einzelnen Materiearten.

Selbstverständlich erschöpfte dieses allgemeine systemische Herangehen, diese Idee der komplizierten (systemischen) Wechselwirkungen der Objekte, bei weitem nicht die Möglichkeiten des systemischen Herangehens in seinen spezifischen Formen, die ihren Platz in den Einzelwissenschaften haben, vor allem in der Biologie und in der Genetik, in denen dieses Herangehen während der letzten Jahrzehnte und sogar Jahre eine neue und besonders intensive Anwendung erfahren hat. Man darf die

Dialektik und das systemisch-strukturelle Herangehen keinesfalls einander entgegenstellen. Nur in Verbindung mit der Dialektik, die die allgemeine methodologische Grundlage dieses effektiven Hilfsmittels der Erforschung lebender Systeme, einer Errungenschaft der Dialektik in ihrer spontanen oder bewußten Form, bildet, gelingt es den Wissenschaftlern, durch die Vertiefung und Erweiterung der Auffassung von den komplizierten Systemen das systemische Herangehen in seiner spezifischen Anwendung in der Genetik einzusetzen. Davon zeugen nicht nur die allgemeinen Überlegungen, die wir mit dem Begriff der „Dialektisierung" der Wissenschaft verbinden, sondern auch die Tatsache, daß wir unter denen, die aktiv das systemische Herangehen entwickelt haben, Wissenschaftler finden, die auf der Position des dialektischen Materialismus stehen und ihn schöpferisch bei konkreten Forschungen anwenden (E. S. BAUER, I. I. ŠMAL'GAUZEN, N. W. SUKAČEW u. a.).

Gegenwärtig wird das systemische Herangehen wie in inhaltlicher Hinsicht (besonders in konkret-biologischer), so auch unter logischem Aspekt im Rahmen der allgemeinen Systemtheorie (Arbeiten von BERTALANFFY u. a.) erarbeitet. Wir wollen hier nur die erstgenannte Arbeitsrichtung betrachten und ihre Bedeutung für die Analyse genetischer Systeme. Sie bedeutet, daß das systemische Herangehen zum Gewinn neuen inhaltlichen Wissens über bestimmte Seiten des biologischen Objekts führt, das methodologisch als Prinzip und konkretes Forschungsmittel „gehandhabt" wird.

Dabei gewinnt die Definition des Begriffes der systemischen Organisation der biologischen Objekte selbst eine erstrangige Bedeutung. A. SZENT-GYÖRGYI, der hervorhebt, daß die Organisation eines der Grundprinzipien der Biologie ist, schreibt: „Das bedeutet, daß zwei Systeme, die eine bestimmte Weise aufgebaut sind, ein neues einheitliches System bilden, dessen Eigenschaften nicht additiv sind, und infolgedessen nicht als Eigenschaften der es bildenden Systeme beschrieben werden können. Wie sich Punkte zu Buchstaben verhalten, Buchstaben zu Wörtern, Wörter zu Sätzen usw., so vereinigen sich Atome zu Molekülen, Moleküle zu Organellen, Organellen zu Zellen usw. Jede Organisationsebene hat eine neue, eigenständige Bedeutung und eröffnet in ihr liegende Perspektiven und Möglichkeiten."[26])

Für unsere Ziele muß betont werden, daß, wenn man von Organisation spricht, hinsichtlich der Zusammenhänge und Wechselwirkungen der Elemente, die das System bilden (und in diesem Sinne von seiner Struktur) nicht nur an den Aufbau, die Form der lebenden Systeme zu denken ist, sondern auch an ihre Funktion, an die physiologischen und biochemischen Prozesse. Das systemische Herangehen ist das Ergebnis der Überwindung der traditionellen Kluft zwischen den Begriffen der Form und der Funktion der lebenden Systeme im Verlaufe der Entwicklung der biologischen Erkenntnis. Diese Systeme erscheinen als Einheit ihrer Formen und Funktionen. So besitzen nicht nur die statischen, sondern auch die dynamischen „Seiten" der biologischen Objekte Strukturiertheit und Systemcharakter.

Ein solches Herangehen ermöglicht es, von der Charakteristik des Substrats lebender Systeme zu abstrahieren, ihre Organisation auf verschiedenen Ebenen der lebenden Materie unter dem Gesichtspunkt der allgemeinen Prinzipien zu betrachten, die in ihrer Struktur in Erscheinung treten. Diese Prinzipien können sowohl durch physikalische und chemische Termini, wie auch in der Sprache der Mathematik ausgedrückt werden. Sie eröffnen ein breites Feld für die Anwendung der Methode der Modellierung, vor allem der kybernetischen. Das systemische Herangehen, das organisch die strukturelle und die funktionelle Analyse allgemeiner Prinzipien der Lebenstätigkeit auf verschiedenen Ebenen der biologischen Organisation vereinigt, ermöglicht den Übergang zur Herausbildung und Nutzung logisch-mathematischer Methoden, zum Aufbau von Axiomen. Dieser Übergang ist in vielen Fällen unabdingbar, da sonst die inhaltlichen Verallgemeinerungen, die in Verbindung mit der Anwendung des systemischen Herangehens einen äußerst allgemeinen Ausdruck erhalten, in der biologischen Wissenschaft nicht aktiv „arbeiten" können. Dafür spricht selbstverständlich nicht nur eine pragmatische Überlegung, sondern auch das Wesen des logischen Prozesses, der die Grundlage des systemischen Herangehens bildet.[27])

Die systemische Organisation biologischer Prozesse kann vom energetischen Standpunkt charakterisiert werden. Das ermöglicht die Nutzung streng physikalischer (thermodynamischer) Begriffe und Methoden für ihre Erforschung. In dieser Hinsicht hat die sich seit den 30er Jahren entwickelnde Theorie der offenen Systeme, zu denen auch die lebenden Systeme gehören, eine große Bedeutung. L. v. BERTALANFFY charakterisierte den Organismus als offenes System: „Jeder lebende Organismus erhält seinen Zustand unter stetem Wechsel seiner Bestandteile aufrecht."[28]) Das bedeutet, daß zwischen Organismus und Umwelt ein ständiger Stoff- und Energiewechsel vor sich geht, und daß sie unter bestimmten Bedingungen einen nicht zeitabhängigen Zustand eines dynamischen Gleichgewichts annehmen können, bei dem sich die Eigenschaften dieser Systeme als beständig erweisen, während sich die Prozesse der Wechselwirkungen mit der Umwelt fortsetzen.

Die Entropie des offenen Systemes erweist sich im Zustand des dynamischen Gleichgewichts als konstant und vom Maximum abweichend, dabei ist die Organisiertheit des Systems um so höher, je niedriger die Entropie ist. Hier haben wir es mit einer eigentümlichen „Abweichung" vom 2. Hauptsatz der Thermodynamik zu tun, mit einem Widerspruch zum thermodynamischen Wahrscheinlichkeitsgesetz des Wachstums der Entropie, der seine materialistische Erklärung darin findet, daß sich speziell die lebenden Systeme als offene Systeme der maximalen Entropiezunahme und dem Übergang zum thermodynamischen Gleichgewicht dank der ständigen Entnahme von Energie aus der Umwelt entziehen. SCHRÖ-

DINGER ist der Ansicht, daß das mittels der „negativen Entropie" hochorganisierter organischer Verbindungen geschieht, die durch die lebenden Systeme als Nahrung aufgenommen werden (die Organismen trinken gleichsam die negative Entropie). Folglich bewahrt der Organismus als offenes System die für ihn charakteristische systemische Organisiertheit, die morpho-physiologische Ganzheit und funktioniert allgemein als lebender Organismus nur dann und nur so weit, wie durch den sich gegenseitig kompensierenden Prozeß der ständigen Veränderungen (Abbau und Aufbau), der seine Komponenten in Wechselwirkung mit der Umwelt bildet, eine Übereinstimmung hervorgebracht wird. Dieses fundamentale Prinzip steht beim systemischen Herangehen als inhaltliche Methode der biologischen Forschung im Mittelpunkt und liegt der modernen Biologie und Genetik zugrunde. Für die Biologie und die Genetik als einem ihrer Teile bringt dieses Prinzip auch in methodologischer Hinsicht viel. Desgleichen haben die früher formulierten Vorstellungen über den Zusammenhang und die Wechselwirkung mit der Umwelt auf dieser Grundlage eine genaue Formulierung, eine physikalische (thermodynamische) Interpretation erhalten.

Die Arbeiten vieler Wissenschaftler (I. PRIGOGINE, L. v. BERTALANFFY u. a.) spielten eine große Rolle bei der Verallgemeinerung und Entwicklung dieses Prinzips. Wie man leider feststellen muß, wird unter ihnen der zweifellos hervorragende Wissenschaftler und Dialektiker E. S. BAUER nicht häufig erwähnt. Bereits zu Beginn der 20er Jahre hat er Ideen formuliert, die das Fundament der modernen Vorstellungen über lebende Systeme unter dem Gesichtspunkt ihrer Organisiertheit, ihrer Geordnetheit in Wechselwirkung mit der Umwelt bilden. Besonders BAUER gebührt das Verdienst, die Auffassung begründet zu haben, daß „die Erhaltung eines labilen Gleichgewichts eine in thermodynamischer Hinsicht charakteristische Eigenschaft der lebenden Systeme ist"[29]), daß ein kompliziertes lebendes System sich als in thermodynamischer Hinsicht unwahrscheinlich erweist und daß es seine Organisiertheit nur durch die Nutzung der freien Energie erhalten kann, die es der Umwelt entzieht.

BAUER stellte sich das Ziel, „diejenigen allgemeinen Gesetze der Bewegung der lebenden Materie zu finden, die in allen ihren Erscheinungen wirksam sind, so vielgestaltig deren Formen auch sein mögen.“[30]) Er definierte die Organismen als lebende Systeme, und sah seine Aufgabe folglich darin, in der Form eines oder einiger Gesetze darzustellen, was allen lebenden Systemen eigentümlich und nur für sie charakteristisch ist.[31]) Zu diesen charakteristischen Eigenschaften rechnete BAUER vor allem die selbsterzeugten Veränderungen des Zustands lebender Systeme bei konstanten äußeren Bedingungen, ihre Fähigkeit, sich in Zusammenhang mit diesen Bedingungen zu verändern usw. „Für lebende Systeme“, betonte er, „ist vor allem charakteristisch, daß sie mit ihrer freien Energie dem zu erwartenden Gleichgewicht entgegenarbeiten, und so haben wir es tatsächlich nicht mit Widersprüchen zu den Gesetzen der Thermodynamik zu tun, sondern mit anderen Gesetzen, die u. a. darin bestehen, daß das von der Thermodynamik Erlaubte gesetzmäßig nicht eintritt.“[32])

Dieses „Prinzip des stabilen Ungleichgewichts“ der lebenden Systeme verband BAUER mit der Vorstellung von „nicht im Gleichgewicht befindlichen Molekülen und der Arbeit, welche diese Struktur der Moleküle aufrechterhält.“[33]) Auf dieser Grundlage formulierte er „Prinzipien der Arbeit systemischer Kräfte“. „Wir kommen folglich“, schrieb BAUER, „zu der allgemeinen Auffassung, daß die Strukturen der lebenden Materie freie Energie besitzen, die bei den in jedem Moment bestehenden Bedingungen verringert werden kann, d. h., daß diese Strukturen sich nicht im Gleichgewicht befinden, und daß in lebenden Systemen jede Arbeit, innerhalb ihrer oder gegen ihre Veränderung gerichtet, nur auf Kosten dieser strukturellen Energie durchgeführt werden kann, d. h. durch systemische Kräfte.“[34]) Schwer zu überschätzen ist die Schlußfolgerung Bauers, daß die Strukturen lebender Systeme nicht nur durch ihre spezifischen Funktionen, sondern auch durch die systemische Tätigkeit des Organismus als Ganzen bestimmt werden. Diese Schlußfolgerung wird in der Wissenschaft vom Leben, in der Untersuchung der Eigenschaften der lebenden Systeme auf verschiedenen Organisationsebenen, darunter auch der molekularen, immer mehr bestätigt und entwickelt.

E. S. Bauer führte das „Prinzip des ständigen Ungleichgewichts“ und das „Prinzip der Arbeit der systemischen Kräfte“ folgerichtig in die Interpretation der grundlegenden Lebenserscheinungen (Stoffwechsel, Vermehrung, Anpassung, Evolution usw.), ein, worauf wir hier leider nicht eingehen können.

Der „besondere Zustand und Bau“ der lebenden Systeme besteht nach Bauer darin, daß sie sich von allen anderen offenen Systemen (z. B. von den gewöhnlichen chemischen offenen Systemen) durch einen besonderen Typ der Organisation unterscheiden, der qualitativ, prinzipiell durch den spezifischen Charakter der Wechselwirkungen der sie bildenden Komponenten bestimmt wird. Dieser Sachverhalt, auf den wir bereits eingingen, wird durch den allgemeinen, aber hinreichend bestimmten Begriff der organischen Ganzheit des Systems erfaßt. Der besondere Typ von Wechselwirkungen der Komponenten im organisch ganzheitlichen System sichert die Selbsterhaltung (Autoregulation) des inneren Milieus, wobei die homöostatische Regulation, die unter den Bedingungen der ständigen Wechselwirkung mit der äußeren Umwelt verwirklicht wird, in Verbindung mit dem Entstehen und der Entwicklung des Nervensystems sehr hohe Vollkommenheit erlangt.

Die vielfältigen Methoden, die mit der allgemeinen Systemtheorie verbunden sind, machen genaue quantitative Untersuchungen der spezifischen Gesetzmäßigkeiten möglich, die für das Funktionieren organisch ganzheitlicher lebender Systeme charakteristisch sind. Besonders fruchtbare Schritte wurden in dieser Richtung

z. B. durch L. v. BERTALANFFY getan. Er versuchte, die Veränderungen im System die vom Zustand des Gleichgewichts entfernt sind, aber dazu tendieren, diesen Zustand in der Zukunft zu erreichen, in Symbolen auszudrücken.[35]) Die Formeln, die das Verhalten des Systems unter nichtaktuellen Bedingungen beschreiben, fixieren diese Besonderheit des Verhaltens lebender organisch ganzheitlicher Systeme, die vom Begriff des organischen Determinismus bezeichnet wird und eine Abhängigkeit der aktuellen Momente der Entwicklung dieser Art von Systemen (z. B. in der Embryogenese) von der sich stufenweise realisierenden Gesamtentwicklung bedeutet, mit anderen Worten, die Unterordnung der Entwicklung unter den „Plan des Ganzen". Der Begriff „organischer Determinismus" kann jedoch nicht materialistisch verstanden werden ohne Hinweise auf die Evolution, die unter dem steuernden Einfluß der natürlichen Auslese verläuft. In der Konzeption von P. K. ANOCHIN z. B. bezieht sich die Formulierung der Abhängigkeit vom „Ergebnis" als „Ziel" des Prozesses auf die vorhergehende Erfahrung nicht des Individuums, sondern auch der gegebenen Art.

Schließlich muß man auf dem Wege der mathematischen Beschreibung dieser Besonderheiten des Funktionierens organisch ganzheitlicher lebender Systeme Schwierigkeiten überwinden, mit denen die Gefahr einer zu großen „Vereinfachung" der zu beschreibenden Erscheinungen verbunden ist (in zulässigen wissenschaftlichen Grenzen ist eine gewisse Vereinfachung selbstverständlich unvermeidbar). Außerdem ist eine klare Abgrenzung von jeder Art teleologischer, „finalistischer" Spekulation notwendig, die diese wissenschaftlich festgestellte Eigenschaften lebender Systeme mythologisiert.

Es ist charakteristisch, daß sogar BERTALANFFY längere Zeit geneigt war, diese Eigenschaft lebender Systeme, die von ihm als Äquifinalität bezeichnet wurde, als dem Substrat des Lebenden und nicht dem Organismus als Ganzheit immanent anzusehen. Als Konsequenz stellte er seine Auffassung nicht nur dem mechanistischen Standpunkt, sondern auch dem Vitalismus, vor allem dem Neovitalismus von H. DRIESCH, entgegen. BERTALANFFY schrieb, daß „wir unter einem äquifinalen Geschehen eines verstehen, in welchem das gleiche Endziel von beliebigen Ausgangsbedingungen und auf verschiedenen Wegen erreicht wird.“[36]) Er verweist darauf, daß die Äquifinalität als Beweis des Vitalismus angesehen wurde. Der erste und wichtigste von DRIESCHS „Vitalismus-Beweisen“ war die Äquifinalität angeborener Regulationen. Dieses Verhalten sei nach DRIESCH physikalisch-chemisch nicht erklärbar. Daher habe die Frage, ob die Äquifinalität ein Beweis des Vitalismus ist, fundamentale Bedeutung. Die Antwort laute: nein.[37])

Nach BERTALANFFY werden die äquifinalen Prozesse der lebenden Systeme mit Hilfe physikalisch-chemischer Gesetze durch einen besonderen Typ energetischer Verhältnisse erklärt, besonders im Rahmen der von ihm begründeten „organismischen Biologie“, wobei der Begriff der systemischen Ganzheit eine entscheidende Rolle spielt. An die erste Stelle tritt hier die Betrachtung der Organismen nicht vom statistischen und „maschinentheoretischen“ Standpunkt, sondern vom Standpunkt ihres Zustands des dynamischen Gleichgewichts, sowie der Analyse der Organisationsebenen, die die „hierarchische Ordnung“ ausdrücken, die wir in der lebenden Natur beobachten. Diese Ideen erfuhren ihre Verwirklichung auch in der Entwicklung der allgemeinen Systemtheorie BERTALANFFYS.

Das systemische Herangehen ermöglichte es, die falsche Vorstellung von „lebenden Molekülen“ zu überwinden, die angeblich dem Leben zugrunde liegen, und sein Wesen in Zusammenhang mit dem besonderen Organisationstyp des lebenden Ganzen zu bringen. Dabei wird letzteres unter den gegenwärtigen Bedingungen nicht nur für die Eigenschaften der energetischen Prozesse der lebenden Systeme, sondern auch in struktureller Hinsicht erreicht. Auf den ersten Blick erfuhren der statistische (diskrete) und „maschinentheoretische“ Standpunkt, der wegen seines hochgradigen Mechanizismus früher nicht nur von Bertalanffy abgelehnt wurde, unter den neuen Bedingungen (und selbstverständlich auf eine prinzipiell neue Art) im Zusammenhang mit dem Auftreten der Kybernetik, die auf der Idee der System-Organisation beruht, eine unerwartete Entwicklung. Die Biokybernetik ermöglichte es, das systemische Herangehen wesentlich zu konkretisieren, da sie die Betrachtung der fundamentalen Eigenschaften lernender Systeme unter dem Aspekt der Verbindungen, der Kontrolle und der Steuerung einbezogen hatte. Sie ermöglichte die Analyse der Organisiertheit, der Geregeltheit lebender Systeme verschiedener Organisationsebenen unter dem Gesichtspunkt der Informationstheorie, der Informationsentropie.

Das kybernetische Herangehen als spezialisierte Art des allgemeinen systemischen Herangehens beruht nach Shannon auf Vorstellungen von der Quantität der Information, die durch einen Verbindungskanal übermittelt wird.

Dabei handelt es sich um den Anteil an Unbestimmtheit der Information, der von vornherein in einer Vielzahl von Einheiten, Varianten der Bewegungswege usw. vorhanden war. Wenn die Information auch, vor allem in lebenden Systemen, in hohem Grade vielgestaltig und äußerst unbestimmt (nicht-eindeutig) sein mag, unterliegt sie doch einer Meßbarkeit und mathematischen Bewertung. Das wird bekanntlich durch die Feststellung der Quantität und des Maßes der Informationen erreicht.

Die Quantität der Information wird durch die Serie der möglichen Resultate von Ereignissen bestimmt und hängt von der Wahrscheinlichkeit dieser Resultate ab. Zum Maß der Information ist zu sagen, daß es in Abhängigkeit nicht von der Zahl der möglichen Resultate der Ereignisse, sondern von der Wahrscheinlichkeit eines bestimmten Resultates aus der Zahl der möglichen bestimmt wird. Es charakterisiert folglich den Grad der Unbestimmtheit der Erscheinungen, oder, wie das in der Kybernetik in Analogie zur statistischen Physik bezeichnet wird, die Entropie der Information. Die Größe der Entropie wird um so höher sein, je geringer die Geordnetheit, die Organisiertheit dieses oder jenes System ist. Gleichzeitig mit der Größe der Entropie wächst auch die Quantität der Information, die sie enthält, d. h. in organisierten, geordneten Systemen vermindert sich die Quantität der Informationen.

Im Blick auf Steuerung und Organisation stellt das kybernetische Herangehen eine komplizierte Hierarchie lebender Systeme fest, die als offene, selbststeuernde Systeme zu betrachten sind[38]), die sich durch Selbstkoordination, Selbstregulation, Selbstreproduktion und Entwicklung in Wechselwirkung mit den Umweltfaktoren erhalten und sich anpassen.

Die systemische Betrachtung der Organismen ermöglicht es, diese so darzustellen, daß der Forscher ihre dynamische Charakteristik, die dem biologischen Objekt als Ganzheit eigen ist, gleichsam „rein" erhält; er kann die Prozesse der Wechselwirkungen ohne Berücksichtigung anderer Seiten des Objektes untersuchen. Daneben macht das systemische (darunter auch das kybernetische) Herangehen eine Betrachtung des biologischen Objektes möglich, bei der dessen substantielle Natur — in dieser bestimmten Beziehung — überhaupt keine wesentliche Rolle spielt. An die erste Stelle treten hier die qualitativen und quantitativen Charakteristika der allgemeinen Prinzipien des Funktionierens lebender Systeme, vor allem die Gesetze der Verarbeitung und der Übertragung von Information, unabhängig von der Natur der Verbindungskanäle. Das macht eine Modellierung lebender Systeme möglich.

Die Modellierung, die eine materielle oder gedankliche Imitation eines real bestehenden (natürlichen) Systems durch die Schaffung spezieller Analoge (Modelle) bedeutet, in der die Prinzipien der Organisation und Funktion dieses Systems reproduziert werden, ist ein Ergebnis der Entwicklung der Integrationstendenzen in der modernen Wissenschaft, der fruchtbaren gegenseitigen Beeinflussung von Biologie, Technik und Mathematik. Sie ist eng mit dem systemischen Herangehen verbunden und in ihren in der Biologie und Genetik effektivsten Formen (kybernetische Modellierung) tritt sie vor allem als System-Modellierung auf.

Die System-Organisation der biologischen Objekte kann, wie das aus der ursprünglichen Definition des Begriffs Modellierung hervorgeht, zumindest in zwei Formen modelliert werden, und es kann dementsprechend Modelle zweier Typen geben: materielle (gegenständliche, darunter auch physikalische) und gedankliche, ideelle (logisch-mathematische usw.). Die sehr wesentlichen Unterschiede zwischen diesen grundlegenden Typen von Modellen schließen jedoch die unbezweifelbare Tatsache nicht aus, daß beide nur als spezifische Arten einer Methode der wissenschaftlichen Forschung in Erscheinung treten.

Mit anderen Worten: der Forscher, der z. B. vor der Aufgabe steht, irgendwelche Reaktionen des Lebenden zu untersuchen, kann das nicht nur am unmittelbaren Objekt der Forschung tun. Er konstruiert zu diesem Zweck ein „künstliches Tier" (die „Schildkröte" von Walter, die „Maus" von Shannon usw.), d. h., er schafft aus mechanischen, elektro-magnetischen und elektronischen Elementen einen Automaten mit selbstregulierenden Prozessen, der die Reaktionen besitzt, die denen analog sind, die im gewöhnlichen Tier ablaufen.

Daneben ist auch ein anderer Weg der Forschung möglich, bei dem die Konstruktion eines technischen Modells überflüssig wird. In diesem Fall geschieht die Darstellung der Reaktionen des Modells, der ursächlich bedingten Folge von Zuständen des Systems, mit Hilfe logisch-mathematischer Operationen, die vor allem von elektronischen Rechenmaschinen aufgrund eines Programms durchgeführt werden, in dem in umgewandelter Art alle möglichen Zustände des reagierenden Systems registriert sind.

I. A. POLETAEV, der das mathematische Modell als abstrakt-theoretische Konstruktion bezeichnet, die die Mathematik als „Metatheorie“ (d. h. als System für die Realisierung des Modells) benutzt, unterscheidet folgende Etappen, in denen die Konstruktion des mathematischen Modells durchgeführt wird:

„1. *Die Wahl der Metatheorie.* Die Wahl des Typs der mathematischen Objekte (diskrete oder sich kontinuierlich verändernde Skalare, Vektoren, Tensoren) und des mathematischen Apparates, der dazu angewandt wird (Algebra, Analyse, diskrete Analyse usw.).

2. *Kodierung des Modells.* Vergleich eines realen Systems R, seiner Teile, Merkmale, Umgestaltungen mit den ausgewählten mathematischen Objekten; Zuordnung der Symbole, Fixierung des Gebiets der Bestimmung der Veränderlichen, des Maßstabs der Größen und Einheiten der Veränderungen.

3. *Formulierung der Begrenzungen:* Vergleich der Erscheinungen und Prozesse, die im realen System R ablaufen mit der Gesamtheit der mathematischen Operationen an den Objekten der Metatheorie, Kodierung des Zustands des Systems im Modell. Diese Etappe führt zum Aufschreiben der Gleichungen oder des Programms der Umgestaltungen der Informationen, die im Modell über das reale System R registriert sind.

4. Es folgt die Etappe der *Arbeit* des Modells, wenn an den Symbolen, die im Modell die Merkmale des Systems R kodieren, Umwandlungen im Bereich der formulierten Begrenzungen durchgeführt werden, welche die möglichen Veränderungen des Zustands des realen Systems R ausdrücken. Dabei ist es im Prinzip gleichgültig, ob die faktische Umwandlung durch den Forscher oder durch einen Automaten (EDV) vorgenommen wird.“[39]) Wie W. M. GLUŠKOW betont, besteht das „Wesen eines jeden Informationsprozesses nicht in einem Kopieren des Objekts, sondern in einer Beschreibung seines Verhaltens.“[40])

Eine solche Modellbeschreibung findet immer breitere Anwendung in der Genetik bei der Untersuchung der erblichen Strukturen und Prozesse.

Die Modelle, die als heuristische „Stellvertreter“ der zu untersuchenden Objekte in Erscheinung treten, die ihnen nur bedingt adäquat sind, ermöglichen es, solche Prozesse zu untersuchen, die einer direkten experimentellen Untersuchung unzugänglich sind. Sie bringen bereits jetzt einen bestimmten heuristischen Effekt bei der Untersuchung der Mechanismen der Eiweißsynthese, der Prozesse der intrazellulären Autoregulationen und der Selbstreproduktion, der Vererbung und der Variabilität, bei der mathematischen Untersuchung von Problemen der Evolution, usw. Als besonders fruchtbar erwiesen sich die vielgestaltigen Arten der kybernetischen Modellierung und die heuristische Nutzung der allgemeinen Vorstellung und des mathematischen Apparats der Informationstheorie. Sie ermöglichen es, die Erscheinungen der Vererbung und der Variabilität in ihrer systemischen Ganzheit zu untersuchen und die Mechanismen der Regulation zu verstehen, die sich auf den Ebenen des Moleküls, der Zelle, des Organismus und der Population abspielen.

Die kybernetische Etappe der Entwicklung der Genetik wurde durch wesentliche Umgestaltungen der „Sprache der Wissenschaft“ gekennzeichnet, die die Möglichkeit erhalten hatte, die grundlegenden Erscheinungen der Vererbung und der Variabilität in den Termini der Informationstheorie auszudrücken und sie für eine mathematische Analyse zugänglich zu machen. Auf dieser Grundlage wurde die fundamentale Voraussetzung für den Nachweis eines Kodes der genetischen Informationen geschaffen, nach dem die molekulare Synthese und letzten Endes die Selbstreproduktion der Zelle und des lebenden Systems im ganzen durchgeführt wird.

Die mathematische Analyse der Daten über die Struktur und die genetische Funktion der DNS zeigte deren wahrhaft unerschöpflichen „informationellen Möglichkeiten“.

Es wurde die Hypothese vom Triplett-Kode der Übertragung der genetischen Informationen von der DNS des Zellkerns entwickelt, bei der eine besondere Fraktion der RNS die Rolle eines eigenständigen Regulators der intrazellulären Prozesse ausübt, die ein System mit Rückkopplung darstellen. Die Experimente, die anfangs der 60er Jahre durch NIRENBERG, OCHOA u. a. zur Ermittlung des Kodes der DNS durchgeführt wurden, haben mit großer Genauigkeit gezeigt, welche Bestandteile der drei Nukleotide das „Kommando“ speziell für die Einbeziehung bestimmter Aminosäuren in das Molekül des zu synthetisierenden Eiweißes geben. Obgleich diese und spätere Experimente das Problem der Dechiffrierung des genetischen Kodes noch nicht vollständig gelöst haben, ist doch ihre prinzipielle Bedeutung für die Genetik sehr groß, da sie die Perspektive der Beherrschung der Steuerungsmechanismen der erblichen Veränderlichkeit der Organismen näher brachten.

Es ist hier nicht notwendig, hier und weiterhin einzelne Beispiele zu betrachten, die die besondere Fruchtbarkeit der neuen Methoden in der Genetik illustrieren. Wenn man an die methodologische Bedeutung dieser neuen Forschungsmethoden in der modernen Genetik denkt, ist noch einmal hervorzuheben, daß sie sich klar aus der Entwicklung neuer Tendenzen der Erkenntnis ergeben haben, die in dem Herangehen an die Vererbung und die Variabilität als Eigenschaft der systemischen Organisation des Lebenden, die innerlich differenziert und in seiner Struktur und seinen Erscheinungen integriert ist, zum Ausdruck kommen.

Abschließend sollen die Bemerkungen, die sich auf die theoretisch-gnoseologische Spezifik des systemischen Herangehens und die Modellierung und die sich daraus ergebenden Besonderheiten und Begrenzungen für die Anwendung dieser Untersuchungsformen in der Genetik beziehen, etwas verallgemeinert werden. Wie bereits erwähnt wurde, ist es eine Besonderheit systemischer Modelle (darunter der mathematischen, informationellen), daß bei ihnen eine Abstraktion von solchen Eigenschaften der natürlichen Systeme möglich ist, die sich unter den gegebenen konkreten Verhältnissen als unwesentlich erweisen. Mit anderen Worten: die systemische Modellierung ermöglicht es, die Erscheinungen unter einem bestimmten Aspekt, in „reiner Form" zu untersuchen, was die Aufgaben der biologischen Forschung in beträchtlichem Maße erleichtert. Die Modellierung lebender Systeme hat es immer mit der Aufgabe der Darstellung eines komplizierten Systems durch ein einfacheres und der Untersuchung zugänglicheres System zu tun. Das bezieht sich auch auf die mathematische Modellierung (in weitem Sinne). Ihre Voraussetzungen sind, wie A. A. LJAPUNOW hervorhob, „die Existenz von Objekten, die man für das gegebene Gebiet als unteilbar, elementar ansehen kann; die Existenz von diesen Objekten vollzogener Vorgänge, die man im Rahmen der gegebenen Untersuchung als unteilbar, d. h. als elementar, ansehen kann, und das Vorhandensein von Erscheinungen, hinsichtlich derer man annehmen kann, daß sie durch die Kombination der genannten Vorgänge bedingt sind."[41])

Im Verlaufe der Modellierung wird folglich eine gewisse Vereinfachung der Klasse von Erscheinungen geschaffen, die als Gegenstand der Erkenntnis in Erscheinung treten. Nach Meinung von A. ROSENBLUETH und N. WIENER besteht darin die allgemeine charakteristische Besonderheit der Modelle.[42]) Es wird jedoch vorausgesetzt, daß die Kenntnisse, die als Ergebnis der Untersuchung einiger Eigenschaften des vereinfachten Systems gewonnen werden, im Verhältnis zu den Eigenschaften des komplizierten Systems „in Kraft bleiben". Anders gesagt, ist hier von Anfang an ein gewisses Element der Bedingtheit vorhanden: man braucht vermittelnde Glieder, vorher aufgestellte Annahmen, damit das Wissen, das im Verlaufe der Untersuchung des Modells gewonnen wird, als Wissen über das zu modellierende Objekt angesehen werden kann.

Vereinfachung und Bedingtheit sind sich gegenseitig

bedingende Merkmale des Modells. Die Vereinfachung wird mit Hilfe heuristisch nützlicher Analogien erreicht, die dem zu modellierenden Objekt nur bedingt entsprechen. Die Bedingtheit des Modells hängt andererseits von dem Charakter der vereinfachenden Annahmen ab, der Hilfshypothesen, von denen die Modellierung gesteuert wird. Diese zwei Charakteristika bestimmen in ihrer gegenseitigen Beeinflussung auch die Spezifik der gnoseologischen Natur der Modelle, die in Verbindung mit diesen eine besondere Form der Erkenntnis des biologischen Objekts darstellen. Und sie bedingen in bedeutendem Maße die Formen und Grenzen ihrer Anwendung bei der Untersuchung lebender Systeme.

Die Auffassung und Modellierung biologischer Objekte als System einer bestimmten Art muß ständig in engem Kontakt mit einer qualitativen, inhaltlichen Interpretation durchgeführt werden. Modelle, die von einer qualitativen biologischen Interpretation losgelöst sind, können sich in leere, abstrakte Konstruktionen verwandeln, die den höchsten Grad von „formalisierten Formalismus“ erreichen. Besonders aus diesem Grunde werden in Verbindung mit einer vertieften Erforschung der Moleküle auch gegenwärtig solche abstrakten Schemata hervorgebracht, die E. Chargaff treffend „Mythologien auf molekularer Ebene“ nannte.

Wie bereits erwähnt wurde, kann das systemische Modellieren von biologischen Prozessen nur mit einem sehr hohen Grad der Bedingtheit durchgeführt werden. Und hier verwandelt sich der Wert des Modellierens — die Herauslösung der Erscheinungen in „reiner Form“ — in seine Begrenztheit. Es handelt sich darum, daß die realen lebenden Systeme nicht nur in Verbindung mit äußeren abiotischen Bedingungen funktionieren; sie erhalten Informationen auch von anderen lebenden Systemen als Teil eines äußerst vielgestaltigen „Haushaltes der Natur“ (Darwin). Außerdem konzentrieren sie und produzieren bei der Vermehrung einen Strom von Informationen, die im Verlaufe der individuellen Entwicklung wie auch von den „Ahnen“ erhalten werden, d. h. Informationen über die historische Entwicklung der Art, deren Teil das gegebene Individuum ist. Eine Modellierung dieser Prozesse hat tatsächlich sich zwar ständig erweiternde, aber ziemlich enge Grenzen (im Verhältnis zu dem zu modellierenden Objekt, oder, wie N. WIENER gesagt hat, „dem Feld des Modells“). Die tatsächliche Begrenztheit, die Modelle biologischer Systeme haben, besteht auch darin, daß es sich gegenwärtig vorwiegend um Funktionen handelt, die durch isomorphe Vertreter der spezifischen Strukturen des biologischen Substrats ausgeführt werden. Es ist möglich, daß die Grenzen der Modellierung dieser Seite der biologischen Systeme nach und nach verändert werden.

Das ober über die Grenzen der Anwendbarkeit des systemischen Herabgehens und der Modellierung in der Biologie und der Genetik Gesagte bedeutet selbstverständlich keine starre Begrenzung ihrer gnoseologischen Bedeutung. Diese Grenzen selbst sind äußerst bedingt und beweglich, aber sie werden durch die Spezifik der systemischen Modellierung und die für die Untersuchung gestellten Ziele klar bestimmt. Die Angelegenheit bezieht sich folglich auf die nicht zu bezweifelnde Tatsache, daß das systemische Herangehen und die Modellierung, obgleich sie eine effektive Form der Untersuchung der Probleme der Genetik darstellen, nicht universell sind und andere Untersuchungsformen nicht ausschließen, die es ermöglichen, neue Aspekte der genetischen Systeme und Prozesse wiederzugeben. Das bezieht sich speziell auf das historische Herangehen, das eine bedeutende Rolle unter den methodologischen Mitteln der modernen Genetik spielt, und ermöglicht, die Genese der genetischen Systeme zu untersuchen.

Die Untersuchung der Genese des lebenden Systems kann natürlich unter Anwendung aller anderen Methoden, einschließlich des systemischen Herangehens und der Modellierung durchgeführt werden. Das bedeutet, daß die Effekivität der historischen Methode im wesentlichen durch Voraussetzungen bedingt wird, die außerhalb der Sphäre ihrer isolierten Anwendung geschaffen werden. Dadurch wird die Art des Herangehens und vor allem der theoretisch-gnoseologische Wert der historischen Methode, besonders in der Genetik, in bedeutendem Maße modifiziert. Dementsprechend muß man offensichtlich die vergleichend-historische Art der Untersuchung, die experimentell-historische, die modell-historische usw., unterscheiden. Man muß jedoch darauf hinweisen, daß eine solche Vereinigung in der Genetik (und der Biologie im allgemeinen) noch nicht in vollem Maße durchgeführt worden ist, obgleich ihre theoretisch-gnoseologische Bedeutung keinem Zweifel unterliegt.

Besonders aussichtsreich erscheinen die in den letzten Jahren unternommenen Versuche der mathematischen Modellierung des komplizierten und vielseitigen Prozesses der historischen Entwicklung, die seine Spezifik besonders adäquat widerspiegelt. In dieser Hinsicht wurden neue Möglichkeiten der mathematischen Modellierung des Prozesses der Entwicklung lebender Systeme eröffnet, vor allem durch die Arbeiten von A. A. Ljapunow, I. A. Poletaew u. a. O. S. Kulagina und A. A. Ljapunow unternahmen z. B. den interessanten Versuch, ein Modell einer sich entwickelnden Population in Verbindung mit den genetischen Faktoren, die diese Entwicklung bedingen, zu beschreiben. Tatsächlich hat der Umstand, daß sie aus der ganzen Summe Faktoren, die wesentlich den Verlauf der Entwicklung der Population beeinflussen, nur die Faktoren endogenen Charakters berücksichtigten, d. h. diejenigen, die mit der Selbstreproduktion lebender Systeme zusammenhängen (die Besonderheiten der Übertragung erblicher Informationen, ihren Genbestand, den Charakter der Rekombination der Gene, Mutationen, die Intensität der Vermehrung), das Modell der Entwicklung der Population vereinfacht. Aber auch in diesem Fall bleiben die Aufgaben seiner mathematischen Beschreibung außergewöhnlich kompliziert.

Selbstverständlich kann die mathematische Modellierung der Prozesse der historischen Entwicklung lebender Systeme, die neue Impulse für derartige Untersuchungen auch in der Genetik gibt, konstruktiv sein, wenn sie unmittelbar mit den Befunden der biologischen Theorie und des Experiments verbunden wird. In allen diesen Fällen ergibt sich die Bedeutung, die Fruchtbarkeit des historischen Herangehens überzeugend bei der Untersuchung der Gesetzmäßigkeiten lebender Systeme.

Das Prinzip des Historismus hat in bezug auf die Genetik eine doppelte Bedeutung. Bereits die Untersuchung der individuellen Veränderlichkeit kann für sich genommen z. B. nicht nur das Gegenwärtige bewerten, sondern sie ist auch der Schlüssel, für die Erklärung der (phylogenetischen) Evolutionsprozesse. Das wird durch die Erkenntnis der Gesetzmäßigkeiten der erblichen Variabilität, die Verallgemeinerung der Erfahrungen der Züchtung von Haustieren und Kulturpflanzen erreicht, und auf dieser Grundlage durch die der Aufdeckung der Mechanismen der Evolutionsprozesse, des genaueren Verständnisses seiner Hauptrichtungen und der Faktoren, welche die Entwicklung dieser oder jener natürlichen Gruppen von Organismen speziell in den gegebenen Richtungen bedingen. Die Möglichkeit einer solchen Form der Erforschung der Phylogenese, die auf der Übertragung der Ergebnisse der Untersuchung der individuellen Variabilität der gegenwärtigen Organismen auf ihre historische Vergangenheit beruht, wurde durch die Tatsache bewiesen, daß die grundlegenden Gesetzmäßigkeiten der Variabilität für die lebende Natur im Ganzen allgemein sind, obgleich sie schließlich bei einzelnen Gruppen von Organismen und in verschiedenen Entwicklungsetappen spezifisch erscheinen, d. h., diese haben auch ihre eigene Genese.

Die Methoden der Genetik gewinnen in dieser Anwendung, zur Lösung historischer Evolutionsprobleme, heute eine besonders wichtige Bedeutung, da sie nicht nur physiologische, sondern auch physikalisch-chemische und mathematische Forschungsmethoden umfassen. Die Erfolge der Molekulargenetik, die breite Anwendung der Ideen und Methoden der Kybernetik bei der Erforschung der Vererbung und der Variabilität zeugen davon, daß die Untersuchung historischer Aspekte des biologischen Objekts neue Möglichkeiten erhält. Die Untersuchung der physikalisch-chemischen Mechanismen der Vererbung und der Variabilität auf molekularem Niveau, die Dechiffrierung des genetischen Kodes und die mathematische Analyse der genetischen Prozesse, die in den Populationen vor sich gehen, hat selbstverständlich die Grenzen der gnoseologischen Möglichkeiten der historischen Untersuchungen verändert.

Gleichzeitig damit schafft die „Umschaltung" der modernen genetischen Methoden auf die Geschichte, ihre Anwendung bei der Untersuchung der historischen Entwicklung, der Phylogenese lebender Systeme, einen neuen Strom von Ideen, neue ergänzende Möglichkeiten auch für die Lösung der grundlegenden Aufgaben der Genetik selbst. Die historische Methode schafft nicht nur die notwendigen Voraussetzungen für die Festlegung des wissenschaftlichen Herangehens an die Erforschung der Vererbung und der Variabilität, sondern hilft auch das Wesen dieser komplizierten Erscheinung selbst zu klären, es vor allem als eigenständige Anpassung der lebenden Systeme im Verlaufe ihrer historischen Entwicklung zu verstehen, als konzentrierten und dementsprechend umgewandelten Strom von Informationen, als im Verlauf der individuellen Entwicklung gewonnene und von den „Ahnen" erhaltene Informationen über die auf die lebenden Systeme einwirkenden Faktoren aus der Umwelt, in der ihre historische Entwicklung ablief.

Hinsichtlich der ersten Aufgabe sahen wir oben, daß sich die Genetik, die sich ursprünglich getrennt und sogar im Widerspruch zur Evolutionstheorie entwickelte und lange Zeit die historische Methode aus dem Arsenal ihrer gnoseologischen Mittel ausschloß, diese durch Schaffung der Evolutionsgenetik, der Populationsgenetik löste. Die zweite Aufgabe wird bis jetzt in äußerst begrenztem

Maße gelöst. Die Genese des Genotyps (nicht nur in der individuellen, sondern auch in der historischen Entwicklung), die Realisierung des Genotyps unterschiedlicher lebender Systeme im Zusammenhang mit der chemischen und zur biochemischen Evolution, die Entwicklung der molekularen Grundlagen der Vererbung und der Variabilität, die Genese ihrer systemischen Mechanismen, die die Konstanz und Zuverlässigkeit lebender Systeme sichern usw. — das sind die Probleme, mit denen sich die Genetik heute herumschlägt und die die Richtung ihrer wichtigsten Bemühungen auch in der Zukunft bestimmen. Wie B. L. ASTAUROW hervorhebt, „... wird der wichtigste Fortschritt bei der Steuerung der Prozesse der Formenbildung gerade auf diesem Gebiet erreicht werden."[43]), d. h. bei dem, was man treffend den Prozeß der Realisierung der genetischen Information genannt hat.

Alles das eröffnet neue Horizonte und neue Formen für die Anwendung der historischen Methode in der Genetik, die auf der materialistisch-dialektischen Auffassung der Entwicklung genetischer Systeme und der Art ihrer Erforschung beruht. J. D. BERNAL hat, als er von der Notwendigkeit eines neuen Herangehens an die Analyse lebender Systeme auf verschiedenen Organisationsebenen sprach, mit Recht betont, daß man es nur auf der Grundlage des dialektischen Materialismus entwickeln kann, weil es Materie und Geschichte gleichzeitig umfassen muß.[44])

Ein dialektisch-materialistisches Herangehen ist auch erforderlich, um die Veränderungen, die auf dem Gebiet der Untersuchung der Gesetzmäßigkeiten der lebenden, besonders der genetischen Systeme vor sich gehen, richtig einzuschätzen, und sowohl ihrer mechanistischen „Übersimplifizierung" im Verlaufe der Erkenntnis, wie auch der metaphysischen Dogmatisierung früherer Vorstellungen von der Spezifik des biologischen Wissens zu entgehen. Das bedingt die Notwendigkeit nicht nur einer vergleichenden Betrachtung der isolierten Wirksamkeit (in „reiner Form") und der gnoseologischen Natur, der

Grenzen der Anwendbarkeit der „traditionellen“ und neuen Methoden der Genetik, sondern auch ihres Verständnisses als miteinander verbundene und auf bestimmte Weise aufeinander einwirkende Elemente eines dialektischen Komplexes, eines ganzheitlichen Systems, innerhalb dessen die dialektische Einheit von Analyse und Synthese experimenteller und theoretischer Formen der Forschung verwirklicht werden. Die Analyse der Verbindungen und der Wechselwirkungen der einzelnen Methoden der Genetik steht im Mittelpunkt auch ihrer Betrachtung im Lichte der Dialektik. Ihre unmittelbare Form ist das systemische, ganzheitliche Herangehen, dessen grundlegende Elemente in den vorangehenden Ausführungen erklärt wurden. Vom Standpunkt dieses Herangehens erscheinen die einzelnen Methoden der Genetik, die, wie wir gesehen haben, einen komplizierten Komplex von Untersuchungsarten und -mitteln umfassen, bereits als Komponenten eines Subsystems eigener Art, die in dialektischen Wechselwirkung funktionieren.

Die Notwendigkeit eines solchen dialektischen Herangehens an die Betrachtung der gnoseologischen Bedeutung der Methoden der Genetik ist nicht nur durch die allgemeinen methodologischen Erwägungen, sozusagen die Forderungen der Theorie und der Methode, bedingt. Sie wird gebieterisch von den Bedürfnissen der Genetik selbst gefordert, ihren Aufgaben, die während der letzten Jahre klar hervorgetreten sind. Diese Notwendigkeit wird auch durch die objektive gnoseologische Natur der einzelnen Methoden, die real bestehenden Grenzen ihrer gnoseologischen Möglichkeiten bedingt. Und nicht an letzter Stelle wird sie bedingt durch das Bestreben, die Tendenz der Verabsolutierung einzelner Methoden und ihrer Gegenüberstellung zu überwinden, eine Tendenz, die man leider nicht nur in der Vergangenheit antrifft.

Es ist sehr einfach, diese Tendenzen mit dem Hinweis auf die Fehlerhaftigkeit oder die mangelnde Folgerichtigkeit der methodischen Ausgangsposition dieses oder jenes Wissenschaftlers oder sogar einer ganzen Schule oder

Richtung in der Genetik zu erklären. Obgleich diese Positionen zum Teil entscheidende Bedeutung haben, erreichen wir jedoch keine vollständige Erklärung, wenn wir nur daran appellieren und nicht die Analyse der Untersuchung der gnoseologischen Wurzeln von Tendenzen der Verabsolutierung und Konfrontation einzelner Methoden, ihrer Verbindung zu den realen Prozessen der Entwicklung der Erkenntnis in der Genetik, einbeziehen. Wir sehen andernfalls nicht, daß diese Prozesse selbst gerade auch überzeugende Beweise für die Fehlerhaftigkeit dieser Tendenzen bringen, die spontan oder bewußt durch die Entwicklung der Genetik „aufgehoben" werden. Wir sehen nicht, daß es teilweise nur eine verzerrte Ausdrucksform des Entstehens von Neuem ist, das nicht mit dem bisherigen Inhalt und den Methoden der Genetik koordiniert ist und die kanonisierten „Tabus" zerstört.

Diese Tendenzen sind vor allem und hauptsächlich mit den Schwierigkeiten verbunden, die sich im Verlaufe der Erkenntnis der Gesetzmäßigkeiten lebender Systeme auf verschiedenen Organisationsebenen ergeben und die neben allem anderen auch durch verschiedene Maßstäbe des zeitlichen Ablaufs der Prozesse charakterisiert sind. HALDANE, der auf diesen wichtigen Umstand aufmerksam macht, schrieb, daß „die heutigen Kontroversen in der Genetik weitgehend darauf zurückzuführen sind, daß es außerordentlich schwer ist, gleichzeitig auf der molekularen und auf der ontogenetischen Ebene zu denken, wozu außerdem noch einiges Denken auf der physiologischen Ebene gehört, die zwischen den genannten liegt."[45]) Er erinnerte ausdrücklich an die Fehlerhaftigkeit einer Verabsolutierung der Methoden und Zeitmaße für beliebige Organisationsniveaus des Lebenden, die zu neuen Schwierigkeiten und Einseitigkeiten führt. „Wenn wir allzu ausschließlich in der molekularen Zeitebene denken", äußerte HALDANE, „verfallen wir in mechanischen Materialismus. Wenn wir allzu ausschließlich in der Ebene der Evolution denken, werden wir zu einer aufgebauschten Teleologie verleitet ... Und wenn wir mit dem Denken auf unserer bevorzugten Zeitebene nicht mehr weiterkommen, werden wir anfangen, von unlösbaren Geheimnissen zu sprechen.“[46])

Wir möchten Tendenzen zur Verabsolutierung der gnoseologischen Bedeutung einzelner Methoden der Genetik und ihres Gegenüberstellens nicht entschuldigen und nicht die „Übersimplifizierung“ der Forschungsaufgaben, die sich unausweichlich daraus ergibt. Im Grunde ist das Wort „Entschuldigung“ und erst recht „Verurteilung“ hier nicht angebracht, da es sich ja um die Feststellung realer Fakten handelt, die in der historischen Entwicklung der Erkenntnis in vielem unvermeidbar sind. Die Aufgabe besteht jedoch nicht nur darin, diese Fakten zu konstatieren und ihre Begrenztheit nachzuweisen, sondern darin, die Aufmerksamkeit auf die Gegentendenzen zu lenken, die in die Richtung der dialektischen Auffassung des Zusammenhanges und der gegenseitigen Beeinflussung der einzelnen Methoden der Genetik gehen. Die methodologische Grundlage einer solchen Auffassung ist die Analyse nicht nur der Prozesse der Differenzierung, der Spezialisierung der Forschungsziele und Methoden in der Genetik, sondern auch der damit verbundenen Prozesse der Integration, der um so größeren gegenseitigen Abhängigkeit der einzelnen Methoden der Genetik, ihrer dialektischen Einheit.

Die objektive Notwendigkeit der Einheit der Methoden der Genetik wird dadurch bestimmt, daß jede von ihnen nur der Klärung einzelner Aspekte, der Aufdeckung einzelner Gesetzmäßigkeiten dient, die in ihrer Gesamtheit das ganzheitliche Objekt der Genetik „reproduzieren“.

Jede der Methoden der Genetik ist, wie bereits erwähnt wurde, universell. Sie hat ihren Bereich der Anwendbarkeit, der sich mit dem wissenschaftlichen Fortschritt erweitern kann, aber immer bestimmte Grenzen behalten wird. Es ist z. B. klar, daß die Effektivität der Anwendung des physikalisch-chemischen Experiments keineswegs auf verschiedenen Ebenen der Untersuchung genetischer Systeme gleichbedeutend ist, wie auch die Modellierung nicht in gleicher Weise in verschiedenen Teilen der Genetik angewandt werden kann; ihre Effektivität wächst in Abhängigkeit von der Kompliziertheit der Systeme, bei deren Untersuchung sie angewandt wird. Außerdem besitzt jede dieser Methoden solche Besonderheiten, daß das Wissen, das man mit ihrer Hilfe gewinnt, in vielen Fällen zwangsläufig durch andere Methoden „korrigiert" werden muß (z. B. die Ergebnisse der Modellierung durch das physikalisch-chemische Experiment, vergleichende und historische Untersuchungen und umgekehrt).

Diese Erscheinung bezeichnet die gegenseitige Ergänzungsbedürftigkeit der einzelnen Methoden. Sie bezieht sich vor allem auf die unterschiedliche Art und Weise der Anwendung der experimentellen Methode in der Genetik. Deren Entwicklung vom Hybridisierungsversuch zur zytologischen, physiologischen und schließlich zur physikalisch-chemischen und kybernetischen Analyse bezeichnet die Differenzierung verschiedener Arten des genetischen Experiments, von denen jede keineswegs beim Übergang zu einer neuen verdrängt wird, sondern die anderen Arten des Experiments ergänzt.

Diese gegenseitige Ergänzbarkeit der Methoden ist einer der wichtigsten Wesenszüge des Erkenntnisprozesses, die Ausgangsbasis für sein dialektisches Verständnis, das eine Verabsolutierung einzelner Methoden und ihr Gegeneinanderstellen ausschließt. Das letztere bezieht sich nicht nur auf die verschiedenen Arten des Experiments, sondern auch auf die Anwendung der systemischen Modellierung, sowie der historischen Analyse in der Genetik.

Die Einheit der Methoden der Genetik zeigt sich nicht nur in ihrer gegenseitigen Ergänzbarkeit. Sie drückt sich auch in einem bestimmten gegenseitigen logischen Zusammenhang aus, der eine allgemeine Bewegungsrichtung der Erkenntnis von der Erscheinung zum Wesen lebender Systeme widerspiegelt. Um diese Gesetzmäßigkeit zu verdeutlichen, kann man auf die Differenzierung des genetischen Experiments und die Konsequenz der Anwendung seiner verschiedenen Arten verweisen.

In methodologischer Hinsicht ist auch von Interesse, daß diese logische Folgerichtigkeit, die gegenseitige Verbindung der Methoden der Forschung in gewisser Hinsicht auch mit ihrer historischen Genese zusammenfällt. Hier zeigt sich folglich die Einheit des Historischen und des Logischen. „In der Logik", äußerte W. I. LENIN, „muß die Geschichte des Denkens im großen und ganzen mit den Gesetzen des Denkens zusammenfallen."[47]) Diese tiefe dialektische Gesetzmäßigkeit, die durch die marxistisch-leninistische Erkenntnistheorie begründet wird, wird auch am Beispiel der Entwicklung der Methoden der Genetik bestätigt. Selbstverständlich hat in der Genetik die gegenseitige Verbindung (Einheit) der logischen und der historischen Methode nur innerhalb enger Grenzen ihren Platz. Vor allem handelt es sich um allgemeine Tendenzen, die allgemeine Richtung des Erkenntnisprozesses, die nicht in jedem einzelnen Falle, in jedem konkreten Akt der Erkenntnis und ihrer Geschichte realisiert werden kann.

Die Methoden der Genetik bilden nicht einfach ein einheitliches System, das aus einander ergänzenden Elementen besteht, deren gegenseitige Beziehungen durch das Prinzip der Koordination bestimmt sind. Innerhalb dieses Systems werden Prozesse der gegenseitigen Beeinflussung beobachtet, die mit der Subordination einzelner Methoden, ihrer gegenseitigen Beeinflussung, der Abhängigkeit vom Ganzen usw. zusammenhängen. Das System der Methoden der Genetik ist nicht die mechanische Summe unabhängiger Komponenten, und diese Komponenten selbst haben bei weitem nicht die gleiche Bedeutung. Eine Subordination besteht auch im Sinne einer bestimmten Abhängigkeit der Methoden von einer im System dominierenden Methode, die den eigenständigen Kern, die Grundlage dieses Systems bildet. Ohne die Analyse dieses Prozesses ist es unmöglich, das Wesen vieler Prozesse der gegenseitigen Beeinflussung zu verstehen und die Gründe für den universellen Charakter und die Gegenüberstellung einzelner Methoden zu erklären. Das

Vorherrschen einzelner Methoden in der Genetik ist eine Tatsache, die man nur bei einer historischen Betrachtung des Prozesses der Formierung der Genetik als Wissenschaft richtig bewerten kann.

Wir sahen, daß in verschiedenen Entwicklungsstadien der Genetik verschiedene Methoden (besonders verschiedene Arten des Experiments) die führende Stellung einnahmen. Auf der Grundlage ihrer dialektischen Interpretation als Komponenten des ganzheitlichen Systems ergibt sich ihre gegenseitige Beeinflussung. Diese Tatsache beweist wahrscheinlich mehr als irgendetwas anderes die methodische Fehlerhaftigkeit sowohl der Generalisierung dieser oder jener Methoden, wie auch des „Verbots" neuer, „unspezifischer" Forschungsmittel für die Genetik. Die letzteren werden wesentlich unter dem Einfluß traditioneller Methoden modifiziert, die ihrerseits auch erhebliche Veränderungen als Ergebnis neuer Methoden in der genetischen Forschung erfahren.

Wir können das an der Veränderung der Methoden der genetischen Analyse, der Art der Anwendung der Systemtheorie und der Modellierung sowie der historischen Methode verfolgen. Das bezieht sich auch auf mathematische Methoden, die entsprechend der Genetik nicht einfach modifiziert werden, sondern die Entwicklung neuer Teile der Mathematik selbst erforderlich machen. Das gleiche ist der Fall bei der Anwendung physikalisch-chemischer Methoden in der Genetik. Wie R. Sedger und F. Rain bemerkten, „ist es offensichtlich, daß genetische Methoden eine erstaunlich detaillierte Analyse des Aufbaus des DNS-Moleküls ermöglichten. Obgleich das bei weitem keine genaue und keine vollständige Analyse ist, übertrifft sie doch alle bisher erarbeiteten chemischen Methoden, wobei die erste ungeheuer schwierige Aufgabe in der Trennung von Tausenden von Molekülen besteht, aus denen ein DNS-Präparat zusammengesetzt ist. Bei dem Vorhandensein einer so hohen Spezifität der Methode ist es notwendig, die Chemie durch biologische Methoden zu ergänzen; tatsächlich schafft die Genetik eine neue, ihr eigentümliche Chemie. Man könnte sie als Analyse des Gens charakterisieren."[48])

Die vielseitige gegenseitige Abhängigkeit der einzelnen Methoden wird ergänzt durch die Abhängigkeit einer jeden einzelnen vom System im ganzen. Mit anderen Worten: auf die einzelnen Methoden der Genetik üben die Prozesse einen Einfluß aus, die sich aus der gegenseitigen Beeinflussung dieser Methoden innerhalb der Ganzheit des Systems ergeben.

Schließlich wird das Funktionieren dieser oder jener Methode wesentlich auch dadurch bedingt, wie sie in einem gegebenen Moment auf das System „bezogen" wird und wie dieses im Verlaufe der Untersuchung analysiert wird.

Alles das dient als ergänzender Beweis für die Notwendigkeit eines komplexen Herangehens an die Untersuchung der Probleme der Vererbung und der Variabilität lebender Systeme. Die Forderung nach einem komplexen Herangehen, die sich auf eine systemische Auffassung der Methoden der Genetik stützt, bedingt die Notwendigkeit, die gnoseologische Bedeutung dieser oder jener Methode in ihrer Verbindung mit dem System als Ganzem zu betrachten. Das System besitzt eine bewegliche Struktur und verändert sich in Abhängigkeit vom Objekt, den Bedingungen und den Aufgaben der Untersuchung. Es entwickelt sich historisch nicht nur durch seine inneren Umgestaltungen, sondern auch als Ergebnis seiner Wechselwirkungen mit biologischen wie auch mit nichtbiologischen Faktoren. Die letzteren passen sich, wenn sie in der Genetik in Erscheinung treten, nicht einfach den spezifischen Besonderheiten des Objekts und den „traditionellen" Formen seiner Untersuchung an, sondern werden unter dem Einfluß der Methoden des ganzheitlichen Systems beträchtlich modifiziert und werden zu seinem organischen Bestandteil.

Die Wechselwirkung, die Komplexität der Methoden, tritt heute besonders in der molekularen Genetik in Erscheinung. Die Untersuchung der Mikrosysteme und

-prozesse der Vererbung und der Variabilität geht in die Tiefe, unter Anwendung quantenmechanischer Arbeitsweisen und Methoden bis zum submolekularen und subatomaren Niveau. Jetzt ist es jedoch klar, daß diese Untersuchungen nicht nur in die Tiefe gehen dürfen und immer detaillierter werden, sondern daß sie auch mit einer Analyse der Mechanismen der Vererbung und der Variabilität auf den höheren Ebenen des Organismus verbunden werden müssen. Wie B. L. ASTAUROW richtig feststellt, „wird es jetzt unsere wichtigste und wahrscheinlich schwierigere Aufgabe sein, uns stufenweise nach oben auf die Niveaus des Lebens zu erheben ...“[49]) Den gleichen Gedanken kräftigt A. SZENT-GYÖRGYI, der die Ansicht vertritt, daß wir unsere Vorstellungen in zwei Richtungen erweitern müssen: in die submolekulare und in die übermolekulare, damit wir tatsächlich zu einem Verstehen des Lebenden kommen, wenn alle Strukturen und Funktionen, alle Ebenen, von der des Elektrons bis zur submolekularen in ein einheitliches Ganzes einfließen werden.[50])

Ein solches komplexes Herangehen führt zu einer noch größeren Bereicherung des Systems der Methoden der Genetik in der Richtung ihrer Differenzierung und Integration, der Stärkung der analytischen wie der synthetischen Funktionen. Die dialektische Einheit letzterer ermöglicht es, eine allseitige Untersuchung der genetischen Systeme und Prozesse durchzuführen. Gleichzeitig ergibt sich eine ergänzende Charakteristik der methodologischen Besonderheiten der Methoden der Genetik als systemisches Ganze. Dabei möchten wir kurz verweilen.

Oben haben wir erwähnt, daß eine Umwandlung der Genetik in einen einseitigen Analytizismus unbegründet ist. Wir haben darauf hingewiesen, daß sich in ihr seit langem nicht nur die Tendenzen der Analyse, sondern auch der Synthese des Genotyps entwickelt haben. Diese synthetische Form der Erkenntnis, die ganzheitliche Betrachtung der Vererbung und der Variabilität werden vor allem beim systemischen Herangehen und bei der Modellierung verwirklicht, bei der Untersuchung der Genese der materiellen Grundlagen der Vererbung und der Variabilität, der Mechanismen ihrer Wirksamkeit auf den verschiedenen Ebenen des Lebenden.

Am klarsten tritt die Einheit von Analyse und Synthese jedoch dann in Erscheinung, wenn die Methoden der Genetik als ganzheitliches System behandelt werden. Namentlich von diesem Standpunkt aus kann man die genetische Erkenntnis als einen Weg vom „lebenden Ganzen" zur analytischen Zergliederung der „Details" der „Teile" dieses Ganzen und der nachfolgenden Wiederherstellung, der Synthese, aber bereits bereichert durch die Kenntnis der aufeinander einwirkenden Komponenten des systemischen Ganzen betrachten, der in den konkreten Untersuchungen beschritten wird.

Sie wendet sich schließlich die Erkenntnis dem Konkreten zu, das, wie K. MARX bemerkte, deshalb konkret ist, „weil es die Zusammenfassung vieler Bestimmungen ist, also Einheit des Mannigfaltigen. Im Denken erscheint es daher als Prozeß der Zusammenfassung, als Resultat, nicht als Ausgangspunkt, obgleich es der wirkliche Ausgangspunkt, und daher auch der Ausgangspunkt der Anschauung und der Vorstellung ist."[51])

Die Prozesse der Analyse und Synthese werden bei den einzelnen Methoden der Genetik unterschiedlich durchgeführt. Die genetische Analyse z. B. mit einigen Arten des physikalisch-chemischen Experiments haben u. a. als qualitativ dominierende Seite den Prozeß der Analyse, während das systemische Herangehen und die Modellierung stärker mit der Synthese verbunden sind. Das bedeutet nicht, daß jede dieser Methoden nicht ergänzt werden kann und nicht bei der tatsächlichen Erkenntnis durch Funktionen ergänzt wird, die zur dominierenden im Gegensatz stehen.

Jedoch erhalten diese beiden Funktionen nur im ganzheitlichen System der Methoden der Genetik ihre volle Einheit. Hier verflechten sie sich dialektisch miteinander und wirken aufeinander ein. Folglich kann das System der Methoden der Genetik im Ganzen als analytisch-synthetisches System charakterisiert werden, in dem Erkenntnisprozesse, die ihrer Richtung nach gegensätzlich orientiert sind, in dialektischer Einheit auftreten. Das bedeutet jedoch nicht, daß die Einheit der Analyse und Synthese statisch ist. In den konkreten Erscheinungen und auf verschiedenen Etappen der historischen Entwicklung der Genetik hat sich das Verhältnis zwischen Analyse und Synthese wesentlich geändert. Ursprünglich waren sie voneinander isoliert, und die analytischen Funktionen herrschten vor, was mit der dominierenden Stellung der Methoden der genetischen Analyse zusammenhing.

Das ist selbstverständlich historisch gerechtfertigt, da in erster Linie die Aufgaben der Zergliederung der genetischen Systeme, die Erforschung ihrer Details, der einzelnen Elemente, gelöst werden mußten.

Dadurch wird die bekannte Notwendigkeit einer „Neigung" zur Seite der Analyse klar bestätigt und werden die Quellen der ursprünglich einseitigen methodologischen Interpretation des Experiments in der Genetik als kausal-analytisches Experiment verständlich. Diese Interpretation fand in den Verallgemeinerungen vieler Genetiker ihren Ausdruck, vor allem erhielt sie, wie wir gesehen haben, bei MORGAN u. a. ihre besondere Ausprägung. Man darf jedoch nicht übersehen, daß die Genetiker bereits in dieser Periode selbst die Vereinfachung eines solchen Herangehens begriffen. So schrieb z. B. N. K. KOL'COW darüber: „Jede Analyse von Lebenserscheinungen bringt die Vereinfachung dieses Problems hervor, so wie wir für die Analyse immer einen Teil des komplizierten, historisch kompliziert gewordenen und sich in ständiger Veränderung befindlichen Systems des lebenden Organismus ausschließen müssen; und wir untersuchen diesen Teil ohne Zusammenhang mit dem Ganzen, wobei wir gleichzeitig bestrebt sind, ihn in immer einfachere und uns verständliche physikalische und chemische Komponenten zu zerlegen."[52])

Ohne eine solche Analyse gibt es, wie die Geschichte der Genetik bewiesen hat, keine Synthese, die nur dann fruchtbar sein kann, wenn sie sich auf der Grundlage, in enger Verbindung mit den analytischen Funktionen der Erkenntnis entwickelt. Bei einer Trennung von der Analyse verläßt die synthetische Tätigkeit des Denkens unausweichlich den Boden der Wissenschaft und gerät in die Sphäre unfruchtbarer Überlegungen, abstrakter Spekulationen, wofür man Beispiele nicht nur in der Vergangenheit, sondern auch in der heutigen Zeit im Überfluß finden kann: den Neovitalismus, „organismische Theorien", den Holismus usw.

Im Zusammenhang damit fordert die Dialektik der Entwicklung der Genetik gebieterisch, nicht in der Etappe der Analyse zu verharren, sondern die Analyse mit dem synthetischen Herangehen zu vereinen. Das tritt besonders am Beispiel der Evolution der Erkenntnis der materiellen Grundlagen der Vererbung in Erscheinung, in deren Verlauf ihre Bedingtheit durch viele aufeinander einwirkende innere und äußere Faktoren immer klarer erkannt wurde, bei der Lokalisation der genetischen Funktionen in den Chromosomen des Zellkerns, aber auch bei der Tatsache, daß die genetische Aktivität der DNS und der RNS nicht verabsolutiert werden darf. Wie erwähnt, beschreitet die moderne Genetik den Weg einer allseitigen, ganzheitlichen Untersuchung der intrazellulären Prozesse, die eine aktive Rolle bei der Vererbung und der Variabilität unter dem Einfluß von inneren und äußeren Faktoren spielen, die in enger Wechselwirkung durch biochemische Stoffwechselprozesse der lebenden Systeme verwirklicht werden.

Mit anderen Worten: die synthetischen Funktionen der Erkenntnis entwickeln sich bald zu einem qualitativ anderen Verhältnis zu den analytischen, wenn man das System der Methoden der modernen Genetik in ihrer eigenen Darstellung mit dem vergleicht, was sie, sagen wir, von 20 bis 30 Jahren war. Jedoch, wie B. L. Astaurow vor allem im Blick auf das Problem der Realisierung der Erbinformation (d. h. das Gebiet der Entwicklungsbiologie) bemerkte, „können wir noch nicht davon sprechen, daß auch die *allgemeinen* und *grundlegenden* Gesetzmäßigkeiten der individuellen Entwicklung tiefgehend verstanden und theoretisch begründet worden sind. Von der Beobachtung und der Analyse sind wir noch nicht zu einer verallgemeinernden Synthese gekommen. Auf dem Gebiet der Theorie der individuellen Entwicklung wenigstens gibt es noch nichts, was man, sei es in der Tiefe der Breite oder der Bedeutung der Verallgemeinerung, z. B. mit der Theorie der historischen Entwicklung, der Evolutionstheorie von DARWIN, vergleichen könnte.“[53])

Die neuen Formen der Einheit von Analyse und Synthese verflechten sich dialektisch mit dem neuen Niveau der Integration der quantitativen und qualitativen Arbeitsweisen im System der Methoden der Genetik. Alles das führt zu einer so fundamentalen Frage, wie der nach dem Verhältnis der experimentellen, empirischen und der theoretischen, logischen Formen der Forschung. Im allgemeinen scheint diese Frage heute kein besonderes Problem darzustellen. Sie bezieht sich jedoch wie aus der eben zitierten Äußerung von B. L. ASTAUROW hervorgeht, auf den im allgemeinen unbefriedigenden Stand der Theorie der Vererbung und Variabilität, die auch gegenwärtig nicht die stärkste Seite der Genetik als Wissenschaft ist.

Die gegenwärtige Genetik befindet sich in einem Stadium des intensiven Sammelns neuer Fakten. An die erste Stelle sind die Aufgaben der experimentellen Untersuchungen der Mechanismen der genetischen Reproduktion lebender Systeme auf den Ebenen der Zelle und des Moleküls getreten. Und das ist natürlich, da ein vor allem mit einer intensiven Anwendung neuer Methoden verbundener Übergang auf qualitativ neue Positionen erfolgt, von denen aus die Entschlüsselung des Wesens der Vererbung zur Realität wird.

Aber hier gibt es auch etwas, das von diesem Ziel abdrängen, das Vorschreiten zu ihm erschweren kann. Es handelt sich um die häufig zu beobachtenden Tendenzen der Verabsolutierung der Möglichkeiten der empirischen Forschungen und das bekannte Zurückbleiben in der Entwicklung der Theorie.

Das bedeutet selbstverständlich nicht, daß umfassende theoretische Verallgemeinerungen heute eine geringere Rolle spielen als in der Vergangenheit. Es genügt, auf die sehr große heuristische Bedeutung der kybernetischen Ideen und Methoden beim Aufbau von Modellen der genetischen Systeme und Prozesse zu verweisen, um sich davon zu überzeugen. Jedoch fällt ein Vergleich der Ergebnisse der heutigen experimentellen und theoretischen Forschungen bei weitem nicht zu Gunsten der letzteren aus. Es handelt sich schließlich nicht einfach um die „Proportionen“ zwischen dem empirischen und dem theoretischen Wissen, die sich zweifellos verändern werden, wenn die Genetik eine höhere Entwicklungsstufe erreicht. Die Bearbeitung der Probleme der mathematischen und der theoretischen Genetik kann bereits heute nicht an die zweite Stelle verdrängt werden, da es ohne sie unmöglich ist, ein Gesamtbild der Gesetzmäßigkeiten der Vererbung zu erarbeiten.

Das sind in allgemeinen Zügen die grundlegenden methodologischen Probleme der Genetik, die mit der Erkenntnis der Natur der Vererbung verbunden sind, mit neuen Methoden, die sich in unseren Tagen intensiv entwickeln und die gnoseologischen Grundlagen der Untersuchung lebender Systeme bedeutend verbessern. So verhalten sich diese Probleme zur Methodologie des Mendelismus, die, obwohl sie unter den gegenwärtigen Bedingungen wesentlich umgestaltet wird, doch gleichzeitig ihre heuristische Bedeutung bewahrt. Die philosophische Interpretation dieser Probleme vom Standpunkt der materialistischen Dialektik ermöglicht es, die objektive Bedeutung der wissenschaftlichen Methodologie bei der Analyse der Prozesse der Formierung und Entwicklung der Begriffe und Prinzipien, der Theorien der modernen Genetik zu erkennen.

Selbstverständlich ist das nur einer der möglichen Kanäle, durch den die materialistische Dialektik als allgemeine Methode der Wissenschaft in Wechselwirkung mit der modernen Naturerkenntnis tritt. Diese gegenseitige Beeinflussung erweitert und vertieft sich immer mehr, und man kann kühn sagen, daß man sich die Zukunft der Genetik bereits nicht mehr ohne intensive und alles durchdringende Analyse der methodologischen Prinzipien der Erkenntnis vorstellen kann, die durch eine wesentliche Entwicklung auf dem Boden der materialistischen Dialektik erreicht werden muß.

Davon zeugen auch der gegenwärtige Stand der Genetik und ihre Geschichte, die von den genialen Forschungen MENDELS ihren Anfang nahm. Durch die Methodologie des Mendelismus bewegt sich die Genetik unentwegt hin zur dialektisch-materialistischen Auffassung vom Wesen der Vererbung und Variabilität der lebenden Systeme und der Methoden ihrer Erforschung. So verbindet sich die Lehre MENDELS mit der modernen Genetik und der Dialektik, als eine sehr wichtige und notwendige Etappe der wissenschaftlichen Erkenntnis auf ihrem Wege zur Wahrheit.

Kapitel VII.

Humangenetik und Humanismus

Die Rolle und die Bedeutung der materialistischen Dialektik für die Genetik wächst außergewöhnlich, nicht nur als methodologische, sondern in viel größerem Ausmaß als weltanschauliche und sozial-philosophische Konzeption. Darum entfaltet sich heute auch besonders der philosophische Kampf um die Wissenschaft von der Vererbung und der Variabilität. Die Genetik, die in immer größerem Umfang den Menschen zum Objekt ihrer Forschung macht, drückt die allgemeine Tendenz des wissenschaftlich-technischen Fortschritts in Richtung auf den Kommunismus vielleicht am klarsten aus. Wenn sie sich mit der Dialektik vereinigt und die Strategie ihrer Forschungen auf marxistisch-leninistischer Grundlage erarbeitet, dient die Genetik dem Fortschritt der Gesellschaft, der Entwicklung des Menschen als „innerem Ziel" dieses Fortschritts. Vor allem wird die Genetik gegenwärtig zur konzentriertesten Widerspiegelung der allgemeinen Fortschritte der wissenschaftlichen Erkenntnis von Vererbung und Variabilität. Und vor allem im Rahmen dieser Wissenschaft und um ihre aktuellen und potentiellen Ergebnisse wird eine lebhafte Diskussion und ein scharfer philosophischer Kampf geführt.

Die Richtung der Forschungen auf dem Gebiet der Genetik selbst wird in vielem durch die Auffassung vom Wesen des Menschen und vom Verhältnis sozialer und biologischer (genetischer) Faktoren bei seiner Entwicklung bestimmt. Die wissenschaftliche Grundlage für eine richtige Auffassung dieser Frage wird durch die marxistisch-leninistische Lehre gegeben, die das Wesen des Menschen als „Ensemble der gesellschaftlichen Verhältnisse“ definiert[1]), und gleichzeitig die Bedeutung seiner biologischen Natur hervorhebt. Der Marxismus-Leninismus tritt gegen biologisierende Tendenzen in der Auffassung vom Wesen des Menschen auf, aber er hat auch nichts mit den vulgärsoziologischen Konzeptionen gemein, welche die Rolle der biologischen Faktoren ignorieren. Unter Betonung der entscheidenden Bedeutung des sozialen Milieus und der Erziehung orientiert die marxistisch-leninistische Konzeption vom Menschen den Wissenschaftler auf die sorgfältige Untersuchung der psychischen, genetischen und anderen Komponenten der biologischen Natur des Menschen.

Selbstverständlich muß diese allgemeine methodologische Feststellung in konkreten Forschungen verwirklicht werden, und man kann nicht sagen, daß die Probleme der Vererbung und der Umwelt, der Natur und der Erziehung des Menschen, des gegenseitigen Verhältnisses der Faktoren der Umwelt und der genetischen Faktoren bei der Formierung der Fähigkeiten des Menschen und seiner psychischen Funktionen heute vollständig und endgültig gelöst seien. Die Kompliziertheit dieses Problems besteht nicht darin, daß die Genetik heute nicht über ein genügend scharfes Instrument der Analyse verfügt, sondern daß es, da das Problem komplex ist, zu seiner Lösung nicht nur der ernsthaften Aufmerksamkeit der Genetiker, sondern auch der Vertreter anderer Wissenschaften vom Menschen bedarf. Das Spektrum der Probleme für eine gemeinsame Arbeit auf diesem Gebiet ist sehr breit: angefangen von dem Problem der Zuverlässigkeit der Extrapolation der Methoden und Schlußfolgerungen, die bei Untersuchungen an Tieren gewonnen wurden, bis zu ethischen, weltanschaulichen und ideologischen Problemen.

Eine besondere Stellung nehmen hier die Fragen ein, die mit dem Kampf gegen reaktionäre Interpretationen der Ergebnisse der modernen Genetik des Menschen, vor allem mit einer Kritik eugenischer Konzeptionen verbunden sind.

Bekanntlich tauchte der Begriff „Eugenik“ schon vor

langer Zeit auf (er wurde von F. GALTON 1869 vorgeschlagen), wobei die eugenischen Projekte von Anfang an eine genetische Verbesserung des Menschen vorschlugen durch eine Vergrößerung der nützlichen Merkmale und eine Verringerung der schädlichen (weil eine Begrenzung der Wirksamkeit der Auslese im Genbestand der Menschheit die Zahl der Gene erhöhen würde, die einen negativen Einfluß auf die physischen und geistigen Fähigkeiten der Menschen ausüben). Während der mehr als hundert Jahre des Bestehens der Eugenik wurden ihre theoretischen Konstruktionen auf unterschiedlichen Werten begründet (angefangen von den humanistischen N. K. KOL'COWS, A. S. SEREBROWSKIJ, H. MULLERS oder P. TEILHARD DE CHARDINS bis zu reaktionären, die ihren Ausdruck im Rassismus, Malthusianismus, Elitetheorien u. a. fanden). Ihre praktischen Empfehlungen, die eine Vergrößerung der Nachkommenschaft mit hervorragenden physischen und psychischen Qualitäten zum Ziel haben, erstrecken sich auf künstliche Besamung, die Schaffung von „Samen-Bänken", in denen das Sperma hervorragender Menschen in tiefgefrorener Form aufbewahrt werden kann (H. MULLER u. a.). Unabhängig von den tatsächlichen Absichten der Autoren wurden viele derartiger Projekte und Empfehlungen durch die Reaktionäre und Rassisten in der Theorie und der Praxis des Genozids angewandt, der seine äußerste, scheußlichste Verkörperung in den Untaten der Faschisten fand.

Heute tauchen jedoch viele der grundlegenden Ideen der alten Eugeniker in den Konzeptionen der Neo-Eugeniker von neuem auf und rufen begründeten Alarm vor allem unter den Genetikern hervor, da sich ja die Neo-Eugeniker vorwiegend auf die letzten Errungenschaften speziell der genetischen Wissenschaft beziehen. Dieser Alarm fand seinen Ausdruck in den Materialien und Diskussionsbeiträgen der Teilnehmer, vor allem, an dem XIII. Internationalen Genetischen Kongreß (1973 in den USA).[2]) Auch auf dem folgenden Weltforum der Genetiker in Moskau (1978) fanden die Konzeptionen der Neo-

Eugeniker eine grundsätzlich kritische Bewertung nicht nur in ihren speziellen, sondern auch in ihren sozialphilosophischen und ethischen Aspekten.

Auf welcher wissenschaftlichen und weltanschaulichen Grundlage entsteht heute die Eugenik, welche Methodologie haben die Neo-Eugeniker? Wenn man versucht, diese buchstäblich in zwei Worten zu definieren, dann sehen wir hier den Sozial-Biologismus mit seiner weltanschaulichen Begrenztheit und seinem ethischen Nihilismus, mit seiner einseitigen Methodologie, die den Menschen auf die Ebene eines „rein" biologischen Wesens herunterbringt, seines sozialen Wesens entblößt, von der Gesamtheit der sozialen Beziehungen loslöst. Zur „wissenschaftlichen Begründung" ist zu sagen, daß sie, obwohl sie in der Neoeugenik in vielem modifiziert ist (es werden die Daten der Molekulargenetik und die Ergebnisse von Experimenten zur klonalen Vermehrung einbezogen), die ursprüngliche Idee einer Bedrohung der Menschheit durch eine „genetische Katastrophe" beibehält.[3])

Der Neoeugenik wird, wie allen anderen eugenischen Projekten der Vergangenheit und der Gegenwart, eine „überwältigende" Sorge um den Menschen und die Menschheit, ihre Würde und Freiheit, ihre Zukunft als eine „wissenschaftliche" und emotional-persönliche Stütze unterlegt. „Ein bewußtes Wesen bedarf bewußter Maßnahmen", äußerte P. Teilhard de Chardin, „wenn die Menschheit eine Zukunft hat, kann man sich diese Zukunft nur in der Richtung eines harmonischen Ausgleichs vorstellen zwischen Freiheit, Planmäßigkeit und Gesamtheit."[4])

Dabei wird angenommen, daß der Mensch, der eugenischen Maßnahmen (der positiven Eugenik) unterzogen werde, besser seinem Wesen entsprechen werde. Er wird, wenn man die Klassifikation H. Mullers anwendet, in physischer Hinsicht eine kräftigere Gesundheit, in psychischer einen stärkeren, tieferen und schöpferischeren Intellekt, in moralischer Wärme, aufrichtiges Mitgefühl für die Menschen und kollektivistische Neigungen besitzen, in Hinsicht auf seine Bildung wird seine Auffassungsgabe reicher und seine Ausdrucksfähigkeit adäquater sein.

Es ist charakteristisch, daß die Neoeugenik, mehr als es bei der alten Eugenik der Fall war, Gewicht auf die Mittel zur Realisierung ihrer Projekte, auf ihren moralischen Charakter, ihre sittliche Zulässigkeit legt. Es wird in der Regel von einer „humanen und edlen Form von Eugenik“ (P. TEILHARD DE CHARDIN) gesprochen, die nach und nach angewandt werden wird, in der Perspektive der Jahrhunderte und auf freiwilliger Grundlage. Diese Positionen des äußersten Scientizismus, die von verschiedenen modernen Wissenschaftlern (vor allem den Nobelpreisträger J. LEDERBERG u. a.) eingenommen werden, unterliegen einer ziemlich grundsätzlichen Kritik, die sozusagen von „innen“ erfolgt.

Eine solche Kritik hat selbstverständlich große Bedeutung im Kampfe gegen die Neoeugenik, so weit sie als Ausdruck des Humanismus, der sozialen Verantwortung der Wissenschaftler in Erscheinung tritt. Diese Haltung zur Neoeugenik wird z. B. von verschiedenen englischen Wissenschaftlern sehr energisch vertreten.[5]) Man kann ferner sagen, daß sie typisch für die Mehrheit der progressiven Wissenschaftler des Westens ist. Die Marxisten können sie mit gewissen Vorbehalten unterstützen, wobei wir die Begrenztheit dieser Position und dieser Kritik der Neoeugenik in wissenschaftlicher und sozialer Hinsicht sehen.

Man muß in diesem Zusammenhang hervorheben, daß die neoeugenischen Konzeptionen auch einer Kritik „von rechts“ unterzogen werden. So bemerkt z. B. der Professor der Universität von Columbia (USA) Charles FRANKEL in dem Artikel „Das Gespenst der Eugenik“[6]) gewisse Fortschritte in der Richtung der modernen Wissenschaft, die er mit dem Terminus „Biomedizin“ bezeichnet, und schreibt, daß hier zum ersten Male in buchstäblichem, physischem Sinne das Ziel gestellt wird, sich selbst zu konstruieren. Eine solche Aufgabe stellt nicht nur das Problem der Mittel und Methoden, sondern auch der Ziele und Maßstäbe. FRANKEL hält die Biomedizin für eine desorientierende Wissenschaft, da sie nach seiner Meinung Feindschaft und Verdacht gegen die Wissenschaft und Technik im allgemeinen, gegen die grundlegenden Prinzipien der intellektuellen Freiheit und das rationelle Denken erzeugt. Er richtet einige „warnende" Äußerungen" an die Biomedizin und vor allem die Eugenik.

FRANKEL ist der Ansicht, daß sich die „positive Eugenik" große, aber praktisch auf jedem Fall ungenügend bestimmte und uneinheitliche Ziele stellt, da wir kein universales Ideal des Menschen kennen, das man kopieren muß, wie auch schon die Möglichkeit eines solchen allgemein akzeptierten Ideals sehr problematisch ist. Er lehnt daher die eugenischen Projekte ab, wobei er jedoch nicht mit deren Kritik aus religiösen Gründen übereinstimmt (dem Prinzip der Heiligkeit des menschlichen Lebens usw.), da die religiösen Prinzipien nicht die Kraft seien, die imstande ist, die Anerkennung und die breite Anwendung der eugenischen Methoden zu verhüten. Auch wissenschaftliche Verbote entscheiden, nach seiner Meinung, nichts, da z. B. die Forschungen zur Züchtung von Kindern im Reagenzglas gleichzeitig ermöglichen, die Natur des Krebses besser zu verstehen. Letzten Endes kommt FRANKEL dazu, daß es notwendig sei, die Idee einer Änderung der menschlichen Art selbst abzulehnen, die Schaffung eines „neuen Menschen". Er sieht den Grund für das Auftauchen eugenischer Projekte nicht in der Wissenschaft selbst, sondern in der Idee einer Revolution im allgemeinen mit ihrer Intention der Schaffung eines neuen „Menschen", einer Umgestaltung des menschlichen Bewußtseins nach ihrem Projekt. Wie wir sehen, ist das bereits eine andere Position, und sie muß auch in der marxistischen Kritik der Neoeugenik berücksichtigt werden.

Es ist hier nicht notwendig, nachzuweisen, daß das neoeugenische „große Projekt" der Schaffung eines

„neuen Menschen“ überhaupt nichts mit der marxistisch-leninistischen Lehre von den Wegen der Formung des Menschen der sozialistischen und kommunistischen Gesellschaft zu tun hat, mit der freien und allseitigen, harmonischen physischen und psychischen Entwicklung des Menschen als „Selbstzweck“ der Geschichte. Dieser einseitige, mißgestaltete Sozial-Biologismus macht die eugenischen Projekte nicht nur utopisch, sondern auch reaktionär, und die Revolution — die proletarische, sozialistische — könnte mit der Eugenik nur durch ein Mißverständnis oder durch die böse Absicht antikommunistisch eingestellter bürgerlicher Ideologen „verbunden“ werden.

Es werden tatsächlich in einigen Fällen Versuche gemacht, die Methodologie eines sozusagen „ausbilanzierten“ Sozial-Biologismus zu realisieren, die die eugenischen Projekte der Schaffung eines neuen Menschen mit sozialen, darunter auch solchen vom sozialistischen Typ, „vereinigen“. Das kam vor allem in den Arbeiten von H. Muller zum Ausdruck, der die Ansicht vertrat, die von der Eugenik entworfenen Programme schüfen die Möglichkeit einer Orientierung für die Evolution des Menschen, um einen „unbegrenzten Fortschritt der genetischen Konstitution des Menschen zu erreichen, der seinem kulturellen Fortschritt entspricht und ihn verstärkt, sowie andererseits von ihm verstärkt wird, in einer vielleicht so nie endenden Aufeinanderfolge.“[7]) In einigen Aspekten steht diese Position den Ansichten verschiedener Wissenschaftler nahe, die auch heute die Idee der Schaffung einer „sozialistischen Eugenik“ aufrechterhalten.

Es ist klar, daß die Marxisten die Idee der Eugenik sogar in einer „veredelten“ Form nicht akzeptieren können. Und nicht nur deshalb, weil sie sich damit in der Vergangenheit kompromittiert hätten: die marxistisch-leninistische Lehre vom Menschen und seinen Entwicklungswegen bedarf keiner „Ergänzung“ von der Art, daß sie die einzelwissenschaftlichen Ergebnisse der Erforschung des Menschen, darunter auch die Errungenschaften der Genetik, einbezieht. Sie orientiert auf die Lösung der Aufgabe, einen neuen Menschen zu schaffen, als eine ihrem Wesen nach soziale Aufgabe, und nur von diesem Standpunkt aus wendet sie sich an die Biologie vor allem an die Genetik, wobei sie den Bereich einer richtigen „Betreuung" des Menschen, seiner Gesundheit, seiner Entwicklung beträchtlich erweitert.

Die neoeugenischen Projekte der Schaffung eines „neuen Menschen" sind in wissenschaftlicher, theoretischer Hinsicht vor allem deshalb haltlos, weil sie äußerst begrenztes und zeitweiliges Wissen über die Vererbung beim Menschen heranziehen und mit falschen Ideen einer direkten Verbindung der genetischen Grundlagen des Menschen und seines Verstandes, seiner geistigen Qualitäten im allgemeinen arbeiten. Verfehlt in sozialer Hinsicht, tragen sie zur Ausstattung der rassistischen Ideologie, zur Theorie und Praxis des Genozids bei. Diese Projekte sind letzten Endes gegen die marxistisch-leninistische Lehre von den Wegen der Formung des Menschen und die Praxis der kommunistischen Erziehung gerichtet. Die neoeugenischen Projekte demonstrieren ihr reaktionäres Wesen in philosophischer, weltanschaulicher und methodologischer Hinsicht, denn sie entstellen das Wesen des Menschen und seinen Platz in der Welt, seine Rolle als Voraussetzung und Produkt der Geschichte, und orientieren sich einseitig auf den Sozial-Biologismus. Diese Projekte erfordern eine allseitige Kritik von humanistischer Position, da sie die Souveränität und nichtwiederholbare Eigenart der Persönlichkeit angreifen und ein scientistisches, manipulatorisches Herangehen an sie sanktionieren. Die neoeugenischen Projekte müssen aus moralisch-ethischen, sittlichen Erwägungen verworfen werden, da ihre Realisierung in allen Fällen eine Bedrohung der Menschheit bedeutet, die grundlegenden Werte des Menschseins in Zweifel zieht, wie Liebe, elterliche Gefühle usw.

Das bedeutet natürlich nicht, daß es im Prinzip unmöglich und nicht wünschenswert ist, sich aktiv in die Vererbung des Menschen einzumischen und wenigstens in einer fernen Zukunft der Menschheit reale Perspektiven zu einer Veränderung ihrer biologischen Natur eröffnet werden. Man muß jedoch klar unterscheiden zwischen einer wissenschaftlichen Möglichkeit und einer realen Praxis, die nicht durch abstrakte Vorschläge geleitet werden kann, sondern einer konkreten Definition der sozialen Voraussetzungen für die Realisierung dieser oder jener Idee bedarf. Unter den gegenwärtigen Bedingungen können die neoeugenischen Projekte tatsächlich nur eine reaktionäre soziale Rolle spielen. Ihre Realisierung würde eine genetische Katastrophe für die Menschheit von beträchtlich gefährlicheren Ausmaßen als der, die die Neoeugenik skizziert, bedeuten und vor der sie uns angeblich retten will (erinnern wir uns an das Bild der unheildrohenden „genetischen Fehler", das von St. LEM in dem Roman „Eden" gezeichnet wird).

Wenn wir die Neoeugenik aus rein wissenschaftlichen, aber auch aus sozialen, philosophischen, humanistischen und ethischen Erwägungen ablehnen, dann müssen wir dabei klar die realen Perspektiven der Menschheit in biologischer Hinsicht sehen, die, vor allem in Verbindung mit der Erforschung der Probleme der medizinischen Genetik eine intensive Entwicklung erfahren haben und in den letzten Jahren neue Möglichkeiten eröffnet haben, vor allem als Ergebnis der Erfolge des „genetic engineering". Diese Forschungen haben nichts mit der Neoeugenik zu tun. Sie schaffen jedoch neue, dabei nicht einfachere, sondern kompliziertere akute sozial-philosophische und ethische Probleme, um die heute Diskussionen in der internationalen Wissenschaft entbrennen.

Offensichtlich wird die Genetik als führende der modernen biologischen Wissenschaften im Leben des Menschen mindestens unter zwei Aspekten eine immer bedeutendere Rolle spielen. Erstens wird sie die Möglichkeiten des Menschen für eine Optimierung seines Lebensmilieus außergewöhnlich erweitern und durch die Beherrschung der Gesetze der Vererbung und der Variabilität ermöglichen, nicht nur zielgerichtet neue, produktivere Sorten von landwirtschaftlichen Pflanzen, Tierrassen sowie Stämme von Mikroorganismen zu schaffen, sondern auch durch die technische Konstruktion von „künstlichen Organismen" zu prinzipiell neuen Formen der Gewinnung von Nahrungsmitteln auf abiotischem Wege überzugehen. Zweitens steht in nächster Zeit vor der Genetik die für die Zukunft des Menschen und der Menschheit äußerst wichtige Aufgabe der Behandlung und Prophylaxe erblicher Erkrankungen und in der Perspektive ihre vollständige Liquidierung durch die Verwirklichung eines Systems biologisch-sozialer Maßnahmen, die eine bessere genotypische Adaptation des Menschen, eine Optimierung seiner Voraussetzungen, das Erreichen einer völligen Gleichheit der biologischen Möglichkeiten und Fähigkeiten der Menschen zum Ziel haben.

Es ist natürlich, daß eine solche Perspektive den Geist der Wissenschaftler erregt und nicht nur zu Entwicklung der Konzeption eines wissenschaftlichen und realistischen Planes, sondern auch zur Schaffung genetischer Utopien verschiedener Art führt, die vor allem mit den sich eröffnenden Möglichkeiten einer gelenkten, genetisch identischen Vermehrung, dem „genetic engineering" usw. spekulieren.[8]) Eine Unterbrechung dieser genetischen Utopien trat vom Anfang unseres Jahrhunderts bis zur Mitte der 60er Jahre ein,[9]) aber vor allem während der letzten Jahre erhielten sie neue Impulse, erweiterten ihre Maßstäbe und riefen zahlreiche Diskussionen nicht nur im Ausland, sondern auch in unserem Lande über die Ziele der Genetik des Menschen, über die Möglichkeit und die Zulässigkeit ihrer Methoden unter sozial-philosophischem und ethischem Gesichtspunkt hervor.[10]) Das Problem der Ethik der genetischen Kontrolle der menschlichen Fortpflanzung schob sich in diesen Diskussionen an die erste Stelle, wobei in der westlichen Literatur in der Regel abstrakt-humanistische und religiöse Prinzipien im Vordergrund standen. Hier sehen wir, nebenbei bemerkt, wie die moderne Religion in der eigenartigen Rolle eines „moralischen Vormunds" der Wissenschaft in Erscheinung tritt. Eine derartige recht zweideutige Einstellung zur Ethik der genetischen Kontrolle nimmt z. B. P. RAMSEY ein, der, wenn er über die Zulässigkeit einer präventiven genetischen (und sogar eugenischen) Kontrolle spricht, betont, daß alle wissenschaftlichen Empfehlungen, die in dieser Hinsicht gegeben werden und jede Art ihrer Verwirklichung mit den Prinzipien christlichen Ethik in Einklang stehen müßten.[11]) Vor allem bei dieser Überlegung spricht RAMSEY weiterhin über die „Ethik der genetischen Pflicht" und polemisiert in der Frage der klonalen Reproduktion des Menschen gegen J. LEDERBERG.

Die Ansichten und Empfehlungen LEDERBERGS können von seiten der Marxisten nur eine entschiedene Kritik hervorrufen. LEDERBERG ist seinem Wesen nach ein aktiver Vertreter einer unbegrenzten genetischen Kontrolle; seine Position ist vielleicht typisch für die Vertreter des Sozial-Biologismus und des extremen Scientismus. Die größten Hoffnungen setzt LEDERBERG dabei gerade auf eine klonale Reproduktion, wobei er meint, daß sie im Verlaufe der nächsten Jahre auch für den Menschen möglich wird. Während LEDERBERG eine Technologie des „Kopierens" von Menschen vorschlägt, bemüht er sich, deren Vorzüge vor dem „genetic engineering" zu beweisen, da es sich im ersten Fall um bereits bekannte Geneotypen handelt, aber im zweiten Fall um die Schaffung neuer (was mit Gefahren und Risiken verbunden ist). In beiden Fällen denkt jedoch LEDERBERG an die ethische Seite der Angelegenheit am wenigsten und stellt das „reine Experimentieren" in den Vordergrund seiner Erwägungen. Er vertritt die Ansicht, daß für die Ausführung eines Experimentes zur klonalen Reproduktion die persönliche, individuelle Entscheidung einer Minderheit der Gesellschaft ausreichend ist: derer, die selbst damit einverstanden sind, eine eigene genetische Kopie zu erhalten. LEDERBERG berücksichtigt dabei nicht die Gefahren der Schaffung einer Elite, die die Gesellschaft bedrohen würden. Er sieht außerdem viel Vorteile darin, daß die Vertreter der Elite nach seiner Meinung eng sozial verbunden sein werden, zwischen ihnen der Kampf der Generationen aufhören wird usw. So gerät LEDERBERG, ob er es möchte oder nicht, im wesentlichen auf den Weg, den bereits alle die ruhmlos beschritten haben, die danach strebten, eine „Herrenrasse" zu schaffen. Für LEDERBERG hat das Endresultat tatsächlich nur eine heuristische, „rein forschungsmäßige", aber keine konkrete soziale Bedeutung, wobei in einem solchen Fall, nach seiner Meinung, kein moralisches Problem besteht, es gebe nur diese oder jene technischen Schwierigkeiten.

Dieser Standpunkt, nach dem die wissenschaftliche Erkenntnis, vor allem die Forschung und die Praxis der genetischen Kontrolle ohne Verbindung zu den sozialen, humanistischen und ethischen Werten betrachtet werden, hat im Westen eine außerordentlich große Verbreitung. LEDERBERG drückt ihn in der letzten Zeit vielleicht nur am entschiedensten aus. Es ist offensichtlich, daß er unter dem Einfluß des wachsenden Bestrebens vieler Wissenschaftler, wenigstens die ethischen Normen der genetischen Kontrolle zu berücksichtigen, seine Positionen etwas modifiziert hat, wobei er seine Überzeugung im Grundsätzlichen, Wichtigsten bewahrt hat. Das kann man vor allem aus seinem Vorwort zu dem Buch von J. FLETCHER „Die Ethik der genetischen Kontrolle" schließen[12]), aber auch aus einer Erklärung im Zusammenhang mit der Bewertung der Probleme der sozial-ethischen Regulierung des „genetic engineering", worüber wir weiter unten sprechen werden.

Das Prinzip der Einstellung zu dieser Frage, das wir bei LEDERBERG und anderen Wissenschaftlern finden, die in unverantwortlicher Weise eine genetische Kontrolle als Perspektive für den Menschen und die Gesellschaft für möglich halten, ist jedoch nur eines der Extreme. Um das andere Extrem konzentrieren sich die Ansichten der entschiedenen Gegner jeder nur möglichen Einmischung in die Genetik des Menschen. Sie halten diese Richtung der wissenschaftlichen Forschung für vollkommen unmoralisch, gefährlich für die menschliche Art, und sie halten daher ein kategorisches Verbot für erforderlich. Letzten Endes findet dieser Standpunkt, der in der Regel von Menschen vertreten wird, die sehr weit von der Wissenschaft entfernt sind, nicht die Unterstützung einer größeren Zahl von Wissenschaftlern. Am weitesten verbreitet und am einflußreichsten erscheint daher im Westen die Position einer prinzipiellen Verteidigung der Ideen der genetischen Kontrolle, aber innerhalb bestimmter ethischer Normen. Diese Position erfuhr eine ausführliche Begründung auch in dem bereits erwähnten Buch von J. Fletcher, dessen Autor Theologe und gleichzeitig Spezialist für Probleme der medizinischen Ethik ist.

Was ist nun der konkretere Inhalt dieser Position? Vor allem postuliert der Autor den Gedanken der Unzulässigkeit einer Vermengung der wertmäßigen Beurteilung mit dem, was sich unmittelbar aus dem Wissen ergibt, und vertritt daher die Ansicht, daß das, was in der Wissenschaft existiert, nicht zwangsläufig gut und wünschenswert für uns sein muß. Gleichzeitig können wir nicht in der Wissenschaft wirksam sein, wenn wir nicht unser Verhältnis zu ihren Ergebnissen, vor allem vom Gesichtspunkt der Ethik, bestimmen. Geleitet von diesen Erwägungen, versucht J. Fletcher, die Situation zu analysieren, die im Zusammenhang mit der Revolution in der Biologie und den Möglichkeiten entsteht, die sich im Bereich der genetischen Kontrolle eröffnen (wobei er vor allem an das „genetic engineering", die gelenkte Reproduktion usw. denkt).

Fletcher hält jede genetische Kontrolle für gerechtfertigt, schon deshalb, weil sie die Menschheit vor genetischen Mißbildungen und Krankheiten bewahre. Jedoch müssen wir, nach seiner Meinung, die Fehler vermeiden, die mehr oder weniger klar in folgenden Thesen formuliert sind: 1) wenn wir imstande sind, etwas zu tun, müssen wir es tun; 2) sofern wir etwas tun können, wünschen wir es. Der Mensch befinde sich heute in einer prometheischen Situation: er ist bestrebt, den Göttern die Macht zu entreißen und versucht gleichzeitig, im Rahmen seiner Fähigkeiten, vorauszusehen, welches die Folgen der Ausnutzung dieser Möglichkeiten sind. Das Bewußtsein der Unausweichlichkeit z. B. der Schaffung von menschlichen Persönlichkeiten auf dem Wege der Züchtung, verändert, nach Meinung von FLETCHER, von Grund auf unsere wahrgenommenen Realitäten, die Richtlinien unseres Lebens, unsere Konzeptionen.

Wie kommt das zum Ausdruck? FLETCHER versucht weitgehend, diese Veränderungen aufzuzeigen, wobei er entschieden die „Konservativen" ablehnt, die vorschlagen, die Forschungen auf dem Gebiet des „genetic engineering", der Klonierung usw. zu verbieten, auszusetzen oder ein Moratorium über die Wissenschaftler zu verhängen. Nach seiner Meinung ist der Appell, daß die gewonnenen Erkenntnisse zum Schaden des Menschen verwendet werden könnten, kein Argument, da es sich in diesem Fall um Politik handelt und nicht um die biologische Wissenschaft. FLETCHER verurteilt gleichzeitig auch die Vertreter einer genetischen Kontrolle, die das Prinzip vertreten: „Vorwärts ohne Furcht und Zweifel!", und ihre Gegner, die proklamieren: „Keinen Schritt weiter!" Er ist der Ansicht, daß die genetische Kontrolle „arbeiten" wird, und alle Verbote nicht, und da die Zeit, in der die Losung herrschte: „Bewahrt das, was Euch die Lotterie der natürlichen Reproduktion brachte!" von einer Zeit der selektiven Genetik, des menschlichen Ingenieurwesens abgelöst werden wird, deren Methoden, wenn sie auch künstlich sind, doch vollkommen natürlich vom menschlichen Standpunkt und in einem höheren Grade human sein werden: ihre Anwendung wird durch die Humanität motiviert und durch den Menschen selbst verwirklicht.[13])

FLETCHER versucht die Einwände zu parieren, welche die Vertreter des „genetic engineering", der klonierten Vermehrung usw. beschuldigen, daß sie die Familie zerstören, den Menschen dehumanisieren und depersonalisieren, die Achtung vor dem Leben zerstören. Er betont, daß auch die Vorstellungen von der Familie, dem Menschen und dem Leben sich vollkommen ändern müssen; die Konzeption von der „Heiligkeit des Lebens" muß einer Konzeption von der „Qualität des Lebens" Platz machen. Einer entsprechenden Änderung muß, seiner Meinung nach, auch die Moral unterzogen werden. Es werden auch einige biblische „Wahrheiten" bezweifelt, obgleich eine von ihnen — die von der „unbefleckten Empfängnis" — von FLETCHER als „Prototyp" einer klonierten Vermehrung angesehen wird.

FLETCHER trennt entschieden Biologie und Genetik, die entscheiden, wie die genetische Kontrolle verwirklicht wird, von Moral und Ethik, in denen nach seiner Meinung das Wesen dieser Prozedur und ihr Wert für den Menschen behandelt werden. Er führt die Überlegung weiter, daß jedes beliebige Mittel gerechtfertigt ist, wenn es der Erreichung eines aufgestellten und abgestimmten Zieles dient; wenn diese „Harmonie" gestört wird, dann sind die Mittel als inadäquat anzusehen. Im wesentlichen beseitigt das alle auf dem Wege der wissenschaftlichen Erforschung des Menschen und der genetischen Kontrolle auftretenden Hindernisse, vor allem die ethischen. Es ist daher kein Zufall, daß FLETCHER genötigt ist, zum „pragmatisch-instrumentellen" Vergleichen und Bewerten der Alternativen der genetischen Kontrolle als „effektivsten Argument" Zuflucht zu nehmen.

Nachdem FLETCHER die Konturen der gegenwärtigen Ethik, wie er sich ihrer erinnert, umrissen hat, hütet er sich, ihre grundlegenden Wesenszüge zu charakterisieren. Statt dessen charakterisiert er das Äußere des modernen Ethik-Philosophen. „Der Moralphilosoph", schreibt er, „ist bereits nicht mehr imstande, den Menschen Antworten auf ihre Fragen zu geben, er ist nicht imstande, mehr zu sein als ein Orakel. Er wirkt nur als Katalysator, er stellt Fragen und nötigt andere, Antwort zu geben. Jetzt finden die Praktiker die Antworten. Vom biologischen Standpunkt ist die heutige Situation vollkommen ohne Präzedenzfall, und man kann heute nicht durch fertige Antworten befriedigt werden, die sich auf die alte Alltags-Folklore gründen."[13]) Mit einem Wort: er braucht eine eng pragmatische Moral; alles übrige ist reine Metaphysik und „Orakelei". Nachdem der Mensch die schwere Last der Verantwortlichkeit für sein eigenes Schicksal auf sich genommen hat (eine Verantwortlichkeit, die nach FLETCHER früher ein Vorrecht Gottes war), müsse er sich von allen Ideologien befreien, der religiösen, der marxistischen oder der elitären, von ihren Plänen, den Menschen nach dem Bild einer idealen Moral zu schaffen, das durch „den Willen Gottes", die „Menschenrechte" oder durch die „historische Notwendigkeit" sanktioniert ist, und auf dem Wege einer „stufenweise, Schritt für Schritt zu verwirklichenden Technologie" weitergehen, die mit dem Experiment und der Forschung, unter Beachtung des Prinzips der Humanität arbeitet.

So ist das Ergebnis der Überlegungen FLETCHERS über die Ethik der genetischen Kontrolle. Wie wir sehen, schlägt er hinsichtlich der Analyse der realen ethischen Probleme nichts Konkretes vor. Weder das „genetic engineering" noch die klonale Vermehrung noch die genetische Kontrolle im allgemeinen werden bei FLETCHER zum Gegenstand einer ethischen Untersuchung. Ganz im Gegenteil: die Ethik, einzelne ihrer Wurzeln und Prinzipien, werden von der Position der genetischen Kontrolle bewertet, die folglich von Anfang an eine moralische Rechtfertigung erhält.

Offensichtlich daher wurde FLETCHER auch von seiten LEDERBERGS eines Lobes für würdig erachtet; in dem Vorwort zu seinem Buch hebt letzterer vor allem die „realistisch orientierte Art" hervor, in der FLETCHER die grundlegenden Probleme der menschlichen Werte darlegt. LEDERBERG stimmt ihm darin zu, daß man im Prozeß der Forschungen nicht die Sicherheit anderer Menschen gefährden darf und daß man außer informellen Regeln auch die bestehenden Gesetze beachten muß, obgleich er entschieden gegen einen Gesetzesvorschlag über das Verbot der Forschungen an menschlichen Embryonen auftritt; für nicht richtig hält er die These, daß in unseren Tagen zwischen dem „theoretisch Möglichen" und dem „klinisch zu Verwirklichendem" kein merkbares Intervall bestehe. LEDERBERG hebt die Kühnheit und Geradheit hervor, mit der FLETCHER konkrete, auf moralischen Erwägungen basierende Antworten auf viele Fragen gebe, wobei er gleichzeitig Zweifel äußert, ob wir immer imstande sind, das Wohl des Menschen zu ermessen, daß das Endziel unserer Bemühungen sein müßte. Bei der Betrachtung bestimmter Prinzipien stimmt er mit FLETCHER überein, daß wir unsere ethischen Forschungen beginnen und nicht abschließen, und daß wir ihre Wirksamkeit nach den Folgen für den Menschen bewerten müssen.

Die Ethik der genetischen Kontrolle stelle etwas dar, an das man zu Beginn der Untersuchung appelliert und das, außerdem, post hoc verifiziert wird. Als Ergebnis triumphiere schließlich das alte Prinzip „der Zweck heiligt die Mittel", obwohl voraussichtlich das Mittel (die genetische Kontrolle) das Ziel verändere (die Vorstellung vom Wohl des Menschen). Es ist offensichtlich, daß man, wenn man sich von einer solchen Ethik leiten läßt, kaum von ihr regulierende Funktionen in der Forschung und der Praxis der genetischen Kontrolle erwarten kann.

In diesem Zusammenhang taucht auch eine allgemeinere Frage auf: kann die Wissenschaft auf der Ebene der Ethik reguliert werden, ist sie in der Lage, eine ethische Selbstkontrolle auszuüben? Sogar in dem Fall der Anerkennung wissenschaftlicher Prinzipien der Ethik, von Prinzipien, die tatsächlich durch eine konkrete Auffassung vom Wohl des Menschen bedingt sind, bleibt noch die Frage, wie werden sie wirken, wie wird die „Rückkoppelung" und die Kontrolle der Erfüllung dieser Prinzipien gesichert? Es ist vollkommen klar, daß alles mit der Realisierung, und im wesentlichen auch mit der Ausarbeitung dieser oder jener Prinzipien der Wissenschaft, mit ihrer Wertorientierung, darunter auch der ethischen Orientierung, zusammenhängt, die durch verschiedene und z. T. widersprüchliche soziale Faktoren in Abhängigkeit von den gesellschaftlichen Systemen bestimmt wird.

Das macht zumindest das Suchen nach solchen moralischen Postulaten utopisch, die einen universellen Charakter haben könnten und automatisch als Hauptregulator in der Wissenschaft, darunter in den Forschungen und der Praxis der genetischen Kontrolle, wirksam werden könnten. Das ist auch in höchstem Maße den Wissenschaftlern der kapitalistischen Länder bewußt, welche die Frage nach einer sozialen Regulierung der Forschungen, die mit der genetischen Kontrolle zusammenhängen, stellen.

Besonders deutlich kommen diese Tendenzen in einem weit verbreiteten Buch von A. Etzioni zum Ausdruck[15]), in dem die Frage nach dem wachsenden Gefühl der Verantwortlichkeit bei den Wissenschaftlern, die auf dem Gebiet der genetischen Kontrolle arbeiten, scharf gestellt wird. Etzioni läßt solche Prozeduren, wie das Aufziehen von Kindern im Reagenzglas mit nachfolgender Adoption, zu, weil das seiner Meinung nach nicht die Grundsätze der Familie untergräbt. Er tritt als Verteidiger der genetischen Beratung auf, wobei er jedoch betont, daß sie für „mittellose Menschen", da diese „weniger informiert seien" und nur „ungern die medizinische Betreuung in Anspruch nähmen" wenig effektiv sei. Etzioni fordert „um der genetischen Gesundheit der Gesellschaft willen" eine Verringerung der Kinderzahlen und ein früheres Gebäralter anzustreben. Im allgemeinen ist er ein Verteidiger der verschiedenen Formen der genetischen Kontrolle und vertritt nicht die Ansicht, daß es Gebiete der wissenschaftlichen Forschung gäbe, die man einschränken müsse. Etzioni lehnt jedoch nicht die Notwendigkeit einer gewissen Regulierung der Forschungen ab – grundsätzlich nicht auf individueller, sondern auf gesellschaftlicher Ebene —, was aber nicht die persönliche Verantwortlichkeit der Wissenschaftler ausschließt. Er vertritt die Ansicht, daß man einerseits die bestehenden Gefahren aus der genetischen Erforschung des Menschen nicht überschätzen darf, aber andererseits jetzt mehr über sie nachdenken sollte, damit viele von den wahrscheinlichen Gefahren gar nicht zur Wirklichkeit werden, und diejenigen, die entstehen, keinen bedrohlichen Umfang annehmen.

Unter den Bedingungen der kapitalistischen Gesellschaft stoßen jedoch, wie wir wissen, das Postulieren und noch mehr die Versuche einer praktischen Lösung dieser Frage auf viele Hindernisse prinzipiellen Charakters, die mit dem Charakter dieser Gesellschaft zusammenhängen, in der keineswegs das „Wohl" des Menschen an erster Stelle steht, sondern gewinnsüchtige egoistische Interessen der ausbeutenden Minderheit. Die sozialen Antagonismen, welche die kapitalistische Gesellschaft spalten, bestimmen auch die extreme Widersprüchlichkeit des Stellens und Lösens der Probleme, die mit der Regulierung der wissenschaftlichen Forschungen verbunden sind, vor allem auf dem Gebiet der Biologie und Genetik des Menschen.

Die Widersprüchlichkeit der Vorschläge und Aktivitäten wurde besonders deutlich bei der Bewertung der sozial-ethischen Probleme des „genetic engineering". Sie erreichte in der Mitte des Jahres 1974 und am Anfang des Jahres 1975 einen solchen dramatischen Höhepunkt, daß sogar rein fachliche Veröffentlichungen von Wissenschaftlern in dieser Zeit den Charakter von Sensationen erhielten und auf den ersten Seiten westlicher Zeitungen veröffentlicht wurden, wodurch sie die Phantasie einer breiten Öffentlichkeit erregten. Es handelt sich jedoch nicht nur und nicht ausschließlich um diese äußere Seite des Problems, sondern auch darum, daß in Verbindung damit verschiedene komplizierte sozial-ethische Fragen auftauchten, welche die Marxisten nicht unbeantwortet lassen können.

Zunächst einige Worte über das Wesen des Problems des „genetic engineering" und über die ersten Stadien der Bewertung der Fragen, die mit seiner sozial-ethischen Regelung zusammenhängen, obgleich wir hier riskieren, uns zu wiederholen.[16]) Ohne das ist es jedoch schwierig, die weitere Entwicklung der Ereignisse zu verfolgen und die Ergebnisse der Diskussion zu bewerten, die ihren Höhepunkt in den ersten Monaten des Jahres 1975 erreichte. „Genetic engineering" ist bekanntlich eine neue Richtung der Molekularbiologie, eine Entwicklung von Methoden, die bereits für die nächste Zukunft phantastische Wohltaten für den Menschen und die Menschheit versprechen. So kann die Anwendung dieser Methoden in der Herstellung von Arzneimitteln (z. B. Insulin, menschliches Wachstumshormon, Antibiotika usw.) durch die Einführung der notwendigen Gene in die Genome von Bakterien es ermöglichen, diese Produkte in unbegrenzter Menge zu erhalten. Die Anwendung solcher Methoden in der Landwirtschaft wird es wahrscheinlich möglich machen, bei landwirtschaftlich genutzten Pflanzen solche Eigenschaften zu erzeugen wie Widerstandsfähigkeit gegen Krankheiten und Parasiten, die Fähigkeit, der Luft Stickstoff zu entnehmen, was die Produktion teurer Stickstoffverbindungen aus Erdöl- und -gas überflüssig machen wird. Ungeheure Möglichkeiten eröffnen sich auch dem „genetic engineering" auf dem Gebiet der Genetik des Menschen, wovon schon die Rede war.

Die Errungenschaften des „genetic engineering" können jedoch auch zum Schaden der Menschheit angewandt werden. Das kann durch die Sorglosigkeit der Experimentatoren und durch die Leichtigkeit, mit der sich die von ihnen geschaffenen schädlichen Bakterienformen verbreiten können, geschehen, als eine Folge der großen natürlichen Verbreitungsfähigkeit der Organismen, mit denen die Experimente am häufigsten durchgeführt werden (zu denken ist an folgende zwei Arten des Experiments: 1. die Einführung von Genen onkogener Viren von Tieren und von Genen für Toxine in Bakterien, z. B.

in solche Bakterien, die ständig im menschlichen Darm anzutreffen sind, wie *E. coli*; 2. die Einführung von DNS-Abschnitten höherer Organismen in Bakterien, was zu einer Aktivierung früher unterdrückter Gene vom Charakter onkogener Viren und zu ihrer Vermehrung im Prozeß der Vermehrung der Bakterien führen kann). Die Situation wird noch dadurch kompliziert, daß die neu geschaffenen Organismen nirgends sonst in der ganzen vorausgehenden Evolution auf der Erde anzutreffen waren. Eine noch größere Gefahr können diese Forschungen darstellen, wenn sie für Kriegszwecke angewandt werden, und auch in den Händen übeldenkender Menschen verschiedener Art. Auch die reaktionären neoeugenischen Ideen argumentieren, wie wir gesehen haben, teilweise mit der anti-wissenschaftlichen Anwendung der Errungenschaften des „genetic engineering".

Alles das rief natürlich Besorgnis hervor und bildete die Grundlage für eine Bewegung der Wissenschaftler, die im Juli 1974 ihren Anfang nahm. Im Bewußtsein der Gefahren der unkontrollierten Entwicklung von Experimenten auf diesem Gebiet wandte sich eine Gruppe amerikanischer Wissenschaftler, die aus einer von dem Professor der Stanford Universität P. Berg geleiteten Kommission zu diesen Fragen bei der Nationalen Akademie der Wissenschaften der USA hervorging, an die Wissenschaftler der ganzen Welt mit dem Aufruf, die Forschungen in den zwei gefährlichsten Richtungen auf dem Gebiet des „genetic engineering" bis zum Zusammentreten einer internationalen Konferenz im Februar 1975 einzustellen, auf der die Wissenschaftler die sich ergebende Situation und die Möglichkeiten der Lösung der entstandenen Probleme beraten könnten.[17]) Viele Wissenschaftler in der ganzen Welt unterstützten den Aufruf der von P. Berg geleiteten Kommission zu diesem in der Geschichte der Wissenschaft präzedenzlosem Moratorium und unterbrachen Experimente des oben erwähnten Typs. In einem Kommentar dieses Aufrufs schrieb W. A. Engel'gardt: „Es ist schwer zu sagen, ob alle Motive, die eine derartige Handlung veranlaßt haben, in dem Text zum Ausdruck kommen, aber es besteht kein Zweifel, daß ... die Lenkung einer derartigen Aufmerksamkeit auf Probleme, die in dem Aufruf der Wissenschaftler genannt werden, vollkommen zeitgemäß und notwendig ist ... Eins ist jedoch bereits jetzt klar: die Hauptgefahr besteht nicht in den Versuchen selbst, sondern darin, daß sie zum Gegenstand von Operationen in den Händen leichtsinniger und gefährlicher Menschen oder sogar von böswilligen Elementen werden könnten. Gegen diese Gefahren müßten auch in erster Linie die Bemühungen gerichtet sein."[18])

Ende Februar 1975 trat in der Stadt Asilomar (USA) eine internationale Konferenz zusammen, auf der die sozialen und ethischen Aspekte des „genetic engineering". aber auch die Voraussetzungen für die Aufhebung des einzigartigen Embargos, das über diese zwei Typen der Forschungen verhängt worden war, behandelt wurden. An der Konferenz nahmen Molekularbiologen und Genetiker aus 17 Ländern, darunter auch aus der Sowjetunion, teil. Als Ergebnis einer dreitägigen Diskussion beschloß die Konferenz, das Moratorium für diese Forschungen unter der Bedingung aufzuheben, daß Vorsichtsmaßnahmen sorgfältig ausgearbeitet und angewandt würden; ihre Beachtung sei für die Durchführung von drei Arten von Experimenten im Laboratorium notwendig, denen die Untersuchungen auf dem Gebiet nach dem Grad ihrer Gefährlichkeit zugeordnet wurden. Die Konferenz rief dazu auf, sich der Durchführung von Experimenten zu enthalten, die besonders gefährlich seien, bis die notwendigen Schutzmaßnahmen geschaffen wären. Zu solchen Maßnahmen würde die Gewinnung von Viren gehören, die für den Menschen ungefährlich sind, und die Durchführung von Experimenten nur mit speziell ausgewählten Stämmen von Bakterien, die nicht fähig sind, unter anderen Bedingungen als dem Reagenzglas des Experimentators zu überleben (sog. selbstzerstörende Bakterien). Darum handelte es sich vor allem in dem

„Abschlußdokument der Konferenz von Asilomar über die rekombinanten DNS-Moleküle.“[19])

In einer Besprechung des Verlaufs der Diskussion auf der Konferenz von Asilomar und Kommentar der Ergebnisse teilte die Zeitschrift „Science“ mit, daß „die Beschlüsse der Konferenz wie auch das vorausgehende Moratorium nur die Gewalt einer moralischen Rüge hätten, die von ihr vorgeschlagenen Empfehlungen jedoch vielleicht bald in jedem Land durch nationale Organe, die verantwortlich für die Erarbeitung entsprechender Gesetze seien, detaillierter überprüft würden. Genau wie das Moratorium (eine offensichtlich präzedenzlose Erscheinung in der Geschichte der Wissenschaft) ist auch die Tätigkeit der Konferenz ein seltenes, wenn nicht einmaliges Beispiel für das Ergreifen von Vorsichtsmaßnahmen, die einer technischen Entwicklung auferlegt werden, bevor, und nicht wie früher, nachdem eine Gefahr entstanden ist. Die Beschlüsse der Konferenz wurden durch den Hinweis erreicht, daß, wenn die Wissenschaftler jetzt nicht selbst objektiv ihre Forschungen regulieren würden, es andere für sie tun müßten.“[20])

Die wichtigsten Opponenten im Organisationskomitee dieser Konferenz waren J. Watson und J. Lederberg. Diese zwei Nobelpreisträger fanden ständig Lücken in den Positionen des Komitees und brachten, obwohl sie keine zustimmende Unterstützung fanden, Zwietracht in die Reihen der jungen Wissenschaftler, die voller Ungeduld waren, das Moratorium unter möglichst leicht zu verwirklichenden Bedingungen aufzuheben. Lederberg kritisierte die „zu große Bestimmtheit“ des Dokuments, das von einer Arbeitsgruppe der Konferenz erarbeitet worden war, in dem die möglichen Experimente in sechs Klassen entsprechend ihrem Gefährlichkeitsgrad klassifiziert und für jede Maßnahmen vorgeschlagen waren, die nach Meinung der Gruppe, die biologische Gefahr auf ein „allgemein annehmbares“ Risikoniveau reduzieren würde. Watson erklärte direkt, daß das Moratorium aufgehoben werden müsse. Als ich den Brief unterschrieb, dachte ich, so erklärte er, daß wir Zeit haben würden, abzuwarten, und, vielleicht, etwas zu hören, was uns erschreckt. Aber als Leiter eines Laboratoriums für onkogene Viren bin ich der Ansicht, daß wir mit etwas arbeiten, was weitaus gefährlicher ist als alles, was ich auf dieser Konferenz hörte.

Vor allem erwies sich die Frage der Klassifikation der Experimente nach ihrem Gefährlichkeitsgrad und der Möglichkeit seiner Bestimmung als überaus strittig. LEDERBERG sagte, daß, wenn diese Klassifikation zur Grundlage einer Gesetzgebung werden sollte, sie notwendigerweise einen hohen Zuverlässigkeitsgrad für das haben müßte, was sie feststellte. BERG erwiderte in seiner Antwort darauf, wenn man die Möglichkeit für gegeben hielte, eine Gradskala der Gefährlichkeit aufzubauen, man vor allem darauf reagieren müsse. WATSON beharrte darauf, daß wir das Risiko nicht messen können, es daher unbegründet sei, Forschungen im Namen von etwas einzustellen, was man nicht messen kann.

Schließlich ermöglichte diese Unbestimmtheit es nicht, klare Entscheidungen zu erarbeiten. Und trotzdem gelang es der Konferenz, eine Reihe von positiven Ergebnissen zu erzielen. Es ist tatsächlich nicht schwierig, wenn man die Beschlüsse analysiert, zu denen die Konferenz von Asilomar kam, festzustellen, daß in ihnen nur die Sorge für eine Beseitigung von Gefahren, die mit Fehlern und der Unbegrenztheit der Versuche in Zusammenhang stehen, zum Ausdruck kam, aber das Hauptproblem, das vor jedem Forscher steht, durch wen und mit welchen Zielen die Resultate dieser Arbeiten genutzt werden, keinen Ausdruck fand. Man darf jedoch nicht verkennen, daß die Konferenz im ganzen eine positive Bedeutung hat. Obgleich es sich gezeigt hat, daß, wie P. BERG hervorhob, einzelne Wissenschaftler nicht mit der Notwendigkeit einer gewissen Selbstregulierung einverstanden waren, wäre es, nach seiner Meinung, die Hauptsache, daß die Konferenz „den Geist der Diskussionen in dieses Gebiet hinein getragen habe. Niemand könnte jetzt anfangen, an diesen Problemen zu arbeiten, ohne über die drohenden Gefahren und ihr Verhältnis zu den zu erwartenden Vorteilen nachzudenken, und das hätte ich vor acht Monaten nicht sagen können."[21])

Es ist charakteristisch, daß es J. LEDERBERG in einem Brief an einen Redakteur der „New York Times" für notwendig hielt, seine Meinungsverschiedenheiten mit der Konferenz von Asilomar mitzuteilen. In der Mitteilung wurde von ihm hervorgehoben, er betrachte die Vorsichtsmaßregeln als faktisch nicht wirksam wegen der Schwierigkeiten, die mit der Definition des Risikos spezifischer Experimente verbunden seien. „Mein Standpunkt", schrieb er, „ist fast entgegengesetzt zu dem, was beschlossen wurde. Auf der Konferenz hat mich mehr als alles andere beunruhigt, daß die Vorsichtsmaßnahmen, die einzelnen Gefahren vollkommen entsprechen, bald in ein System bürokratischer Postulate umgestaltet werden könnten, die sehr leicht auch über die Grenzen der Sphäre ihrer vernünftigen Anwendung hinaus wirksam werden könnten. Ich unterstütze ausdrücklich den Geist und die Absichten der Konferenz, ich habe aber nicht meine Unterschrift unter Dokumente gesetzt, welche die Regelung vieler wichtiger Fragen auf die Zukunft verschieben, und deren Ton, nach meiner Meinung, voll von derselben bürokratischen Schwerfälligkeit ist, die ich bereits erwähnte."[22])

In dieser Mitteilung von LEDERBERG tritt noch eine Besonderheit der Konferenz von Asilomar und der Bewegung der Wissenschaftler im allgemeinen in Erscheinung, die dazu führte: die Frage der Regulierung wissenschaftlicher Forschungen auf dem Gebiet der Genetik wird hier zu einer Frage der Selbstregulierung. Mit anderen Worten, es geht nicht um gesetzliche Festlegungen durch die Regierung im nationalen oder internationalen Maßstab, sondern um autonome Beschlüsse der „Gemeinschaft der Wissenschaftler", die im wesentlichen moralische Kraft besitzen. Und das vor allem ist sehr bezeichnend für die Bewegung der Wissenschaftler kapitalistischer Länder, die keine „äußere Kontrolle", keine „bürokratische Reglementierung" wünschen, da sie sehr gut verstehen, welche Richtung diese Regulierungen einschlagen, daß sie die Freiheit der Forschungen unterdrücken können und gleichzeitig die Verantwortung für eine anti-humane Nutzung der Ergebnisse dieser Forschungen „aufheben".

Gleichzeitig ertönt immer häufiger die Forderung nach der Notwendigkeit einer demokratischen Kontrolle der wissenschaftlichen Forschungen auf den Gebieten, welche die Lebensinteressen des Menschen und der Menschheit berühren. Diese Forderungen werden zu Losungen einer allgemein demokratischen Bewegung im Westen, an der auch die Kommunisten teilnehmen und die sie unterstützen. Es ist klar, daß bei aller Begrenztheit und Inkonsequenz solcher Bewegungen ihr Aufruf zu einer engen Verbindung zwischen Wissenschaft und Demokratie objektiv nicht nur gegen die Übermacht der Monopole, sondern auch gegen viele Grundsätze der privatwirtschaftlichen Ordnung, der Entfremdung der Wissenschaft und der Wissenschaftler von den Hauptmassen der Werktätigen gerichtet ist, die die humanistische Mission der Wissenschaft verzerrt und die Wissenschaftler zu einem mechanischen Teil einer gedankenlosen Maschine macht, die ihre schöpferische Individualität und ihre Freiheit unterdrückt. Es ist kein Zufall, daß Stimmen des Protests immer häufiger auch auf wissenschaftlichen Foren bei der Behandlung spezieller Probleme, besonders der genetischen, zum Ausdruck kommen.

Selbstverständlich wird die Frage nach der Notwendigkeit einer gesellschaftlichen Kontrolle über die genetischen Forschungen und deren Anwendung nicht immer konkret von einem sozial-politischen Standpunkt gestellt. Jedoch wird in der Regel festgestellt, daß zwar die Absichten und die Forderungen nach einer absolut freien Suche nach der wissenschaftlichen Wahrheit in unseren Tagen nicht leicht zurückgewiesen werden können, ihre verantwortungslose Annahme jedoch keineswegs wünschenswert ist.[23]) Die sich schnell entwickelnde Technik der wissenschaftlichen Manipulation der Gene führt zu aufregenden moralischen Konflikten und öffnet den Kräften eines beabsichtigten oder unbeabsichtigten Bösen die Tür. Es erweist sich, daß man „eine Abgrenzung durchführen und eine Grenze zwischen den Problemen der reinen Suche nach der Wahrheit und den sozialen Folgen sehen muß, zu denen sie führen können. Schließlich ist die Frage nach einer sozialen Kontrolle über die wissenschaftlichen Forschungen eine komplizierte Frage, und es ist hier schwierig, eindeutige Entscheidungen zu treffen. Wir müssen es jedoch lernen, die möglichen Folgen der wissenschaftlichen Forschungen auf jeden Fall in nächster Zukunft zu kontrollieren.“[24])

Ist diese Perspektive in der kapitalistischen Gesellschaft real? Selbstverständlich kann man unter dem Druck der aktuellen Gefahr vieler Forschungen und der unmittelbaren Bedrohung für das Leben der Menschen auch in den kapitalistischen Ländern einige Teilresultate bei der Regulierung solcher Forschungen erreichen. Aber sie werden sich unausweichlich in den Elementen dieser Gesellschaft im ganzen auflösen, die ihrer Natur nach zu einer demokratischen und humanistischen Kontrolle nicht fähig ist. Das macht auch jene Forschungen besonders gefährlich, die sich auf die Genetik des Menschen beziehen, alle Manipulationen mit seinem Genotyp, darunter auch die mit Hilfe des „genetic engineering“. Es bestehen gewisse Niveaus der genetischen Kontrolle (die sich vor allem in der Medizin konzentrieren), bei denen es möglich und notwendig ist, günstige Ergebnisse zu erzielen, wenn sie sich auch in der Mehrzahl der Fälle als unerreichbar für die Masse der Werktätigen erweisen und gegen ihre Interessen gerichtet sein könnten. Was die umfassenderen Formen, die besonders mit dem „genetic engineering“, der Züchtung usw. verbunden sind, anbetrifft, so können sie unter den Bedingungen der kapitalistischen Gesellschaft nur negative Folgen bringen und zu einer Katastrophe führen.

Im Sozialismus, wo die gesellschaftliche Kontrolle über die wissenschaftlichen, darunter auch die genetischen Forschungen real in verschiedenen Formen als staatliche wie auch als gesellschaftliche Kontrolle durchgeführt wird, werden die Untersuchungen der Probleme der Genetik des Menschen sowie der medizinischen Genetik breit gefördert, mit dem Ziel der Behandlung und der Prophylaxe der erblichen Erkrankungen, es wird ein Netz von medizinisch-genetischen Beratungsstellen entwickelt, und es werden Experimente auf dem Gebiet des „genetic engineering" durchgeführt, selbstverständlich unter Berücksichtigung auch der Perspektiven seiner Anwendung beim Menschen. Hier haben die Ziele der Forschung und die Mittel ihrer Realisierung einen tief humanistischen Charakter und sind dem höchsten Prinzip des Sozialismus, seinem wichtigsten sozialen Ziel, dem Wohl des Menschen, seiner freien und allseitigen Entwicklung untergeordnet.

Die Harmonie der wissenschaftlichen und sozialen Ziele und Mittel im Sozialismus sichert auch das Zusammenfallen der wissenschaftlichen und ethischen Betrebungen der Wissenschaftler, die dialektische Verbindung zwischen der Freiheit der Forschung und der sozialen Verantwortlichkeit, die sich im Kapitalismus als getrennt erweisen, und in einem scharfen, für den Wissenschaftler qualvollen und für die Gesellschaft gefährlichen Antagonismus auftreten. Die ethischen Regulatoren der wissenschaftlichen Forschung sind für die Wissenschaftler der sozialistischen Länder nicht irgendeine „äußere Kontrolle", sondern ein innerer, immanenter Wesenszug der Wissenschaft als soziale Institution der sozialistischen Gesellschaft. Die ethischen Probleme verschwinden nicht für die Wissenschaftler, sondern finden eine reale Grundlage zu ihrer adäquaten Lösung.[25]) Eine solche Harmonie der wissenschaftlichen und sozialen Ziele und Mittel eröffnet im wesentlichen unbegrenzte Möglichkeiten auch für die Untersuchungen der Genetik des Menschen, die jedoch nur nach und nach, entsprechend der Entwicklung der

Wissenschaft und der sozialistischen Gesellschaft selbst, entsprechend der Formierung eines neuen Menschen, dem Wachstum seiner Kultur und seines Selbstbewußtseins, darunter auch auf sozialem und ethischem Gebiet, im Sein, in den Familienverhältnissen usw. verwirklicht werden können. Die sozialistische Gesellschaft, ihre Weltanschauung und ihre Moral schließen die Möglichkeit eines manipulatorischen Herangehens an den Menschen, das auch mit der Anwendung von Methoden der genetischen Kontrolle verbunden ist, aus.

Besonders auf dieser Grundlage entwickeln die sozialistischen Länder die Zusammenarbeit auf dem Gebiet der biologischen und medizinischen Forschungen am Menschen mit Ländern des gegnerischen, kapitalistischen Systems. Im Bewußtsein der Gefahr einer fehlenden Kontrolle auf diesem Gebiet, aber auch der globalen Bedeutung vieler hier auftauchender Probleme treten die sozialistischen Länder als Teilnehmer und Verteidiger vieler internationaler juristischer Vereinbarungen auf, die sich auf die Regulierung der wissenschaftlichen Forschungen am Menschen beziehen. Sie führen einen aktiven Kampf gegen eine mögliche Nutzung der Ergebnisse dieser Forschung zu militärischen Zwecken, für das Verbot neuer biologischer Waffen, die noch schrecklicher als die Atombombe sind und für die im Prinzip die Methoden des „genetic engineering“ genützt werden können.

So muß man, wenn man die Neoeugenik und Spekulationen verschiedener Art über das „genetic engineering“ usw. ablehnt, noch einmal das Grundlegende und Wichtigste hervorheben: die Perspektiven des Menschen durch den sozialen und wissenschaftlich-technischen Fortschritt in ihrer Einheit. Die sozial-ethischen Probleme, die dabei vor dem Forscher auftauchen, und den Menschen von heute und seine Zukunft behandeln, können nur unter Berücksichtigung dieser Schlußfolgerung gelöst werden. Die Perspektiven nicht nur der Entwicklung des Menschen, sondern auch der Wissenschaft, die seine Biologie und Genetik erforscht, sind in vollem Umfang vor allem auf einer sozialistischen und kommunistischen sozialen Grundlage möglich, die neue, gerechte Verhältnisse zwischen den Menschen schafft, eine neue, humanistische Moral, und ein neues Bild des Menschen als höchstem Wert.

Leider dringt eine solche Auffassung von den progressiven sozialistischen und kommunistischen sozialen Bedingungen für die Entwicklung des Menschen und seiner Erforschung nur langsam in das Bewußtsein vieler Wissenschaftler des Westens ein und wird in einigen Fällen durch reaktionäre „Ideen" jeder Art (Sozialdarwinismus, Malthusianismus, Neoeugenik usw.) erschwert. Ideen dieser Art werden zur Zeit von großen Wissenschaftlern verteidigt, wie dies z. B. MONOD in seinem Buch „Zufall und Notwendigkeit"[26]) tat, in dem er die Probleme bis zum Äußersten biologisiert und entstellt, die mit der Entwicklung des Menschen zusammenhängen. Soziale Faktoren, die das Wesen des Menschen bestimmen, darunter auch seine physische Vervollkommnung, die Entwicklung der Kultur, die produktive Tätigkeit als Grundlage des Fortschritts der Gesellschaft führt MONOD im wesentlichen nicht an.

Eine idealistische Auffassung vom Menschen und der Geschichte der Gesellschaft verbindet sich in der Konzeption von MONOD mit dem Scientismus und der Biologisierung sozialer Prozesse. Daher läßt er sich nach entsprechenden Einschätzungen der Gefahr einer „ungenügenden Auslese" für den Menschen, die jedoch nach seiner Meinung erst irgendwann (nach 10–15 Generationen, d. h. nach einigen Jahrhunderten) ernst werden wird, über das Auftreten neuer, wie er meint, realer Gefahren aus. Das ist nicht die demographische Explosion, nicht die Zerstörung der Natur (und selbstverständlich, fügen wir von uns aus dazu, nicht der Kapitalismus und seine Ausbeutung, die soziale und nationale Unterdrückung usw.), sondern ein Übel, das nach MONODS Meinung „ernsthafter und tiefgreifender" ist, ist die „geistige Not der Moderne".

Worin kommt sie zum Ausdruck? Die Menschheit steht als Ergebnis einer zielstrebigen Entwicklung der Wissenschaft während der letzten drei Jahrhunderte jetzt vor der Notwendigkeit, verkündet Monod, einer schmerzhaften Umbewertung der Vorstellung von sich selbst und ihres Verhältnisses zur Natur, die seit Zehntausenden von Jahren tief verwurzelt ist. Diese „geistige Not“ ist nach seiner Meinung die Folge der Idee von der Objektivität der Natur, und davon, daß die Wahrheit keine andere Quelle haben kann als die systematische Gegenüberstellung von Logik und Erfahrung. Weshalb führt die Entwicklung der modernen Wissenschaft, eines wissenschaftlichen Stils des Denkens zu einer „geistigen Not“? Monod vertritt die Ansicht, daß bei dem Menschen ein angeborenes, im genetischen Kode fixiertes Bedürfnis zur Suche nach einem Sinn des Daseins besteht, das nach seiner Meinung alle Mythen, alle Religionen, alle philosophischen Systeme und sogar die Wissenschaft erzeugt hat. Im Verlaufe von Hunderten von Jahrtausenden wurde das Schicksal des Menschen mit dem Schicksal seiner Gruppe, seines Stammes identifiziert, außerhalb dessen er nicht existieren konnte. Diese mußten notwendigerweise zusammengeschlossen sein; deshalb besaßen die Gesetze, die diese Gemeinsamkeit schützten, eine außerordentliche subjektive Bedeutung und unterlagen keinem Zweifel.

Monod behauptet, daß alles das die genetische Evolution „angeborener Kategorien“ des menschlichen Denkens beeinflußt und dabei die Notwendigkeit einer mythischen Erklärung geschaffen hat. Die Schaffung von Mythen, Religionen, zahlreichen philosophischen Systemen ist, so meint er, der Preis, den der Mensch dafür zahlen mußte, daß er als gesellschaftliches Wesen überlebte. Die wichtigste Besonderheit besteht darin, daß die Menschen, während sie eine Erklärung schaffen, die eine „Erleichterung der Angst“ zum Ziel hat (Befriedigung des Bedürfnisses der Suche nach dem Sinn des Daseins), die menschliche Geschichte mit der Geschichte des Kosmos verbinden, die einen normativen Charakter erhält, die Bedeutung des Menschen enthüllt, und ihm seinen Platz in der Natur anweist. Diese Erklärung hat sich, um wahr und bedeutend zu sein, nach MONOD im Verlaufe der Jahrtausende zu einer „animistischen Tradition" entwickelt.

Der dialektische und historische Materialismus verfolgt gerade auch diese Tradition, behauptet er, teilt ihre „Unwissenschaftlichkeit", ihre „Ideologie". Die Trennung von ihr, die Behauptung, die objektive Erkenntnis sei die einzige Quelle der vollen Wahrheit — mit diesem Programm der neuen „Ära der Erkenntnis" tritt MONOD auf. Er vertritt die Ansicht, daß die moderne Wissenschaft die alte „animistische" Verbindung des Menschen mit der Natur zerstört, und daß sie daher nicht seine „angeborene Angst" beruhigen kann, weshalb sie schneller einen Platz in der Praxis als in der Seele des Menschen erobert.

Die endgültige Trennung von der „animistischen Tradition" erfordert nach MONOD eine vollkommene Überprüfung der Grundlagen der Ethik, des ganzen Wertsystems, das bisher die Menschheit beherrscht hat. Darüber hinaus bedeutet das nach dem Vorschlag MONODS ein vollkommen neues Verhältnis zwischen Ethik und Wissen, zwischen objektiver Wahrheit und einem wertorientierten Herangehen. Wenn in den „animistischen Konzeptionen" Moral und Wissen als zwei Aspekte ein und derselben Realität betrachtet worden, dann bedeutet das Postulat der Objektivität nach Meinung von MONOD etwas grundsätzlich Anderes, Unausweisliches für die Erforschung der Wahrheit selbst, da ja das Wissen jede wertmäßige Beurteilung (außer dem „erkenntnistheoretischen Wert") ausschließt, und gleichzeitig wird die Ethik auf Grund ihres nichtobjektiven Wesens auf ewig aus dem Gebiet des Wissens ausgeschlossen.

Gleichzeitig behauptet MONOD, daß, obgleich das wahre Wissen keine Werte anerkennt, für seine Begründung eine Wertung, oder genauer gesagt, ein Wert-Axiom notwendig ist; die Aufstellung des „Postulats der Objektivität" selbst als Voraussetzung der wahren Erkenntnis stellt einen objektiven Wert dar, der das objektive Wissen selbst ist. Daher bedeutet, wie Monod meint, die Annahme des „Postulats der Objektivität“ das Aufstellen des grundlegenden Postulats einer Ethik — der Ethik der Erkenntnis. Der grundlegende Unterschied der letzteren von der „animistischen Ethik“ bestehe darin, daß die ethische Wahl des erstrangigen Werts die Grundlage der Erkenntnis ist.

Monod vertritt die Ansicht, daß kein Wertsystem den Anspruch erheben kann, die wahre Ethik zu sein, wenn es nicht ein Ideal vorschlägt, das das Individuum in einem solchen Grade übersteigt, daß es notwendigerweise seine Selbstaufopferung bestätigt. Und die Ethik der Erkenntnis werde vielleicht imstande sein, diese Forderung nach dem Transzendenten zu befriedigen, indem sie es als Wert definiert. Aber sie verneint auch nicht den Humanismus, da sie im Menschen den Schöpfer und Träger des Transzendenten anerkennt. Im Unterschied von den „animistischen Systemen“, welche die biologischen Eigenschaften des Menschen erniedrigen, trägt nach Monod die Ethik der Erkenntnis dazu bei, diese Besonderheiten zu achten und sie, wenn es notwendig ist, höher zu entwickeln; sie fordert, im Menschen ein Wesen zu sehen, das gleichzeitig der belebten Natur und dem Reich der Ideen angehört, von diesem Zwiespalt gepeinigt und bereichert wird, der seinen Ausdruck in Kunst und Dichtung und in der menschlichen Liebe findet.

Diesen Hymnus zum Lobe der Ethik der Erkenntnis schließt Monod mit der Schlußfolgerung ab, daß sie in seinen Augen die einzige rationale und idealistische Haltung ist, die fähig wäre, die Grundlage für einen „wirklichen Sozialismus“ zu sein, den Monod der marxistischen Form entgegenstellt, die eindeutig nicht auf der Wissenschaft, sondern auf einer „animistischen“ Ideologie begründet sei. Indem er die Ansicht vertritt, der historische Materialismus habe eine vollkommene Vermengung von Werten und Erkenntnis zur Grundlage, er sei auf einer „nicht-authentischen“, ihrem Wesen nach

„unwahren“ Ideologie aufgebaut, die der Wissenschaft untergeschoben worden sei, ruft MONOD dazu auf, von dieser „kindlichen, wenn nicht sogar tödlich gefährlichen Illusion“ abzugehen. Nach seiner Meinung besteht die einzige Hoffnung des Sozialismus nicht in einer Revision der Ideologie, sondern in einem vollkommenen Abgehen von ihr.

Dementsprechend vertritt MONOD die Ansicht, daß auch der moralisch inspirierte, wirklich wissenschaftliche sozialistische Humanismus seine Quelle in der Ethik der Erkenntnis hat, welche die Grundlage des Wissens ist und die Erkenntnis in den höchsten Wert, das Maß und die Garantie aller anderen Werte verwandelt. Nur die Ethik der Erkenntnis kann, wenn sie als Grundlage der sozialen und politischen Institutionen und folglich als Maßstab ihrer Wahrheit und ihrer Gültigkeit akzeptiert worden ist, nach der Meinung von MONOD zum Sozialismus führen.

Indem er das Fazit aus seinen sozial-philosophischen und ethischen Überlegungen zieht und ihnen gleichsam eine gewisse Bewertung gibt, ruft MONOD mit Hoffnung aus: das ist vielleicht eine Utopie, aber es ist kein unzusammenhängender Traum, das ist eine Idee, die sich durch ihre logische Folgerichtigkeit aufdrängt. Das ist nicht einmal eine Utopie, sondern weit eher ein zusammenhangloser Traum, in dem, wenn es auch eine gewisse logische Folgerichtigkeit gibt, jedoch falsche, in vielen Fällen falsifizierende Ausgangsvoraussetzungen enthalten sind, was unausweichlich zu falschen Schlußfolgerungen führt.

Das Fehlerhafte der Position findet man schon in der anfänglichen Behauptung, von der MONOD ausgeht, wenn er das Postulat eines reinen, objektiven Wissens im Gegensatz zum wertorientierten Herangehen aufstellt, wozu er auch die ideologischen, humanistischen, sozialethischen Bewertungen rechnet.

Die „Reinigung“ des wahren Wissens von der „animistischen Tradition“ behandelt MONOD daher in bedeutendem Umfang als eine „Befreiung“ von jeder beliebigen Ideologie und selbstverständlich vor allem von der marxistisch-leninistischen. MONOD kommt dabei zu der banalen „Wahrheit“ der bürgerlichen Konzeption der „Entideologisierung“, die bei der Begegnung mit den akuten Problemen der Gegenwart bereits einen vollkommenen Bankrott erlitten hat. Er geht dabei noch von der falschen Voraussetzung aus, daß Wissenschaft und Ideologie in allen Fällen unvereinbar sind. Demgegenüber vereinigt der Marxismus-Leninismus diese Eigenschaften organisch in sich, weil er eine wissenschaftliche Ideologie ist, in der das objektive, wahre Wissen gleichzeitig als Weltanschauung der fortgeschrittensten Klasse der Gegenwart, der Arbeiterklasse, in Erscheinung tritt, d. h. das enthält, was man ein „wertorientiertes Denken“ nennt, verbunden mit der Formierung eines Verhältnisses von Subjekt und Objekt, das bestimmten Zielen, Bestrebungen entspricht.

Im Gegensatz dazu verteidigt MONOD im wesentlichen die scientistische Konzeption des „reinen Wissens“, das nicht mit den Idealen der Menschen verbunden und dem Menschen, seiner subjektiven Welt, seinen Bedürfnissen und Fragen vollkommen entfremdet ist. Diese Konzeption liegt allen sogenannten technokratischen „Theorien“ zugrunde, deren Klassenbedeutung es ist, im Denken der Menschen die Überzeugung von der Nutzlosigkeit und der Unerwünschtheit der sozialen Revolution zu festigen, da ja die Entwicklung der Menschheit gerade und unmittelbar durch den Fortschritt von Wissenschaft und Technik bestimmt sei.

Außerdem sind die „Schlußfolgerungen“ MONODS auch objektiv auf das Erreichen eines „wirklichen Sozialismus“ orientiert, den er den real existierenden „marxistischen Gesellschaften“ entgegenstellt, die angeblich eine „animistische Tradition“ zur ideologischen Grundlage haben. Daher genügt ihm auch die revisionistische Ideologie nicht; er wünscht mehr: ein vollkommenes Abgehen von der marxistisch-leninistischen Ideologie und die Aufstellung einer bestimmten Variante des „ethischen Sozialismus", des moralischen, „wirklich wissenschaftlichen sozialistischen Humanismus", der die Ethik der Erkenntnis als absoluten Wert zur Grundlage hat. Diese Schlußfolgerungen von MONOD sind nicht nur reaktionär, sie sind im höchsten Grade utopisch und antiwissenschaftlich.

Diese Verabsolutierung der wissenschaftlichen Erkenntnis und ihrer Ethik, die im Dienst einer scientistischen Variante des „ethischen Sozialismus" vorgenommen wird, widerspricht der Wirklichkeit und ist nur in der Lage, die heutigen Wissenschaftler in wissenschaftlicher und ethischer Hinsicht zu desorientieren. Vom Standpunkt des historischen Materialismus ist der wahre, reale, kommunistische Humanismus der wissenschaftliche Humanismus, aber er ergibt sich aus der Wissenschaft nur dann gesetzmäßig, wenn die letztere nicht eng, als ein reines Suchen nach der Wahrheit, sondern als soziale Institution der modernen Gesellschaft verstanden wird. Der Dienst für das Wohl des Menschen als wesentliche Eigenschaft der Wissenschaft, die immer unmittelbarer in ihrem Funktionieren in Erscheinung tritt, besteht heute keineswegs in „reiner Form", sondern in vielen Fällen nur deformiert von der Einwirkung sozialer Faktoren. Ein solches Herangehen ermöglicht nicht nur, das Wesen der modernen Wissenschaft richtig zu verstehen, sondern sie auch mit sozialen und humanistischen Idealen in Verbindung zu bringen, ihre wahre Bedeutung und Rolle bei der Entwicklung der Gesellschaft und des einzelnen Menschen zu erkennen, aber auch bei der „Evolution der Ideen", über die MONOD so viel spricht.

Der historische Materialismus fixiert die bekannten Unterschiede zwischen diesen Weisen des Herangehens, aber er errichtet nicht gleichzeitig unüberwindbare Barrieren zwischen ihnen und bestimmt die hier bestehenden Verbindungen dialektisch und als gegenseitige Einwirkungen. Das ist dadurch bedingt, daß die sozialen und humanistischen Ideen und Ziele selbst, die auf dem Boden des historischen Materialismus formuliert werden, das Ergebnis der wissenschaftlichen Erkenntnis sind und einen zutiefst wissenschaftlichen Charakter haben. Gleichzeitig, und sogar infolge dessen, bewahren sie ihre Wert-Charakteristik und haben im Verhältnis zur wissenschaftlichen Erkenntnis eine regulierende Bedeutung. So gewinnt auch die Ethik der Erkenntnis, wenn sie mit dem allgemeinen sozialen und humanistischen Bestreben der Wissenschaft zusammenfällt, wertende und regulierende Bedeutung, die jedoch nur als ein Aspekt des allgemeinen Verhältnisses von Wissenschaft und Gesellschaft in Erscheinung tritt, für das das kommunistische Ideal der Gesellschaft und des Menschen selbst als Selbstzweck der Geschichte die Grundlage bildet.

Dieser Umstand gewinnt unter den gegenwärtigen Bedingungen hervorragende Bedeutung, unter denen die Wissenschaft zu einer Kraft geworden ist, die dem Menschen nicht nur unermeßliche Wohltaten bringt, sondern — unter den Bedingungen des Kapitalismus — auch eine tiefgreifende soziale Ungleichheit der Menschen, eine Knechtung der Werktätigen; sie ist zu einer Kraft geworden, welche die Menschheit an den Rand der Vernichtung gebracht hat. Die hier auftretenden Probleme können nicht gelöst werden, wenn man nur von der Logik und der Ethik der Erkenntnis selbst ausgeht, losgelöst von den sozialen, ökonomischen, politischen, ideologischen und schließlich moralischen Faktoren, von denen im wesentlichen die Ethik der Erkenntnis abhängt und bestimmt wird. Schließlich darf man dabei nicht an isolierte Gebiete der wissenschaftlichen Forschung denken (z. B. Genetik, Molekularbiologie), sondern an die wissenschaftliche Erkenntnis als Ganzes, einschließlich auch der philosophischen Verallgemeinerungen, und muß die Wissenschaft als Institution der modernen Gesellschaft betrachten.

Alles das, neben anderem, verbindet die Bedürfnisse des gesellschaftlichen Fortschritts, der sozialen Entwicklung des Menschen und sein nicht aufzuhaltendes Bestreben, in die Geheimnisse der Natur einzudringen, darunter auch in die eigene, intime Tiefe. Dieses Bestreben ist grenzenlos, und es wäre Obskurantismus, davon auszugehen, daß im Prinzip die wissenschaftliche Untersuchung eines solchen Objektes wie des Menschen in Zukunft unmöglich sei. Allerdings bedeutet das nicht, daß beliebige scientistisch-technokratische Manipulationen am Menschen zugelassen sind, die nicht seiner relativen Stabilität und seiner einzigartigen Struktur Rechnung tragen. Außerdem stehen viele wichtige Probleme des Menschen heute vor der Wissenschaft nicht als aktuelle Aufgaben, da die Wissenschaft selbst nicht auf eine effektive Durchführung der Untersuchungen vorbereitet ist, aber auch aus moralischen, politischen und humanistischen Erwägungen. Folglich erkennt, unter Anerkennung der Grenzenlosigkeit der Bestrebungen der Wissenschaft, die marxistisch-leninistische Philosophie gesellschaftliche und menschliche Parameter der wissenschaftlichen Erkenntnis an, aber nicht irgendwelche kosmische, denn der Mensch ist nichts „Zufälliges", wie vor allem MONOD schreibt. Sie verneint ein abstraktes, überzeitliches Ideal der Wissenschaft und bestätigt den Menschen als einzigen und absoluten Wert der Weltschöpfung (L. FEUERBACH), als Maß und Garantie aller anderen Werte, darunter auch der wissenschaftlichen, der der Forscher.

Diese allgemeinen sozial-philosophischen und ethischen Erwägungen, die auf der Grundlage der dialektisch-materialistischen Philosophie entwickelt werden, haben auch eine direkte Beziehung zu den Untersuchungen auf dem Gebiet der Genetik des Menschen. Sie stellen äußerst aktuelle Aufgaben dar, weil ihre weitere Entwicklung und Konkretisierung durch gemeinsames Bemühen der Genetiker und Philosophen erfolgt.[27]) Die Dialektik und die Ethik der modernen genetischen Erkenntnis ist für uns daher nicht nur ein beeindruckendes Ergebnis der Entwicklung der Wissenschaft, sondern auch ein wichtiges Ziel, eine unerschöpfliche Aufgabe für weiteres Forschen, von Untersuchungen, wissenschaftlichem Streit und philosophischem Kampf, besonders auf dem Gebiet der Genetik des Menschen.

Statt eines Schlußwortes

Kritik antidialektischer „Schlußfolgerungen" aus der Genetik

Wie aus den vorausgehenden Ausführungen ersichtlich ist, beinhaltet die Geschichte der Genetik sehr viel Rätselhaftes und Merkwürdiges, das ein philosophisches Herangehen notwendig macht und stimuliert, das die Phantasie erregt und wissenschaftliches Interesse erweckt. Worin besteht die objektive Logik der Erkenntnis, die Gesetzmäßigkeit dieser oder jener Entdeckung, welche Rolle spielte hier der Zufall, da die Geschichte der Genetik nicht nur Entdeckungen, sondern auch „Wiederentdekkungen" vieler grundlegender Gesetze kennt? Wie wird der aktuelle und zukünftige Wert des genetischen Wissens bestimmt, wie tritt es historisch in Erscheinung und wie unterscheidet es sich von seinen Surrogaten; worin besteht der Fortschritt des genetischen Wissens und wie verhält er sich zu der Dialektik von der relativen und absoluten Wahrheit? Wie verändern sich die Methoden und der Charakter der genetischen Untersuchungen, welche sind ihre Perspektiven, wie wird die Sprache der Genetik modifiziert? Welche Folgen für den Menschen (und die Menschheit) hat die Erkenntnis seiner „genetischen Grundlagen", wie müssen wir uns zu Projekten verhalten, die mit einer Veränderung dieser „Grundlagen" verbunden sind? Welche Berührungslinien hat die Genetik als Disziplin der Naturwissenschaften zu den Human- und Gesellschaftswissenschaften, welches sind die gesellschaftlichen Bedingungen für ihre Entwicklung und was sind die weltanschaulichen, moralisch-ethischen, humanistischen Stimuli und Hemmnisse dieser Entwicklung?

Die grenzenlose Vielfalt von Fragen erzeugt Versuche

der philosophischen Analyse, des Wesens der Vererbung und ihrer wissenschaftlichen Erkenntnis. Und ständig wachsende Bemühungen sind notwendig, um auf diese Fragen zu antworten.

Das große Verdienst MENDELS, der an den Quellen der Wissenschaft von der Vererbung steht, besteht darin, daß er den Schlußstrich unter die spekulativen Hypothesen zog; obgleich sie auch in der Folgezeit noch in Hülle und Fülle auftraten und eine beachtliche Rolle in der Vorgeschichte der Genetik spielten, ist doch die echte Geschichte der Genetik, wie wir wissen, vor allem die Geschichte des Auftretens und der Entwicklung des genetischen Experiments von der Hybridisationsanalyse bis zu zytologischen und schließlich zu molekularen Analysen mit einer breiten Anwendung physikalisch-chemischer Methoden.

Gleichzeitig beginnt mit MENDEL das, was man das „genetische Denken" nennen könnte, das keineswegs nur zu einer richtigen Planung der Experimente und zur Durchführung logischer Operationen, die mit der Verallgemeinerung der Ergebnisse zusammenhingen, führte. Es gehört auch die fast intuitiv erreichte Kunst dazu, die Spezifik der genetischen Forschung zu sehen, und sie auf eine beliebige Ebene der Analyse lebender Systeme zu verlagern, sei es auf die molekulare oder die der Population.

In unserer Zeit, in der die Genetik umfangreich die Methoden der angrenzenden Wissenschaften anwendet, hat dieses Können und diese Fähigkeit zum „genetischen Denken" eine besondere Bedeutung. Und es ist kein Zufall, daß heute in der ganzen Welt viel davon gesprochen und geschrieben wird, daß eine vernünftige Verbindung des reduktionistischen und des ganzheitlichen Herangehens, oder, wie es T. DOBZHANSKY nennt, des cartesianischen (reduktionistischen) und des darwinianischen (kompositionistischen) Herangehens notwendig sei.

Diese Probleme tauchen unausweichlich vor dem Genetiker auf, wenn er versucht, die Ergebnisse seiner

Untersuchungen theoretisch zu durchdenken. Aber die Spezifik des „genetischen Denkens“ tritt nicht nur hier in Erscheinung. Die Genetik ist vielleicht eine der bisher wenigen biologischen Disziplinen, in der von Anfang an quantitative, sozusagen formale Methoden angewandt wurden, vor allem die Variationsstatistik[1]), die algebraische Symbolik, später die Methoden der mathematischen Modellierung und, in der letzten Zeit, die kybernetischen, informationstheoretischen sowie Methoden der allgemeinen Systemtheorie, die die Durchführung einer exakten qualitativen Analyse ermöglichen. Aussichtsreich sind auch die Untersuchungen der heuristischen Möglichkeiten von logisch-mathematischen und axiomatischen Konstruktionen in der Genetik, von semantischen und syntaktischen Analysen der Theorie der Vererbung und der Variabilität, d. h. die Untersuchung der formalen Struktur und der Interpretation der formalisierten Sprache der Genetik.

Es zeigt sich also, daß die Charakterisierung der Genetik durch nur eine Eigenschaft, ihren experimentellen, empirischen Charakter, ein großer Irrtum wäre. Und das wird immer klarer, je weiter sich die Theorie von der Vererbung und der Variabilität entwickelt, je weiter sich innerhalb der Wissenschaft selbst die theoretische Genetik entwickelt, die als Synthese des Wissens von den Gesetzen, die in den einzelnen spezialisierten Zweigen gewonnen wurden, aufgebaut wird.

Unter diesen Bedingungen wächst die Bedeutung der dialektisch-materialistischen Methodologie, und Theorie der genetischen Erkenntnis, die in bemerkenswertem Maße mit Untersuchungen zur Geschichte der Genetik verbunden ist. In hartem Kampf mit den Gegnern und Vulgarisatoren der Dialektik wurden günstige Erfahrungen der Vereinigung der Dialektik mit der Genetik gesammelt. Das ist eine konkrete Verwirklichung der LENINschen Ideen, die vor allem in dem vor mehr als einem halben Jahrhundert veröffentlichten Artikel „Über die Bedeutung der streitbaren Materialismus“ formuliert wurden, in dem W. I. LENIN bekanntlich die Idee entwickelte, daß „der Naturforscher moderner Materialist, bewußter Anhänger des von MARX vertretenen Materialismus, das heißt, dialektischer Materialist sein muß.“[2])

LENIN stellt in diesem Zusammenhang die Aufgabe, die materialistische Dialektik systematisch zu studieren. Vor allem in der Dialektik finden, nach LENINS Überzeugung, die modernen Naturwissenschaftler „eine ganze Reihe von Antworten auf die philosophischen Fragen, die von der Revolution in der Naturwissenschaft aufgeworfen werden ...“[3]) Sie finden, betonte er, „wenn sie es verstehen, danach zu suchen, und wir es lernen, ihnen dabei zu helfen ...“[4])

Nicht nur einmal mußten die marxistischen Philosophen es verstehen, den Naturwissenschaftlern zu „helfen“, und der Rat LENINS wurde, wie wir wissen, in der Vergangenheit nur teilweise erfüllt. Trotzdem hat sich der Prozeß der Vereinigung der Dialektik speziell mit der Genetik, der Prozeß der Dialektisierung ihrer theoretischen Grundlagen, ununterbrochen entwickelt. Es wurden Erfahrungen in der gemeinsamen Arbeit der Philosophen und Genetiker gesammelt, wurde das Verständnis erarbeitet, wie sich die Prozesse der Dialektisierung der Wissenschaft verwirklichen und was das dialektische Denken im Verhältnis zu den Einzelwissenschaften bedeutet. Eine immer größere Zahl von Genetikern in der ganzen Welt ist davon überzeugt, daß gerade die Dialektik die Möglichkeit gibt, bezüglich der allgemeinen weltanschaulichen und gnoseologischen Aufgaben die theoretischen Probleme der Genetik richtig zu formulieren. Da sie von Natur aus kritisch sind und gegen eine Verabsolutierung einzelner Etappen der Erkenntnis und ihrer Methoden auftreten, hilft ihnen die Dialektik, weitere Perspektiven der Erkenntnis zu sehen und eine neue Strategie der wissenschaftlichen Forschung aufzubauen.

Sie ermöglicht es, unter Berücksichtigung dieser Perspektiven, auch die Erfahrungen der Vergangenheit richtig zu sehen, die Geschichte der Genetik in ihrer ganzen Kompliziertheit und ihre Aufgliederung in verschiedene Etappen, die mit der Anwendung neuer Methoden und Untersuchungsobjekte zusammenhängen, sowie auch mit der Entwicklung ihrer Theorie und Methodologie auf dieser Grundlage zu erkennen. Gleichzeitig gibt die Anwendung der Prinzipien der Dialektik in der Genetik auch die Möglichkeit, nicht nur die qualitativen Umwandlungen der Genetik in den einzelnen Etappen ihrer Entwicklung zu erkennen, sondern die Aufmerksamkeit auch stärker auf die grundlegende, wichtige Kontinuität ihrer geschichtlichen Entwicklung, ihrer generellen Entwicklung zur Wahrheit zu konzentrieren.

Diese Kontinuität findet man auch in der methodologischen, philosophischen Sphäre als allgemeine, wenn auch zum großen Teil spontane Erscheinung, als Linie der Entwicklung zum Materialismus und zur Dialektik, was schließlich ein Abgleiten zum Idealismus und Mechanizismus in den philosophischen Verallgemeinerungen in den Arbeiten einzelner Genetiker nicht ausschließt. Große Bedeutung hat das richtige Verstehen der Aufgaben und der Formen des Kampfes gegen antiwissenschaftliche philosophische Konzeptionen, die Beherrschung des LENINschen Herangehens, der LENINschen Methodologie des philosophischen Kampfes in ihrem Verhältnis zum wissenschaftlichen Forschen und den auf seiner Grundlage auftretenden wissenschaftlichen Auseinandersetzungen und Diskussionen über die grundlegenden theoretischen Probleme der Genetik.

Die LENINsche Arbeitsweise ermöglicht es, Falsches zu erkennen, sowohl in den utopischen Versuchen, die Genetik aus dem philosophischen Kampf „herauszuhalten“, wie auch in den vulgarisierenden Tendenzen, sich jeden Schritt in der Erkenntnis der Vererbung und der Variabilität auf beliebiger Ebene als ein außerordentliches „Mysterium des philosophischen Geistes“ vorzustellen, das direkt und unmittelbar mit den Interessen und der Praxis des Klassenkampfes verbunden ist. Es bietet die

Möglichkeit, das Erkennen des Wesens der Vererbung und der Variabilität dialektisch auch als quälendes Suchen nach der Wahrheit und als erbitterten Kampf der Ideen, zu verstehen, der durch Faktoren stimuliert und gelenkt wird, die der Wissenschaft nicht immer eigentümlich sind.

Unter den gegenwärtigen Bedingungen verschärft sich der philosophische Kampf um die gnoseologisch-weltanschaulichen Probleme der Genetik und greift tatsächlich auf immer speziellere methodologische Probleme über, die mit der Anwendung der Dialektik in der genetischen Forschung zusammenhängen. Er gewinnt jetzt auch in dem Maße neue Aspekte, in dem sich die Autorität der Dialektik erhöht, ihre Bedeutung in den Augen der Naturwissenschaftler, darunter auch in den kapitalistischen Ländern, wächst. Damit nehmen auch die ideologischen Attacken von seiten der bürgerlichen und revisionistischen „Kritiker" der marxistisch-leninistischen Philosophie zu. Dabei ist es charakteristisch, daß sich bei den Versuchen, den wahren Sinn und die Bedeutung der Dialektik zu entstellen, vor allem ihren „Bankrott" in der Wissenschaft, darunter besonders auch in der Genetik, zu beweisen, leider auch einige hervorragende Wissenschaftler der kapitalistischen Länder beteiligen.

Ein besonders typisches Beispiel in dieser Hinsicht war auch die philosophische Aktivität von Jacques MONOD, die ihren Ausdruck in seinem vielfältigen Auftreten gegen die Dialektik gefunden hat, konzentriert in seinem Buch „Zufall und Notwendigkeit". Das Buch von MONOD wurde in den letzten Jahren zur Grundlage „ideologisch begründeter" Attacken der Anti-Marxisten gegen die Dialektik, die das Ziel hatten, ihren Bankrott in der Wissenschaft, vor allem in der Genetik, zu beweisen. Es ist daher kein Zufall, daß es in vielen Ländern der Welt in hohen Auflagen erschienen ist. Die bürgerliche Presse propagierte dieses Buch vor allem deshalb, weil MONOD in ihm eine neue „Widerlegung" des dialektischen Materialismus versprach. Dabei wird die Autorität von Monod als Wissenschaftler ausgenutzt, als Nobelpreisträger des Jahres 1965 für seine hervorragenden Entdeckungen auf dem Gebiet der Genetik der Mikroorganismen, vor allem für die Untersuchungen der Replikation und Rekombination bei Bakterien, aber auch für die Erarbeitung einer neuen Konzeption der Regulation der Genaktivität. Diese Untersuchungen wurden wiederholt im Experiment bestätigt und rufen keine Zweifel hervor, daher wollen wir uns nicht auf sie beziehen. Einwände und Kritik rufen jedoch die weltanschaulichen und methodologischen Schlußfolgerungen hervor, die aus ihnen hinsichtlich der wissenschaftlichen Erkenntnis im ganzen gezogen werden.

Monod geht bei der Betrachtung der wissenschaftlichen Erkenntnis von dem metaphysisch behandelten Postulat der Objektivität als grundlegendem Attribut der wissenschaftlichen Erkenntnis aus. Er behauptet daher, daß die Dialektik wie auch der dialektische Materialismus im ganzen (wie die Lehre von Teilhard de Chardin und der Positivismus von H. Spencer) eine Konzeption sei, in der die „animistische Projektion" vollzogen wird, d. h. objektive, natürliche Erscheinungen werden durch das Wirken der gleichen Gesetze erklärt wie die bewußte subjektive Tätigkeit des Menschen, die durch bestimmte Absichten, Ziele gelenkt wird.

Wie wird diese Behauptung bewiesen? In erster Linie selbstverständlich mit Hilfe von „Wahrheiten", die Monod aus dem ideologischen Arsenal des Antikommunismus zusammengetragen hat; bei ihrer Schaffung arbeiten grundsätzlich die Vertreter der unterschiedlichsten Richtungen des bürgerlichen Denkens zusammen, einschließlich der gelehrten Patres der Kirche. Monod vertritt die Ansicht, daß nur durch die „animistische Projektion", die mit dem Vergessen des Objektivitätspostulats beginnt, die Ablösung der idealistischen Dialektik durch den dialektischen Materialismus erklärt werden kann, der von Marx begründet wurde. Mit anderen Worten: die Auffassung Hegels von der echten Realität nur des Geistes wurde laut MONOD erweitert, und die Natur erhielt alle Attribute, die nur das Bewußtsein des Menschen besitzt. Die Dialektik der Natur, eine vollkommen objektive Dialektik besteht demnach nur in einer Anthropomorphisierung der Natur, ihrer „subjektiven Interpretation", die es ermöglicht, in ihr eine aufsteigende, konstruktive, schöpferische Absicht zu finden, sie verständlich und moralisch bedeutsam zu machen.

Die Haltlosigkeit dieser „Schlußfolgerungen" von MONOD ist so offensichtlich, daß unsere Diskussion auf eine einfache Wiederholung der grundlegenden Feststellungen der Philosophie des dialektischen Materialismus zurückgeführt werden könnte. Es ist jedoch, wie wir im weiteren sehen werden, sinnlos, hier mit MONOD zu streiten, irgendwelche Gegenargumente anzuführen, an die authentischen Texte der Begründer der marxistisch-leninistischen Philosophien des dialektischen Materialismus zu appellieren. Unser Kritiker weiß offensichtlich selbst gut, was seine Überlegungen über die „animistische Projektion" wert sind, und nachdem er „resümierend" in diesem Geiste den Hauptinhalt des dialektischen Materialismus dargelegt hat, verleumdet er ihn gleich: es könne, ohne Zweifel, bestritten werden, ob alles das den authentischen Gedanken von MARX und ENGELS entspräche. Aber das ist, wie MONOD meint, unwesentlich. Der Einfluß einer Ideologie hängt von der Bedeutung ab, die sie in der Vorstellung ihrer Vertreter erringt, die ihr die Epigonen geben. Zahlreiche Arbeiten beweisen, nach seiner Meinung, daß die von ihm gegebene Interpretation „legitim" mindestens bezüglich einer „Vulgata" des dialektischen Materialismus ist.

So wird von Anfang an eine „Vulgata" des Gegenstandes geschaffen, um den es sich handelt, und danach ist diese allein „legitim" und entzieht sich einer „kritischen Analyse". Es ist überaus seltsam, solche Erwägungen aus dem Mund eines hervorragenden analytischen Wissenschaftlers zu hören, der kaum irgendwelche positiven Ergebnisse in seinem Bereich erzielt hätte, wenn er es nicht mit tatsächlichen Fakten zu tun gehabt hätte, sondern wenn er von irgendeiner „Vulgata“ geleitet worden wäre, durch eine, mit Verlaub zu sagen, „Logik“ wie sie in den Erwägungen MONODS über den dialektischen Materialismus erscheint.

Dieser „Logik“ folgend kämpft MONOD gegen Windmühlenflügel, gegen eine vulgäre Interpretation des dialektischen Materialismus mit hauptsächlich von ihm selbst ausgedachten, oder richtiger, aus nichtmarxistischen oder sogar antimarxistischen Quellen geschöpften Argumenten. Man darf daher nicht verkennen, daß die Widerspiegelungstheorie des dialektischen Materialismus von MONOD interpretiert wird, indem er von der These der „reinen Widerspiegelung“, des „vollkommenen Spiegels“ usw. ausgeht. Auf dieser „Grundlage“ wird noch einmal die „Vulgata“ betont: für den dialektischen Materialismus sei es angeblich notwendig, damit eine Sache oder Erscheinung bis zur Ebene des Bewußtseins gelange, die keine Vereinigung oder Veränderung vertrüge, daß die äußere Welt buchstäblich in der Gesamtheit ihrer Strukturen und ihrer Bewegungen im Bewußtsein vorhanden sei. Für MONOD gibt es selbstverständlich nicht die LENINschen Ideen zu diesem Sachverhalt, die vor allem im „Materialismus und Empiriokritizismus“ ausgedrückt sind.

Dementsprechend negiert MONOD die Möglichkeit einer „kritischen Epistomologie“ aufgrund des dialektischen Materialismus vollkommen. Er behauptet, daß eine solche Interpretation der Wissenschaft nicht nur fremd, sondern auch unvereinbar mit ihr sei, was nach seiner Meinung jedesmal in Erscheinung träte, wenn der dialektische Materialismus den Boden der „rein theoretischen Meditation“ verließe, und sich die Aufgabe stelle, mit Hilfe seiner Konzeptionen neue Wege zur Entwicklung der experimentellen Wissenschaft zu finden. Hierzu rechnet er vor allem die Kritik der „rein selektionistischen“ Interpretation der Evolution, aber auch die Versuche der Vergangenheit, die Unvereinbarkeit der Gentheorie mit dem dialektischen Materialismus und ihre

Fehlerhaftigkeit zu beweisen. Monod stimmt der These von der „Unvereinbarkeit" der Gentheorie mit den Gesetzen der Dialektik zu, da diese Theorie die Unveränderlichkeit, die Konstanz der erblichen Reproduktion behauptet. Er versucht zu ironisieren, indem er die moderne Theorie des Gens als angeblich vom Standpunkt der dialektischen Materialisten „idealistisch" und „mechanistisch" bezeichnet.

Hier kommen wir zum vielleicht inhaltlich Grundlegendsten, Wichtigsten der von Monod durchgeführten „Kritik" der Dialektik vom Standpunkt der Molekularbiologie. Der Inhalt dieser Kritik stützt sich nicht nur auf eine „Vulgata" des dialektischen Materialismus, wobei Monod keinen Unterschied zwischen der echten Dialektik und pseudodialektischen Konstruktionen macht. Es zeigt sich schließlich, daß seine Pfeile an den Zielen vorbeigehen, auf die sie abgeschossen wurden, daß er nicht die grundlegende Kritik berücksichtigt, der die pseudodialektischen Konstruktionen in der Genetik und der Biologie im allgemeinen durch den dialektischen Materialismus unterzogen worden sind. Die „Kritik" der Dialektik von seiten Monods stützt sich auf verschiedene einseitige Interpretationen des Sinns und der Bedeutung einiger neuer Vorstellungen über das Wesen lebender Systeme, verbunden mit Hinweisen auf die Molekularbiologie, was entgegen den Absichten Monods nur die Notwendigkeit der Dialektik, von dialektischen Arbeitsweisen in der modernen biologischen Erkenntnis, noch einmal unterstreicht. Woran denken wir konkret? Vor allem an die Behandlung der Frage des Verhältnisses zwischen der Konstanz, Unveränderlichkeit und der Variabilität, Veränderlichkeit lebender Systeme, des Zufalls und der Notwendigkeit biologischer Prozesse usw. Das sind wesentliche zentrale Fragen, an Hand derer Monod seine Attacken gegen die Dialektik führt. Auf welche Vorstellungen — biologische und philosophische — stützt er sich dabei?

Als Spezialist auf dem Gebiet der Molekularbiologie ist

Monod bestrebt, deren Ergebnisse maximal zu benutzen, um zu beweisen, daß die fundamentale Grundlage der modernen Wissenschaft vom Leben die Molekulartheorie des genetischen Kodes ist. Dementsprechend werden die lebenden Systeme in erster Linie durch die Stabilität des Erscheinens genetischer Eigenschaften charakterisiert, d. h. sie besitzen die Fähigkeit, Information zu reproduzieren und ohne Veränderungen von Generation zu Generation zu übertragen, die ihrer ursprünglichen Struktur entspricht. Diese Eigenschaft lebender Systeme bezeichnet Monod als invariante Reproduktion oder einfach als Invarianz. Eine andere Eigenschaft, die von der ersten abhängt, ist nach Monod der autonome und sich selbst reproduzierende Charakter der morphogenetischen Prozesse, der die makroskopische Struktur der lebenden Systeme bestimmt. Schließlich erweist sich als eine weitere grundlegende Eigenschaft des Lebenden der teleonomische (zweckmäßige) Aufbau der Organismen, ihre Fähigkeit bestimmte Funktionen zu erfüllen, und vor allem, als wichtigste, die invariante Reproduktion.

So sind die Teleonomie, die autonome Morphogenese und die Invarianz der Reproduktion nach Monod die drei grundlegenden Eigenschaften lebender Wesen, zwischen denen dadurch ein Zusammenhang besteht, daß sich die genetische Invarianz nur mittels der autonomen Autogenese der Strukturen ausdrückt, in Erscheinung tritt, die den teleonomischen Apparat darstellen. Dabei finden diese Eigenschaften lebender Systeme nach Monod ihre klar ausgeprägte materielle Charakteristik auf molekularem Niveau: von zwei Klassen grundlegender biologischer Makromoleküle ist eine, die der Makromoleküle der Proteine (Eiweiße), der Träger aller teleonomischen Eigenschaften und Strukturen, während die genetische Invarianz ausschließlich mit der anderen Klasse der Makromoleküle verbunden ist, der Klasse der Nukleinsäuren. Diese biotheoretische und philosophische Interpretation der von ihm aufgezählten wichtigsten

Eigenschaften lebender Systeme richtet MONOD auch gegen die Dialektik, genauer, gegen deren „Vulgata“, die er zum Objekt seiner Kritik gemacht hat.

Bereits die Aufzählung der oben erwähnten wichtigsten Eigenschaften der Lebewesen ist ziemlich strittig. Man darf nicht daran vorbeigehen, daß solche fundamentalen Eigenschaften, wie die organische Ganzheit, die systemische Organisation, die sich dank des ständigen Stoff- und Energiewechsels in einem dynamischen Gleichgewicht hält, offensichtlich auch ihren Platz in der Charakteristik des Lebenden finden müßte, da sie ja die Grundlage für alle anderen dieser Eigenschaften bilden. Die Gründe, warum diese ihrem Wesen nach grundlegende Eigenschaft der lebenden Systeme von MONOD nicht analysiert wird, werden wir später erkennen, wenn die Ausgangsprinzipien seiner Methodologie klar sind.

Der Umstand fällt ins Auge, daß MONOD angeblich als „Gegengewicht“ gegen die Dialektik, die Aufmerksamkeit verstärkt auf die Invarianz, die Konstanz der Reproduktion konzentriert, wobei er sie in etwas Absolutes verwandelt. Die dialektische Konzeption von der Entwicklung geht im Gegensatz zu der metaphysischen von der Anerkennung der Einheit der Veränderlichkeit und der Konstanz aus und wendet sich dabei gegen die Verabsolutierung einer Seite dieser Einheit. Daher können auch die auf der molekularen Ebene beobachtete Invarianz und Konstanz der Vererbung in den Erscheinungen des genetischen Kodes, die die Vererbung der Strukturen sichert, keinesfalls, wie MONOD meint, im Widerspruch zu den Gesetzen der Dialektik stehen. Mehr noch, diese erhält ihre wissenschaftliche Erklärung als notwendiges Moment, als Aspekt eines allgemeinen Entwicklungsgesetzes der lebenden Natur, als historisch auftretender Mechanismus, der für die Selbsterhaltung der lebenden Systeme, ihre Reproduktion und Evolution sorgt.

Indem MONOD die Invarianz biologischer Systeme auf molekularer Ebene verabsolutiert, stellt er, ob er will oder nicht, die biologische Erkenntnis vor einen unlösbaren Widerspruch, die Unmöglichkeit, die Gesetzmäßigkeit der Neubildung, die Variabilität lebender Systeme, ihre Evolution, zu erklären. Um auf dem Boden des Materialismus zu bleiben (geleitet von dem Postulat der Objektivität, wie MONOD es nennt), muß er sich daher der Konzeption des „reinen Zufalls" zuwenden, d. h. eine weitere Wendung zur Verabsolutierung einzelner Momente der Erkenntnis der Wirklichkeit vollziehen. Hier sehen wir eine glänzende Bestätigung des Gedankens von ENGELS, gegen den MONOD ständig kämpft, daß die Verabsolutierung der Notwendigkeit, der Konstanz, der Eindeutigkeit charakteristisch für einen undialektischen, mechanistischen Determinismus ist, der logisch zur Behauptung der absoluten Zufälligkeit der Prozesse und sogar zu einzelnen indeterministischen Schlußfolgerungen führt.

Nachdem er die These von einem „autonomen, exakten und strengen Determinismus" entwickelt hat, der gleichsam eine volle Freiheit und Unabhängigkeit von einwirkenden Kräften und äußeren Bedingungen voraussetzt, die die Entwicklung nur hemmen können, aber keine Richtung und kein System der Organisation gibt, versucht MONOD auf dieser methodologischen Grundlage (wie er schreibt „cartesianisch" und nicht „hegelianisch", wobei er auch an die dialektisch-materialistische Konzeption denkt) das Problem des Verhältnisses zwischen Invarianz und Variabilität, Notwendigkeit und Zufall zu lösen. Dabei ist, nach MONOD, der Zufall die einzig mögliche Quelle jeglicher Neubildungen in der Biosphäre, angefangen bei den individuellen genetischen Veränderungen, den Mutationen, bis einschließlich zur Evolution im ganzen.

Man muß MONOD Gerechtigkeit widerfahren lassen, wenn er den objektiven Charakter des Zufalls betont, aber auch die Tatsache, daß dieser, auf die makroskopische Ebene des Organismus übertragen, mit Hilfe der Auslese, die es mit objektiv zufälligen Erscheinungen zu tun hat, in der evolutionären Entwicklung der Organismen den Charakter der Notwendigkeit erlangen kann. MONOD stellt dieses Herangehen vollkommen begründet den vitalistischen und animistischen Konzeptionen gegenüber, nach denen bestimmt „bewußte Absichten", „Ziele" usw. realisiert werden. Jedoch bezieht er unter die letzteren, wie erwähnt, in eklatantem Widerspruch zu den Tatsachen auch die dialektisch-materialistische Konzeption ein.

Die dialektisch-materialistische Konzeption der Entwicklung hat indessen nichts Gemeinsames mit den projektionistischen, animistischen Anschauungen von der Entwicklung der lebenden Natur. In ihr wird die Objektivität des Zufalls als Erscheinungsform der Notwendigkeit aufgrund der Anerkennung ihrer organischen Verbindung und des gegenseitigen In-einander-übergehens bestätigt. Dem liegen nicht nur die Ideen HEGELS zugrunde, die durch die Begründer der wissenschaftlichen Philosophie materialistisch umgewandelt wurden, sondern auch die DARWINsche Lehre von der Evolution durch natürliche Auslese, in der die objektive Dialektik von Zufall und Notwendigkeit glänzend in Erscheinung trat.

Auf die Bedeutung der Prinzipien des dialektisch-materialistischen Determinismus für die Genetik wurde oben bereits hingewiesen. Jedoch denkt MONOD, wenn er die Dialektik „kritisiert", überhaupt nicht an diese Konzeption. Er zieht es vor, sich auf die pseudodialektischen Ansichten von T. D. LYSSENKO u. a. zu beziehen, die schon längst von Biologen und Philosophen, von den Vertretern des dialektischen Materialismus, kritisiert und verworfen worden sind. Es ist schwierig, ein solches Verfahren der Diskussion als wissenschaftlich zu bezeichnen, und bedauerlich, daß ein so großer Wissenschaftler wie J. MONOD die dialektisch-materialistische Philosophie auf eine Weise „zertrümmert", die von deren offenen ideologischen Gegner, den Antimarxisten und ihren Spießgesellen entlehnt ist.

Im Rahmen des dialektisch-materialistischen, organischen Determinismus erfährt, wie bekannt ist, auch die Frage der Teleonomie (Zweckmäßigkeit) der lebenden Systeme ihre allgemeine methodologische Lösung, ein Begriff, den MONOD ebenfalls unbegründet gegen die Dialektik ausspielt. Er behandelt die wissenschaftliche Methode, die auf dem Postulat der Objketivität der Natur beruht, richtig, wenn er ein systematisches Abgehen von Annahmen voraussetzt, die Naturerscheinungen eine „Finalursache", eine „Absicht" usw. unterlegen. Allerdings definiert MONOD den Begriff der Teleonomie sehr weit, wenn er diese „Eigenschaft" lebender Organismen als unmittelbare Projektion der Besonderheiten der Makromoleküle des Eiweißes betrachtet, da sie tatsächlich in der Ganzheit des Organismus als kompliziertes System auftritt.

Das letztere zeigt besonders deutlich die Begrenztheit seiner Methodologie und enthüllt außerdem die gnoseologischen Wurzeln seiner antidialektischen Schlußfolgerungen. Es handelt sich darum, daß MONOD, der die molekularbiologischen Arbeitsweisen und Methoden verabsolutiert, den Reduktionismus für den wichtigsten und universalen Weg zur biologischen Erkenntnis hält. Er glaubt völlig daran, daß die fundamentalen Probleme der Wissenschaft vom Leben mit Hilfe der Reduktion gelöst werden können, ihrer Zurückführung auf die molekulare Ebene. Daher rührt seine Feindseligkeit gegen „organizistische" Konzeptionen, die nach seiner Ansicht unter dem Einfluß von HEGEL entwickelt werden. Diesen absoluten Reduktionismus richtet MONOD jedoch nicht nur gegen die „organizistischen" Konzeptionen mystischer Richtung („Holismus" u. a.), sondern ganz allgemein gegen das ganzheitliche Herangehen, gegen die allgemeine Systemtheorie u. a. Letzten Endes tritt MONOD gegen die Dialektik auf, die gerade, wie wir zu zeigen bemüht waren, auch die wissenschaftliche Methodologie für ein richtiges Verstehen der Frage nach dem Verhältnis von Analyse und Synthese, Reduktion, Zusammenfassung und ganzheitlichem Herangehen, Spezialisierung und Integration in der biologischen Erkenntnis gibt.

Im Gegensatz zu der Konzeption des absoluten Reduktionismus, die MONOD als spezifische Theorie des Lebens betrachtet, vereinigt das dialektische Herangehen organisch Analyse und Synthese, reduktionistische und ganzheitliche Art der Betrachtung der lebenden Systeme, ihrer Invarianz, Konstanz und Veränderlichkeit. Im Verlauf ihres ganzen Entwicklungsweges kam die Wissenschaft vom Leben zur Dialektik als der notwendigen Denkweise, als der Methodologie, die der Natur der modernen Erkenntnis adäquat ist. Daher sind die Versuche, ihren Einfluß auf die moderne Genetik zu untergraben, zum Scheitern verurteilt.

Nachwort

Wenn Sie aus den lärmenden Straßen der tschechoslowakischen Stadt Brno, an denen moderne Gebäude stehen, in den Garten des früheren Klosters kommen, in dem MENDEL viele Jahre gelebt und seine genialen Entdeckungen gemacht hat, bleiben Sie unwillkürlich vor dem schönen, aus weißem Marmor angefertigten Denkmal des Begründers der experimentellen Genetik stehen. Sie sind überrascht von der Strenge und ungewohnt bescheidenen, man kann sogar sagen „sanften" Größe, die als Eindruck der Nähe, der „Zugänglichkeit" des Großen, das hier getan wurde, des Grandiosen, des „Übermenschlichen" der Ergebnisse eines so einfachen und auf den ersten Blick glanzlosen, aber von großen geistigen Anstrengungen erfüllten Lebens zurückbleibt.

Die wahre Größe der Tätigkeit eines Wissenschaftlers zeigt sich darin, welchen Anstoß sie für die Entwicklung der Erkenntnis, den Fortschritt der Menschheit gebracht hat. Sie ist dem Samen ähnlich, der in den Boden gesenkt wurde, der durch die Arbeiten der Vorgänger und Zeitgenossen vorbereitet wurde. Der Samen der Wahrheit, der durch das Genie MENDELS ausgesät wurde, brachte reiche Saat; es war unsere Aufgabe, das zu beweisen, indem wir die Lehre MENDELS, den Mendelismus und seine Methodologie zur modernen Genetik und zur Dialektik, zu den weltanschaulichen und gnoseologischen Grundlagen wie auch zu den sozial-ethischen, humanistischen Prinzipien der marxistisch-leninistischen Philosophie in Beziehung setzten. Der Mendelismus wurde die Quelle der modernen Genetik. Sie ist ihrer ursprünglichen Form nicht mehr ähnlich; wie vieles zeigt sich hier „umgewandelt", „aufgehoben" und gelegentlich auch einfach verworfen! Aber ähnelt etwa der mächtige Baum dem Samen, auf dem er gewachsen ist? Und doch gab er diesem Baum das Leben.

Große revolutionäre Umgestaltungen der Genetik vollzogen sich in jeder Etappe ihrer Entwicklung, vom Mendelismus bis zu ihrem heutigen Stadium. Aber dabei wurde in der Geschichte der Genetik, wie wir gesehen haben, die deutlich ausgeprägte Linie eines kontinuierlichen Zusammenhangs verfolgt, wie es für jede echte Wissenschaft charakteristisch ist. Es gab nicht wenig Pseudowissenschaftliches, das versuchte, diese kontinuierliche Linie in der Entwicklung der Genetik künstlich zu unterbrechen, und nicht wenige Bemühungen wurden unternommen, um die Lehre MENDELS und den Mendelismus vor allem von der modernen Molekulargenetik abzutrennen. Nicht wenig Kräfte wurden auch dafür eingesetzt, um die „Fehlerhaftigkeit" des Mendelismus in philosophisch-methodologischer Hinsicht zu beweisen, seine „Feindschaft" zum dialektischen Materialismus. Jedoch erwiesen sich, wie wir wissen, alle diese Versuche als unbeständig.[1])

Die grundsätzliche Hauptlinie der Entwicklung der Genetik ist die Entwicklung der wissenschaftlichen Erkenntnis der Vererbung und der Variabilität auf dem Wege des Materialismus und der Dialektik. Wir haben uns bemüht, das zu beweisen, indem wir gleichzeitig berücksichtigten, daß die Entwicklung nicht geradlinig und eindeutig war; sie umfaßt auch Abweichungen von der grundsätzlichen Hauptlinie und Zickzackwege, die den Kritikern der Dialektik Veranlassung gaben, von einem scheinbaren „Bankrott" der Genetik zu sprechen.

Wir haben uns zumindest bemüht, die wissenschaftliche Bedeutung der Dialektik für die Genetik nicht einfach zu deklamieren. Die unvoreingenommene Betrachtung dieses Problems, die sich auf positive Erfahrungen stützt, zeugt ganz offensichtlich davon. Sie beweist, daß die Lösung der grundlegenden Probleme der Genetik entscheidend mit Hilfe des dialektischen Denkens möglich ist, daß die Dialektik zum Fleisch und Blut der modernen Genetik geworden ist, daß sie die methodologische Grundlage für ihre Theorie und Methoden ist.

Nur die, welche in ihrem Denken Ziele verfolgen, die weit von der Wissenschaft entfernt sind (vor allem die Antikommunisten aller Richtungen) können behaupten, daß die Dialektik der Genetik Überlegungen ideologischen Charakters „aufdrängt", daß sie angeblich zum Mittel der „politischen Reglementierung" der Wissenschaft wird usw. Nur durch eine Verblendung, die auf einer ungenügenden Kenntnis des Wesens der Sache selbst beruht, kann man die bedauerlichen negativen Äußerungen einiger Wissenschaftler, vor allem von J. MONOD, zur Dialektik erklären, die nur Fehler und Komplikationen bei der praktischen Anwendung in der Genetik sehen, worüber sich die bürgerliche Propaganda maßlos freut, und dabei den wissenschaftlichen Aspekt dieses komplizierten Problems aus den Augen verlieren.

Selbstverständlich kennen wir diese Fehler und Schwierigkeiten, die durch Wissenschaftler, die Vertreter der Dialektik sind, selbst aufgedeckt und kritisiert wurden, und wollen sie nicht verkleinern. Außerdem nehmen die sogenannten Kritiker der Dialektik, wenn sie sich auf negative Erfahrungen berufen, um den „Bankrott" der Dialektik in der Genetik zu beweisen, in der Regel nur *die* Arbeiten der vergangenen Jahre aufs Korn, in denen nur Surrogate der Dialektik, eine Pseudodialektik, geboten wird.

Die Überlegungen über einen „Bankrott" der Dialektik können nur bei naiven oder wenig gebildeten Menschen zu einer Verblendung führen, da dieses pseudodialektische Herangehen einen vergeblichen Versuch im allgemeinen Trend der historischen Entwicklung der Genetik darstellt, gegen einen allgemeinen und grundsätzlich objektiv notwendigen Prozeß einer echten Dialektisierung der Genetik anzugehen. Es ist folglich nur eine Episode in der Geschichte der Entwicklung der Genetik. Es wäre im höchsten Grade naiv, denen zuzustimmen, die aus verschiedenen Gründen darauf bestehen, ihre Aufmerksamkeit nur den Episoden zuzuwenden (wie dramatisch das auch zeitweise aussehen mag) und nicht der Geschichte im ganzen.

Hier geht es schließlich nicht um einzelne Beispiele, sondern um den ganzen Prozeß der Entwicklung des dialektischen Herangehens. Er steht zur ganzen Entwicklung der Genetik selbst, zur zufälligen oder bewußten Dialektisierung ihrer methodologischen Grundlagen in gleichem Umfang in Beziehung. Es wurde oben wiederholt betont, daß man diesen Prozeß nicht vereinfachen darf, daß man in ihm nicht nur die Aufgabe einer passiven „Aneignung" der Dialektik durch die Wissenschaftler sehen darf, daß man innere, objektive Entwicklungsprozesse der Wissenschaft selbst berücksichtigen muß, welche die Wissenschaftler zum dialektischen Denken anregen und hinführen.

Man muß sich immer daran erinnern, daß der Weg zur Wahrheit keinesfalls geradlinig ist, daß auch die Wahrheit selbst ein integriertes Ganzes ist, zusammengesetzt aus Elementen, die eine relative Ganzheit besitzen, begrenzt durch bestimmte Grenzen und Ebenen der Entwicklung der Wissenschaft. Die Wahrheit ist ein Prozeß, innerhalb dessen die Verabsolutierung einzelner Etappen, das Hinausgehen über die Grenze der Anwendbarkeit einzelner wissenschaftlicher Feststellungen zur Verwandlung in ihr Gegenteil führt: das ist das Grundlegende, Wichtigste, das die Dialektik der Erkenntnis, speziell auch in der Genetik, bestätigt. Das hinsichtlich der Wahrheit zu bestätigen, bedeutet jedoch nicht, die Grenze zwischen Wahrheit und Lüge aufzuheben, die Ohnmacht des menschlichen Geistes und der Wissenschaft zu behaupten. W. I. LENIN schrieb, daß „die Dialektik, wie schon HEGEL erläuterte, ein Moment des Relativismus, der Negation, des Skeptizismus in sich einschließt, daß sie sich aber nicht auf den Relativismus reduziert."[2]) Die Wahrheit der Wissenschaft wird durch die gleichen Züge charakterisiert. Sie schließt das Moment der Bedingtheit ein, aber sie widersteht auch klar in dieser Bedeutung der Pseudowahrheit. Der bedeutende sowjetische Genetiker A. S. SEREBROWSKIJ sagte in der Zeit, als um die Genetik heftige Streitigkeiten entbrannt waren: „Die Wahrheit ist unteilbar, und sie läßt keinen Durchbruch der Front, selbst an einem kleinen Eckchen nicht, zu."[3]) In der Genetik, wie auch in der Wissenschaft sonst, sind verschiedene Arbeitsweisen, verschiedene Standpunkte möglich, zwischen denen der Kampf recht heftige Formen annehmen kann. Aber es kann in ihr keine „Koexistenz" der Wahrheit und ihrer Antipoden geben, da sie durch die Hinwendung zu den Fakten, zum Experiment, der Analyse der logischen Grundlagen dieser oder jener theoretischen Konstruktion, letztlich zur Praxis fortschreitet. Die Wahrheit ist folglich nicht nur unteilbar, sondern auch beweisbar, da sie vielfältig im Experiment produziert werden, logisch geprüft und in die praktische, die Produktionstätigkeit überführt werden kann.

W. I. LENIN wies den Gedanken zurück, daß das menschliche Denken seiner Natur nach fähig sei, die absolute Wahrheit zu besitzen, denn diese ergibt sich aus der Summe der relativen Wahrheiten. Er bestätigte die dialektische Natur der Erkenntnis, ihr ewiges Streben nach Neuem, Unentdecktem. Alles das hat eine direkte Beziehung zur Genetik, die sich im unaufhörlichen Forschen nach den Gesetzmäßigkeiten der Vererbung und der Variabilität befindet, in der Aufdeckung großer Wahrheiten der Wissenschaft, die mächtige Naturkräfte in den Dienst des Menschen, seiner freien und allseitigen Entwicklung stellen können.

Anmerkungen

Anmerkungen zu Kapitel I

1) A. E. Gajsinowič: Das Entstehen der Genetik, Moskau 1967 (russ.), S. 176
2) B. L. Astaurow: Über das wissenschaftliche Erbe Gregor Mendels, in: Z. obsc. biol. **26** (1965) 5 (russ.)
3) S. I. Alichanjan: Methodologische Probleme der Genetik, in: Vopr. Filos. (1967) 12, S. 82 (russ.)
4) A. Ravin: Die Evolution der Genetik, Moskau 1967 (russ.), S. 7
5) Ebd., S. 11
6) Vgl. N. P. Dubinin: Horizonte der Genetik, Moskau 1970 (russ.), S. 88
7) S. I. Alichanjan: Moderne Genetik, Moskau 1967 (russ.), S. 10
8) Um sich davon zu überzeugen, genügt es, die Mendel-Biographie von Hugo Iltis (H. Iltis: Gregor Johann Mendel, Leben, Werk und Wirkung, Berlin 1924) mit den Schreibereien des Nazis Oswald Richter (O. Richter: Gregor Johann Mendel, wie er wirklich war. Neue Beiträge zur Biographie des berühmten Biologen aus Brünns Archiven. Verhandlungen des naturforschenden Vereins in Brünn etc. 74. Band für das Jahr 1942, Teil 2, Brünn 1943) zu vergleichen.
9) Vgl. das Literaturverzeichnis am Ende des Buches
10) A. E. Gajsinowič: Gregor Mendel und das Schicksal seiner Entdeckung, in: Vopr. filos (1972) 7, S. 77
11) Genaueres darüber s. in unserem Buch „Mendel, Mendelismus und Dialektik“, Moskau 1972 (russ.)
12) H. Iltis: Life of Mendel, New York, 1966, S. 91
13) L. Marvanova: First Impulse to Mendel's Scientific Education, in: Folia Mendeliana (1971) 6, S. 31
14) Vgl. V. Orel: Wie die Theorie Mendels entstand, in: Priroda, Moskva (1972) 5, S. 71 (russ.)
15) Ebd.

16) Mendels „Autobiographie“ (1850), in: Gregor Johann Mendel (1822–1884). Texte und Quellen zu seinem Wirken und Leben, zusammengestellt und kommentiert von J. KŘIŽENECKÝ. Leipzig 1965, S. 75
17) Ebd.
18) Ebd., S. 76
19) Welchem Standpunkt mögen wohl z. B. Pater Canisio van LIERDE, Bischof und Generalvikar von Porthireon oder der Nazi O. RICHTER einnehmen? (Canisio van LIERDE: Carattere e religiosità di Grigorio Mendel, Gedda Luigi Novantanni delle Leggi Mendeliane, Roma 1956, S. 101 bis 112; O. RICHTER: Gregor Johann Mendel, wie er wirklich war, a. a. O.)
20) Zit. nach V. OREL: Die Praxis der Züchtung in der Heimat Gregor Mendels und das Entstehen seiner wissenschaftlichen Interessen, in: Aus der Geschichte der Biologie, Moskau 1973 (russ.), S. 200
21) V. OREL: Interest in Hybridization in Moravia before Mendel came to Brno, in: J. of Hered. **64** (1973) 1, S. 51; V. OREL: Mendel's elder Friar and Teacher, Matthew Klacel (1808–1882), in: Quart. Rev. Biol. **47** (1972) S. 435
22) C. F. NAPP; F. DIEBEL: Pomologische Gesellschaft zur Beförderung des Ackerbaus, der Natur- und Landeskunde in Brünn, N. 41, S. 321f.
23) Vgl. V. OREL: Der Lehrer Mendels, in: Vopr. filos., (1973) 12
24) V. OREL: Wie die Theorie Mendels entstand, a. a. O., S. 71
25) J. LOUZIL: Bratranek a Mendel, in: Sbornic praci filosoficke fakulty Brunensis **19** (1972) S. 79–86; J. LOUZIL: Neznamy filosoficky rukopis Fr. Th. Bratranka. – Des Lebens Urwort. Acta universitatis Carolinae – philosophica et historica (1971) 5, S. 111–142
26) Mendels „Autobiographie“ (1850), a. a. O., S. 76
27) F. DIEBEL: Abhandlungen aus der Landwirtschaftskunde für Landwirthe, besonders aber für diejenigen, welche sich der Erlernung dieser Wissenschaft widmen. Zweite Abteilung: Von dem Pflanzenbau. Brünn 1835, S. 29
28) Ebd.
29) L. TRAUTMANN: Versuch einer wissenschaftlichen Einleitung zum Studium der Landwirtschaft, Wien 1814, Bd. 1, S. 283. (Zit. nach V. OREL: Interest in Hybridization in Moravia before Mendel came to Brno, in: J. of Hered. **64** (1973) 1, S. 51

30) J. BURGER: Lehrbuch der Landwirtschaft, Bd. 1, Wien 1830
31) M. VÁVRA: Nazory a metody panuciji na Moravé a ve Slezsku při slechtěni ni zahradnich rostilin v dobé predmendelovské, in: Acta Universitatis Agriculturae, Bd. 4, Brno 1969, A 17, S. 727; M. VAVRA: Ceskoslovensti. Slechtitele zagradnich rostlinsvrstevnici Gregora Mendela. Acta Universitatis Agriculturae, A 18, Bd. 1, Brno 1970, S. 161
32) Zit. nach Iconographia Mendeliana. Brno 1965, S. 21
33) Mendels „Autobiographie" (1850), a. a. O., S. 76
34) Ebd.
35) Zit. nach R. GICKLHORN: Gregor Mendels Lehramtsprüfung und Studienzeit in Wien, in: Biologische Rundschau 7 (1969) 4, S. 157
36) R. OLBY: Origin of Mendelism. London 1966; R. OLBY: Franz Unger and the Wiener Kirchenzeitung. An Attack on one of Mendel's Teachers by the Editor of a Catholic Newspaper, in: Folia Mendeliana (1967) 2; V. OREL: Mendel and New Scientific Ideas at the Vienna University, in: Folia Mendeliana (1972) 7
37) V. OREL: Wie die Theorie Mendels entstand, a. a. O., S. 72
38) V. OREL: Mendel and New Scientific Ideas at the Vienna University. — Folia Mendeliana, 1972, Nr. 7, S. 32
39) So spricht Mendel im fünften seiner Briefe an NAEGELI über seine Tätigkeit als Lehrer der Experimentalphysik (G. Mendels Versuche über Pflanzenhybriden, Moskau 1965, S. 75 (russ.))
40) R. A. FISHER: Has Mendel's Work been rediscovered?, in: Ann. Science (1936) 1; Notes and Records of the Royal Society at London, 192 (1966); V. OREL: Wie die Theorie Mendel's entstand, a. a. O., S. 5
41) G. MENDEL: Versuche über Pflanzen-Hybriden, in: Gregor Johann Mendel 1822—1884, a. a. O., S. 52f.
42) Onomastik: Teilgebiet der Sprachwissenschaft, untersucht die Eigennamen
43) G. MENDEL: Versuche über Pflanzen-Hybriden, a. a. O., S. 23
44) Vgl. ebd.
45) Ebd., S. 23f.
46) Ebd., S. 36
47) Ebd., S. 40
48) Ebd.

49) Vgl. z. B. B. L. Astaurow, in: G. Mendel, Versuche über Pflanzenhybriden, Moskau 1965 (russ.), S. 109f.
50) V. Orel: A Reconstruction of Mendel's Experiments and an Attempt at an Explanation of Mendel's Way of Presentation, in: Folia Mendeliana (1971) 6, 45
51) G. Mendel: Versuche über Pflanzen-Hybriden, a. a. O., S. 23
52) Folia Mendeliana (1971) 6, S. 136
53) C. Correns: Gregor Mendels Briefe an Carl Nägeli, in: Abhandlungen der mathematisch-physikalischen Klasse der königl. Sächsischen Gesellschaft der Wissenschaften (Leipzig), 29 (1905) 3, S. 198ff.
54) Ebd., S. 220
55) G. Mendel: Versuche über Pflanzen-Hybriden, Leipzig 1940, S. 52
56) C. Correns: Gregor Mendels Briefe an Carl Nägeli, a. a. O., S. 242
57) J. Heimans: A Recently Discovered Note on Hybridization in Mendel's Handwriting, in: Folia Mendeliana (1969) 5

Anmerkungen zu Kapitel II

1) Wavilow, N. I.: Der Mendelismus und seine Bedeutung in Biologie und Agronomie, in: G. Mendel, Versuche über Pflanzenhybriden, Moskau 1965 (russ.), S. 98
2) Wir verweisen den Leser, der mit dem fragmentarischen und etwas spezifischen Charakter unserer Betrachtung dieser Frage nicht zufrieden ist, auf das Buch von A. E. Gajsinowič: Die Entstehung der Genetik (Moskau 1967, russ.), in dem der Autor auf hohem wissenschaftlichen Niveau die Anfangsetappe der Geschichte der Wissenschaft von der Vererbung und der Variabilität systematisch darstellt.
3) F. Jacob: Die Logik des Lebenden. Frankfurt/Main 1972, S. 220
4) J. Nestler: Amtsbericht über die vierte, zu Brünn im September 1840, abgehaltene Versammlung der deutschen Land- und Forstwirthe, Olmütz 1840, S. 216
5) R. Wood: Robert Bakewell (1726–1795) Poineer Animal Breeder and His Influence on Charles Darwin, in: Folia Mendeliana (1973) 8

6) G. Mendel: Versuche über Pflanzenhybriden, in: Gregor Johann Mendel 1822–1884, a. a. O., S. 23
7) A. E. Gajsinowič: Entstehen und Entwicklung des Mendelismus, in: G. Mendel, Ch. Naudin, A. Sagérét: Ausgewählte Arbeiten, Moskau 1968 (russ.), S. 7
8) A. Sagérét, Ch. Naudin, G. Mendel: Ausgewählte Arbeiten über Pflanzenhybriden. Moskau–Leningrad 1935 (russ.), S. 167
9) Ebd., S. 167–168
10) Ebd., S. 166–167
11) Ebd., S. 168
12) A. E. Gajsinowič: Entstehen und Entwicklung des Mendelismus, in: G. Mendel, Ch. Naudin, A. Sagérét: Ausgewählte Arbeiten, a. a. O., S. 17
13) A. Sagérét, Ch. Naudin, G. Mendel: Ausgewählte Arbeiten über Pflanzenhybriden, a. a. O., S. 218
14) Ebd., S. 201
15) Ebd., S. 203
16) Ebd., S. 204f.
17) Ebd., S. 207f.
18) Vgl. C. Correns: Etwas über Gregor Mendels Leben und Wirken, in: Die Naturwissenschaften 10 (1922) 29, S. 623–631
19) Vgl. K. A. Timirjasew: Werke Bd. VI, Moskau 1939 (russ.), S. 258, 260
20) Diese Feststellung gelang A. E. Gajsinowič
21) Namentlich aus Fockes Monographie haben Correns, Tschermak und de Vries von Mendel erfahren, denen die Ehre der Wiederentdeckung der Gesetzmäßigkeiten gebührt, die von Mendel aufgefunden wurden.
22) Vgl. A. E. Gajsinowič: Gregor Mendel (Biographischer Abriß), in: G. Mendel: Versuche über Pflanzenhybriden, Moskau 1965 (russ.), S. 127
23) Folia Mendeliana (1976) 6, S. 136
24) Ebd.
25) C. Correns, a. a. O., S. 628
26) A. E. Gajsinowič: Gregor Mendel und das Schicksal seiner Entdeckung, in: Vopr. filosof. (1972) 7, S. 77 (russ.)
27) Ju. A. Filipčenko: Die Variabilität und die Methoden ihrer Untersuchung, Leningrad 1926 (russ.), S. 154
28) W. Johannsen: Elemente der exakten Erblichkeitslehre, Jena 1926, S. 177

29) Einen interessanten Gedanken sprach in diesem Zusammenhang A. E. GAJSINOWIČ aus. „... 1884 gab C. NÄGELI sein bedeutendes Buch „Mechanisch-physiologische Theorie der Abstammungslehre (München) heraus, in dem er verschiedene Vermutungen zu Fragen der Vererbung äußerte, die vermutlich durch die Arbeiten MENDELS angeregt worden waren. So z. B. seine Ansichten über die Anlagen des Idioplasmas als Vertreter einzelner Merkmale des Organismus, und nicht der Zellen oder Organe, wie DARWIN und WEISMANN behauptet hatten. Jede wahrnehmbare Eigenschaft ist als Anlage im Idioplasma vorhanden, es gibt daher ebenso viele Arten von Idioplasma als es Combinationen von Eigenschaften gibt" (ebd., S. 23). Einige der von ihm herangezogenen Beispiele könnten der Arbeit MENDELS entnommen sein, wo er über Dominanz und über die Erscheinungen der Uniformität der ersten Generation und die Aufspaltung in der zweiten spricht (ebd., S. 213f.). Jedoch erwähnt NÄGELI den Namen MENDEL nicht. (A. E. GAJSINOWIČ: Die Entstehung der Genetik, a. a. O., S. 100).

30) Vgl. H. SPENCER: System der synthetischen Philosophie, Bd. II (Die Principien der Biologie, Bd. I). Stuttgart 1876

31) Vgl. A. WEISMANN: Vorträge über Deszendenztheorie, Jena 1913 (3. Aufl.)

32) I. I. ŠMAL'GAUZEN: Probleme des Darwinismus. Leningrad 1969 (russ.), S. 158

33) Ebd.

34) Der Gerechtigkeit halber bemerken wir, daß BATESON vorher eine richtigere Stellung zur Untersuchung der Probleme der Evolution eingenommen hatte, wobei er besonders die Notwendigkeit der experimentellen Untersuchung der erblichen Variabilität betonte. Er schrieb z. B. bereits 1900: „Ich bin der Ansicht, daß die Anerkennung der Diskontinuität bei den Veränderungen und der Möglichkeit einer vollkommenen oder integralen Vererbung bei Kreuzungen zwischen Abarten und dem (Ursprungs-)Typus uns ermöglicht, die Erscheinungen der Evolution zu vereinfachen, ungeachtet dessen, daß wir sie noch nicht vorhersehen können. Gegenwärtig brauchen wir nicht mehr allgemeine Ideen über die Evolution. Wir brauchen detailliertes (particular) Wissen über die Evolution einzelner (particular) Formen. Wir müssen vor allem erkennen, was vor sich geht, wenn man verschiedene Arten mit ihren nächsten Verwandten

kreuzt. Damit diese Ergebnisse einen wissenschaftlichen Wert besitzen, ist es unbedingt notwendig, daß die Nachkommenschaft solcher Kreuzungen statistisch untersucht wird. Es ist notwendig zu registrieren, welcher Teil der Nachkommenschaft jedem Elternteil ähnlich ist und wieviele Merkmale sie tragen, die intermediär zwischen den Eltern stehen. Wenn sich die Eltern durch eine Reihe von Merkmalen unterscheiden, dann muß die Nachkommenschaft statistisch untersucht und entsprechend dem Verhältnis für jedes dieser Merkmale im einzelnen aussortiert werden. Das wird sogar für sehr umfangreiche Statistiken Bedeutung haben. Wenn man feststellen kann, daß die Nachkommenschaft, sagen wir, zur Hälfte dem einen Elternteil, und zur Hälfte dem anderen Elternteil ähnlich ist, oder daß alle eine Vermischung der elterlichen Merkmale aufweisen, dann können sich solche kurzen Aufzeichnungen als sehr nützlich für die Erforschung der Evolution erweisen (zit. nach A. E. Gajsinowič: Die Entstehung der Genetik, a. a. O., S. 126f.).

35) V. Johannsen: Elemente der exakten Erblichkeitslehre, a. a. O., S. 4f.

36) Ebd., S. 6

Anmerkungen zu Kapitel III

1) K. Marx/F. Engels: Werke, Bd. 20, S. 65

2) K. A. Timirjasew: Werke Bd. IX, Moskau 1939 (russ.), S. 110

3) W. Johannsen: Elemente der exakten Erblichkeitslehre, a. a. O., S. 249

4) B. M. Koz-Poljanskij: Die Dialektik in der Biologie. Rostow am Don—Krasnodar 1925 (russ.), S. 90

5) Eine Klassifikation der Ursachen in fernere und nähere wurde von E. Mayr zur Charakteristik der historischen und der funktionellen Methode angewandt. „Offensichtlich“, schreibt er dazu, „hat der biologische Funktionalist mehr mit der Analyse der näheren Ursachen zu tun, während der biologische Evolutionist mit der Analyse der entferntesten (ultimate) Ursachen zu tun hat.“ E. Mayr: Cause and Effect in Biology, in: Science **134** (1961) 3489, S. 1503

6) MORGAN dachte an die Unmöglichkeit, die konkreten erblichen Faktoren ausgestorbener Formen zu untersuchen.
7) T. MORGAN: Die Evolutionstheorie in moderner Beleuchtung, Moskau–Leningrad 1926 (russ.), S. 17
8) K. A. TIMIRJASEW: Ausgewählte Werke, Bd. 2, Berlin 1954, S. 181
9) K. MARX/F. ENGELS: Werke, Bd. 13, S. 42f.
10) W. JOHANNSEN: Elemente der exakten Erblichkeitslehre, a. a. O., S. 5
11) Eine solche Meinung vertrat auch Z. I. BERMAN. Er war z. B. der Ansicht, daß „dies nur die erste analytische Etappe der Entwicklung der Genetik sein könne ..." (Z. I. BERMAN: Der Weg der klassischen Genetik vom Anti-Darwinismus zum Darwinismus, in: Učenye zapiski Smolenskogo gosudarstwennogo pedagogiceskogo instituta (1967) 17, S. 4)
12) Vgl. W. G. GEPTNER: Einführung, in: E. MAYR: Zoologische Art und Evolution, Moskau 1968 (russ.), S. 9
13) K. MARX/F. ENGELS: Werke, Bd. 21, S. 294
14) W. JOHANNSEN: Elemente der exakten Erblichkeitslehre, a. a. O., S. 252
15) Ebd., S. 260
16) Ebd.
17) K. MARX/F. ENGELS: Werke, Bd. 20, S. 39
18) W. JOHANNSEN: Elemente der exakten Erblichkeitslehre, a. a. O., S. 6
19) Als Beispiel führen wir die sehr charakteristischen, kritischen Bemerkungen von W. JOHANNSEN gegen Versuche dieser Art an. „Sowohl BAUR als TINE TAMMES haben aber einen Schritt getan, dem wir hier nicht zu folgen brauchen – damit sei aber nur gesagt, daß diese bedeutenden Vererbungsforscher einen Exkurs außerhalb der Vererbungslehre vorgenommen haben, und zwar in das Gebiet der Evolutionstheorie geraten sind" (W. JOHANNSEN: Elemente der exakten Erblichkeitslehre, a. a. O., S. 248). Den gleichen Tadel erhält auch GROSS für den Versuch, Aussagen über die Vererbung vom Standpunkt der Evolutionstheorie zu interpretieren. „An dieser Stelle sei ... nur die für den genannten begeisterten Evolutionisten charakteristische Aussprache wiedergegeben", schreibt JOHANNSEN (ebd., S. 258), „daß nämlich alle Vererbungstheorien ‚wesentliche Bedeutung nur im Lichtkegel des allgemeinen Deszendenz-

gedankens erhalten' — als ob die Vererbungsforschung wie alle anderen Zweige der Physiologie nicht auch ganz unabhängig von Deszendenzspekulationen ihre wissenschaftliche und praktische Bedeutung hätte! Die Deszendenzlehre ist mehr eine Philosophie als ein exakter Wissenszweig."

20) Ebd., S. 248

21) E. BAUR: Einführung in die experimentelle Vererbungslehre, Berlin 1919, S. 348

22) Vgl. T. H. MORGAN: Experimentelle Grundlagen der Evolution, Moskau—Leningrad 1936 (russ.), S. 1f.

23) Vgl. Z. I. BERMAN: Der Weg der klassischen Genetik vom Antidarwinismus zum Darwinismus. — Učenye zapiski Smolenskogo gosudarstwennogo pedagogiceskogo instituta (1967) 17, S. 9

24) Zur Unterstützung des Gesagten verweisen wir auf den Standpunkt von R. GOLDSCHMIDT, der die Ansicht vertrat, daß man bei der Erkenntnis des Wesens der Vererbung die Widerspiegelung des strukturellen, wie des funktionellen, wie auch des historischen Aspekts finden muß. „Eine Theoretische Genetik umfaßt alle Probleme, die mit den folgenden Fragen zusammenhängen: 1. Wie ist das genetische Material beschaffen? 2. Wie wirkt das genetische Material bei der Kontrolle der spezifischen Entwicklung? 3. Welche Rolle spielen die Beschaffenheit und die Wirkungsweise des genetischen Materials bei der Evolution?", schrieb er (Theoretische Genetik, Berlin 1961, S. 3f.). Dem kann man noch die Frage hinzufügen: Wie wird die Evolutionstheorie durch die Genetik bewiesen und über welchen genetischen Mechanismus wird die Evolution bewirkt?

25) So schrieb TIMIRJASEW bereits 1909, daß „der Mendelismus im Endergebnis, soweit er sich bestätigt, nur zur Unterstützung des Darwinismus dient, indem er einen der schwerwiegendsten Einwände, die jemals gegen diesen vorgebracht wurden, aufhebt. Hieraus ergibt sich klar, daß er dem Darwinismus keinerlei Hindernisse in den Weg stellt und nicht als etwas betrachtet werden kann, das an seine Stelle tritt" (Ausgewählte Werke, Bd. II, a. a. O., S. 182).

26) N. P. DUBININ: Einige methodologische Probleme der Genetik. Moskau 1968 (russ.), S. 8

27) G. W. F. HEGEL: Wissenschaft der Logik, 1. Teil, Leipzig 1951, S. 35

28) G. W. F. HEGEL: Sämtliche Werke, Bd. 9, Stuttgart 1958

29) W. I. LENIN: Werke, Bd. 14, S. 316
30) Zit. nach A. BARTHELMESS: Vererbungswissenschaft. Freiburg/München 1952, S. 250
31) T. H. MORGAN: Die Gentheorie, Leningrad 1927 (russ.), S. 31
32) Die moderne genetische Analyse beschränkt sich nach M. E. LOBAŠEW nicht auf diese zwei Methoden, sondern umfaßt sieben Methoden: 1. die Selektionsmethode, 2. die Hybridisation, 3. die Mutationsmethode, 4. die zytologische Methode, 5. die Populationsmethode, 6. die ontogenetische Methode, 7. die biochemische (molekulare) Methode (M. E. LOBAŠEW: Prinzipien der genetischen Analyse, in: Aktuelle Fragen der modernen Genetik, Moskau 1966 (russ.), S. 12)
33) Ebd., S. 12
34) W. JOHANNSEN: Elemente der exakten Erblichkeitslehre, a. a. O., S. 136
35) Ebd., S. 177
36) Vgl. A. RAVIN: Die Evolution der Genetik, a. a. O., S. 10
37) Vgl. M. E. LOBAŠEW: Thomas H. MORGAN – der Begründer der Gentheorie, in: Genetika (1967) 11, S. 5 (russ.)
38) K. MARX/F. ENGELS: Werke, Bd. 23, S. 6
39) W. JOHANNSEN: Über die Erblichkeit in Populationen und reinen Linien (Jena 1903), zit. nach A. BARTHELMESS: Vererbungswissenschaft, Freiburg/München 1952, S. 301
40) B. GLASS: A Century Biochemical Genetics, in: Proceedings of the American Philosophical Society 109 (1965) 4, S. 227
41) Auf diese charakteristische Abhängigkeit in der Entwicklung der Genetik verweisen viele Autoren. Hier vor allem zu erwähnen sind: G. PONTECORVO: Trends in Genetic Analysis, New York 1958; M. E. LOBAŠEW: Die Prinzipien der genetischen Analyse, in: Aktuelle Fragen der modernen Genetik, a. a. O.; A. E. GAJSINOWIČ: Das Entstehen der Genetik, a. a. O.
42) W. JOHANNSEN: Elemente der exakten Erblichkeitslehre, a. a. O., S. 168
43) G. A. LEWITSKIJ: Die materiellen Grundlagen der Vererbung, Kiew 1924 (russ.), S. 3
44) A. N. PROMITOW: Gen und Merkmal in der Ontogenese, in: Uspechi sovremennoj biologii 3 (1934) 2, S. 148 (russ.)
45) W. I. LENIN: Werke, Bd. 38, S. 160
46) Ebd.
47) Ebd. S. 198

48) Ebd., S. 198

49) T. H. MORGAN: Ausgewählte Arbeiten zur Genetik, Moskau—Leningrad 1937 (russ.), S. 190. Der Gerechtigkeit halber sei erwähnt, daß MORGAN hier nicht recht hat, wenn er behauptet, daß MENDEL nicht von der Materialität der Elemente spricht. MORGAN hat die Stelle in MENDELS Arbeit „Versuche über Pflanzenhybriden" nicht sehr aufmerksam gelesen, an der MENDEL im Geiste seines Lehrers UNGER versucht, alles durch materielle Teilchen in den Zellen zu erklären. So schrieb er: „Nach den Ansichten berühmter Physiologen vereinigen sich bei den Phanerogamen zu dem Zwecke der Fortpflanzung je eine Keim- und Pollenzelle zu einer einzigen Zelle, welche sich durch Stoffaufnahme und Bildung neuer Zellen zu einem selbständigen Organismus weiter zu entwickeln vermag. Die Entwicklung erfolgt nach einem konstanten Gesetz, welches in der materiellen Beschaffenheit und Anordnung der Elemente begründet ist, die in der Zelle zur lebensfähigen Vereinigung gelangten" (Versuche über Pflanzen-Hybriden, in: Gregor Johann MENDEL (1822—1884, a. a. O., S. 57)

50) BATESON, W.: Problems of Heredity as a Subject for Horticultural Investigation, in: Modern Biology. Its Conceptual Foundations, New York 1967, S. 52

51) T. H. MORGAN: Ausgewählte Arbeiten zur Genetik, a. a. O., S. 190

52) E. MAYR: Zoologische Art und Evolution, a. a. O., S. 216

53) Vgl. K. G. MEISTER: Kritischer Abriß der grundlegenden Begriffe der Vererbung. Moskau—Leningrad 1934 (russ.), S. 74

54) Auf die Unzulänglichkeit und Gefährlichkeit des präformistischen Begriffs des Verhältnisses „Gen — Merkmal" wies T. H. MORGAN hin, als er schrieb, daß „in der Frühzeit der Genetik, d. h. am Beginn dieses Jahrhunderts, die Ansicht vertreten wurde, als Grundlage der genetischen Arbeit müßten ‚selbständige Merkmale' dienen, woraus die Schlußfolgerung gezogen wurde, daß jedes Gen nur einen spezifischen Effekt zu einer Zeit auf nur ein Merkmal ausüben kann. Man fand jedoch sehr bald, daß diese voreilige Schlußfolgerung falsch war, als der vielseitige Effekt jeder Genveränderung bekannt wurde." (T. H. MORGAN: Entwicklung und Vererbung. Moskau—Leningrad 1937 (russ.), S. 20). Der gleiche Gedanke wird von ihm auch in anderen

Arbeiten entwickelt (Ausgewählte Arbeiten zur Genetik, a. a. O., S. 221f.; Theorie des Gens, a. a. O., S. 272). Man kann auch auf einen ähnlichen Hinweis von W. JOHANNSEN in „Elemente der exakten Erblichkeitslehre" (S. 169, S. 231) verweisen.

55) N. I. ŠAPIRO: Die moderne Lehre von den Mutationen und der Darwinismus, in: Uspechi sovremennoj biologii **12** (1940) 2, S. 238 (russ.)

56) H. de VRIES: Ausgewählte Werke, Moskau 1932 (russ.), S. 63

57) T. H. MORGAN: Die strukturellen Grundlagen der Vererbung, a. a. O., S. 10

58) Ebd., S. 87

59) Ebd., S. 106

60) Ebd., S. VII

61) Ebd., S. 226

62) L. C. DUNN: A Short History of Genetics. New York 1965

63) N. I. WAWILOW: Der Mendelismus und seine Bedeutung in Biologie und Agronomie, in: G. MENDEL: Versuche über Pflanzenhybriden, Moskau 1965 (russ.), S. 104

Anmerkungen zu Kapitel IV

1) Ihre Vorzüge gegenüber vielzelligen Organismen bestehen in folgendem: 1. im Verhältnis zu den Merkmalen höherer Organismen, speziell zur *Drosophila*, sind die Merkmale, mit denen man es bei Mikroorganismen zu tun hat, wesentlich einfacher und einfacher genetisch determiniert. 2. Die zu untersuchenden Populationen von Mikroorganismen können leicht die Zahl von $10^8 - 10^{12}$ Individuen erreichen, wodurch die Möglichkeit der Durchführung genetischer Experimente größer wird. In solchen Populationen kann man Ereignisse mit einer Wahrscheinlichkeit von $10^{-7} - 10^{-11}$ identifizieren. Bei *Drosophila* überschreiten die zu untersuchenden Populationen selten 10^{14} Individuen. 3. Die Mikroorganismen (mit Ausnahme einiger spezieller Formen niederer Pilze) sind gewöhnlich haploid, was eine Beurteilung ihrer Variabilität ohne das Überführen neuer Varianten in einen homozygoten Zustand ermöglicht. 4. Die Mikroorganismen haben eine kurze Dauer der einzelnen Generationen. Daher

kann man in einem verhältnismäßig kurzem Zeitraum eine Vielzahl von Generationen von Mikroorganismen erhalten. 5. Die Genomkarten der Bakterien und besonders der Phagen enthalten beträchtlich weniger funktionelle Loci als die Genomkarten (Chromosomenkarten) höherer Organismen. Daher kann man, wenn man Mikroorganismen untersucht, schneller die allgemeinen Gesetzmäßigkeiten des Aufbaus der Genome aufzeichnen. 6. Die Genome der Bakterien und Viren sind hoch-polymere Moleküle von Nukleinsäuren (DNS und RNS), die fast nicht mit Eiweißen verbunden sind. Sie können chemisch rein herausgezogen und mit den Methoden der Biochemie untersucht werden. (W. A. RATNER: Prinzipien der Organisation und der Mechanismen molekular-genetischer Prozesse, Nowosibirsk 1972 (russ.), S. 5f.

2) Vgl. z. B. W. N. SOIFER: Molekulare Mechanismen der Mutagenese und Reparatur, Berlin 1976; M. IČAS: Der biologische Kode, Moskau 1971 (russ.); V. V. KUŠEW: Mechanismen der genetischen Rekombination, Leningrad 1971 (russ.); E. DAVIDSON: Die Wirkung der Gene in der frühen Entwicklung, Moskau 1972 (russ.); L. METTLER/T. GREGG: Populationsgenetik und Evolution, Moskau 1972 (russ.); C. L. MARKERT/H. URSPRUNG: Entwicklungsbiologische Genetik, Jena 1974

3) H. SPENCER: Vorrede, in: F. H. COLLINS: Epitome der Synthetischen Philosophie Herbert Spencer's. Leipzig 1900, S. X

4) F. H. COLLINS: Epitome der Synthetischen Philosophie Herbert Spencer's, a. a. O., S. 12f.

5) T. H. MORGAN: Experimentelle Grundlagen der Evolution, S. 191

6) Ebd., S. VII—VIII

7) Ebd., S. VIII

8) W. I. LENIN: Werke, Bd. 33, S. 219f.

9) K. MARX/F. ENGELS: Werke, Bd. 20, S. 14

10) Ebd., S. 332

11) W. I. LENIN: Werke, Bd. 14, S. 261

12) T. H. MORGAN: Ausgewählte Arbeiten zur Genetik, a. a. O., S. 258

13) Ebd., S. 258

14) T. H. MORGAN: Experimentelle Grundlagen der Genetik, a. a. O., S. 209

15) Ebd., S. 113
16) Naturerkenntnis und Marxismus (1929) 1, S. 71 (russ.)
17) T. H. MORGAN: Ausgewählte Arbeiten zur Genetik, a. a. O.; S. 224
18) N. K. KOL'COW: Die Struktur der Chromosomen und ihr Stoffwechsel, Biologiceskij zurnal 7 (1938) 1, S. 5 (russ.)
19) Ebd., S. 43
20) N. K. KOL'COW: Die Organisation der Zelle, in: Sbornik eksperimental'nych issledovanij, statej i recej 1903—1935, Moskau—Leningrad 1936 (russ.), S. 548
21) N. K. KOL'COW: Die Struktur der Chromosomen und ihr Stoffwechsel, a. a. O.
22) N. K. KOL'COW: Die Organisation der Zelle, a. a. O., S. 648, 622
23) A. A. PROZOROW: Die Feinstruktur der Zelle, in: Obsčaja genetika, Moskva 1965 (russ.), S. 100
24) R. SEDGER, F. RAIN: Zytologische und chemische Grundlagen der Vererbung, Moskau 1964 (russ.), S. 45
25) Ebd., S. 272
26) M. E. LOBAŠEW: Thomas H. MORGAN — der Begründer der Gentheorie, in: Genetika (1966) 11, S. 7 (russ.)
27) R. SEDGER, F. RAIN: Zytologische und chemische Grundlagen der Vererbung, a. a. O., S. 440
28) B. L. ASTAUROW: Vererbung und Entwicklung — alte Probleme heute und morgen, in: Genetika (1967) 10, S. 182 (russ.)
29) Interessant ist die Geschichte dieser Frage, Wie B. L. ASTAUROW feststellt, „verlief die Entwicklung beider Gebiete lange Zeit fast vollkommen getrennt. Die Genetik untersuchte nur den Anfang und das Ende der Kette Gen — Phän, und die Embryologen und Spezialisten anderer Teilgebiete analysierten die dazwischenliegenden ‚Stückchen', und zwar mit prinzipiell anderen Mitteln. Die realen Voraussetzungen für eine wirkliche Synthese beider Richtungen ergaben sich erst in den 40er bis 50er Jahren, als sich die genetische Analyse auf die Welt der Mikroben ausdehnte und biochemische Prozesse berührte. In dieser Zeit klärten Genetik, Biochemie und Biophysik die Rolle von DNS und RNS bei der Vererbung und der Synthese der Eiweiße, anders ausgedrückt, die Molekularbiologie wurde geboren. Nun befanden sich Vererbung und Entwicklung in einem Gebiet, wo man sie nicht leicht irgendwie gegeneinander ab-

grenzen konnte. Sie begegneten sich und flossen an dem tief gelegenen Punkt ineinander, wo sich aus der generativen Linie der Autoreproduktion der Matrix-Moleküle der DNS im Prozeß der Transkription und Translation des genetischen Kode die Linie der Verwirklichung der genetischen Information bildet, die zur Synthese spezifischer Eiweiße führt — dem ersten und wahrscheinlich entscheidenden Schritt vom Gen zum Merkmal. Und vor allem von diesem Moment an muß man, wie mir scheint, das Bestehen einer Genetik der Entwicklung rechnen. (Probleme der Genetik der Entwicklung, Moskau 1972 (russ.), S. 4)

30) C. L. Markert/H. Ursprung: Entwicklungsbiologische Genetik. Jena 1974, Vorwort.

Anmerkungen zu Kapitel V

1) Vgl. I. T. Frolow: Organischer Determinismus, Teleologie und zielorientiertes Herangehen in der Forschung, in: Voprosy filosofii (1970) 10 (russ.)
2) G. Schramm: Idee und Materie in der modernen Biologie. Bremen 1963; E. Sinnot: The bridge of the life. New York 1966
3) Wir würden uns W. Johannsen und seinen Untersuchungen nähern, die sich auf eine Wahrscheinlichkeits-Interpretation auch der Gesetze der Variabilität beziehen. (Vgl. W. Johannsen: Elemente der exakten Erblichkeitslehre, a. a. O.)
4) T. H. Morgan: Experimentelle Grundlagen der Evolution, a. a. O., S. 187
5) Ebd., S. 186
6) N. I. Wawilov: Ausgewählte Werke. Moskau 1966 (russ.), S. 51
7) F. W. Stahl: Mechanismen der Vererbung. Jena 1969
8) S. I. Alichanjan: Vorwort zur russischen Ausgabe von F. W. Stahl: Mechanismen der Vererbung, Moskau 1966, S. 9
9) N. P. Dubinin: Molekulargenetic, Jena 1966, S. 14
10) Vgl. I. I. Schmalhausen: Grundlagen des Evolutionsprozesses vom Standpunkt der Kybernetik, in: Probleme der Kybernetik, Bd. 4, Berlin 1964; F. Čížek/D. Hodanová: Evolution als Selbstregulation, Jena 1971

11) Auf dem Wege zu einer theoretischen Biologie, Moskau 1970 (russ.), S. 54, 58
12) Ebd., S. 69
13) Ebd., S. 8

Anmerkungen zu Kapitel VI

1) K. Marx/F. Engels: Werke, Bd. 20, a. a. O., S. 515
2) B. Russell: Das menschliche Bewußtsein, Moskau 1957 (russ.), S. 68
3) Ebd., S. 71
4) M. Ičas: Der biologische Kode, a. a. O., S. 296
5) H. Pattee: Die physikalische Grundlage der Kodierung und Zuverlässigkeit in der biologischen Evolution, in: Auf dem Wege zu einer theoretischen Biologie, Moskau 1970 (russ.)
6) W. M. Elsasser: Atom and Organism, New York 1966
7) E. S. Bauer: Die physikalischen Grundlagen in der Biologie. Moskau 1930 (russ.), S. 7
8) Ebd.
9) Ebd., S. 9
10) Ebd., S. 101
11) M. Hartmann: Die philosophischen Grundlagen der Naturwissenschaften (Erkenntnistheorie und Methodologie), Jena 1948, S. 211
12) L. v. Bertalanffy: Theoretische Biologie, Bd. 1, Berlin 1932, Bd. 2, Bern 1951
13) L. v. Bertalanffy: Theoretische Biologie, Bd. 1, a. a. O., S. 10
14) T. H. Morgan: Die experimentellen Grundlagen der Evolution, a. a. O., S. 192f.
15) Ebd., S. 193
16) Ebd.
17) Ebd., S. 205ff.
18) N. Bohr: Atomphysik und die menschliche Erkenntnis, Moskau 1961 (russ.), S. 37
19) Ebd.
20) Vgl. E. Schrödinger: Was ist Leben? München 1951
21) Ebd., S. 109f.
22) E. Schrödinger: Was ist Leben vom Standpunkt der Physik? Moskau 1947 (russ.), S. 137f.

23) B. M. KEDROW: Die gegenseitige Beeinflussung der Wissenschaften und einige philosophische Fragen der Biologie, in: Aktuelle Fragen der modernen Genetik, Moskau 1966 (russ.), S. 543f.
24) M. W. WOL'KENSTEJN: Moleküle und Leben. Einführung in die molekulare Biophysik. Moskau 1965 (russ.), S. 18, 481
25) Genauer bei R. S. KARPINSKAJA: Philosophie und Molekularbiologie, Berlin 1974
26) A. SZENT-GYÖRGYI: Bioenergetik, Moskau 1960 (russ.), S. 55
27) Vgl. z. B. Systemforschung, Jahrbuch, Moskau, seit 1972 (russ.)
28) L. v. BERTALANFFY/W. BEIER/R. LAUE: Biophysik des Fließgewichts, Berlin 1977, S. 23
29) E. S. BAUER: Theoretische Biologie, Moskau—Leningrad 1935 (russ.), S. 1
30) Ebd., S. 8
31) Ebd., S. 22
32) Ebd., S. 39, 40
33) Ebd., S. 40
34) Ebd., S. 57
35) L. von BERTALANFFY: Der Organismus als physikalisches System betrachtet, in: Die Naturwissenschaften (1940) 23, S. 521—531
36) L. von BERTALANFFY: Vom Molekül zur Organismenwelt, Potsdam 1949, S. 46
37) L. von BERTALANFFY: Theoretische Biologie Bd. 2, a. a. O., S. 64f.
38) Vgl. A. A. LJAPUNOW, S. W. JABLONSKIJ: Theoretische Probleme der Kybernetik (russ.), in: Problemy kibernetiki (1963) 9
39) I. A. POLETAEW: Über mathematische Modelle der Prozesse in der Biogenese (russ.), in: Problemy biokibernetiki (1966) 16, S. 174
40) V. M. GLUŠKOW: Die gnoseologische Natur der Informationsmodellierung (russ.), in: Voprosy filosofii (1963) 10, S. 16
41) A. A. LJAPUNOW: Die mathematische Interpretation der biologischen Gesetzmäßigkeiten, in: Die mathematische Modellierung von Lebensprozessen (russ.). Moskau 1966, S. 9
42) A. ROSENBLUETH, N. WIENER: The role of models in science, in: Philosophy of Science. 12 (1945) 4, S. 317—320

43) B. L. Astaurow: Das Wesen des Lebens und einige Probleme der individuellen Entwicklung, in: Über das Wesen des Lebens, Moskau 1964 (russ.), S. 271
44) J. D. Bernal: Die Wissenschaft in der Geschichte, Berlin 1967, S. 642
45) J. B. S. Haldane: Die Zeit in der Biologie, in: Wissenschaftliche Welt 9 (1965) 4, S. 8
46) Ebd., S. 13
47) W. I. Lenin: Werke, Bd. 38, S. 315
48) R. Sedger, F. Rain: Die zytologischen und chemischen Grundlagen der Vererbung, a. a. O., S. 205
49) Genetika (1965) 2, S. 179
50) Vgl. A. Szent-Györgyi: Einführung in die submolekulare Biologie, Moskau 1964 (russ.)
51) K. Marx/F. Engels: Werke, Bd. 13, S. 632
52) N. K. Kol'cow: Die Organisation der Zelle, in: Sbornik eksperimental'nych issledovanij, staej i recej 1903–1905, Moskau–Leningrad 1936 (russ.), S. 5
53) B. L. Astaurow: Das Wesen des Lebens und einige Probleme der individuellen Entwicklung und der Vererbung, in: Über das Wesen des Lebens, a. a. O., S. 271

Anmerkungen zu Kapitel VII

1) K. Marx/F. Engels: Werke Bd. 3, S. 534
2) Vgl. N. W. Turbin: Genetik und Gesellschaft, in: Sowjetwissenschaft – Gesellschaftswissenschaftliche Beiträge (1974) 7, 742–752
3) Eine kritische Analyse einschlägiger Ansichten wird auch in verschiedenen Arbeiten von I. P. Dubinin gegeben, z. B. in „Die Philosophie des dialektischen Materialismus und die Probleme der Genetik", in: Vopr. filosof. (1973) 4, S. 100f.
4) P. Teilhard de Chardin: Der Mensch im Kosmos, Berlin 1966, S. 360
5) The social impact of modern biology. London 1970
6) Ch. Frankel: The Specter of Eugenics, in: Commentary 1974
7) H. Muller: Studies in genetics, New York 1962, S. 590
8) Über die genetische Bedeutung dieser Methoden und die Erfolge, die in den letzten Jahren bei ihrer Erarbeitung er-

zielt wurden, kann der Leser aus speziellen Publikationen erfahren. Vgl.: Materialien des Rundtischgesprächs von Vopr. filos. (1970) 7 (russ.); A. A. BAEW: Genetic engineering, Realität und Perspektiven. Nauka i zizn' (1974) 5 (russ.); W. A. ENGEL'GARDT: Molekulare Technik: Hoffnungen und Gefahren. Nauka i zizn' (1974) 10 (russ.); N. W. TURBIN: Genetic engineering — Realität, Perspektiven und Befürchtungen, in: Sowjetwissenschaft — Gesellschaftswissenschaftliche Beiträge (1975) 7

9) Vgl. „Man and his Future", London 1963

10) Außer den erwähnten Materialien des Rundtischgesprächs der Zeitschrift Voprosy filosofii s. auch: N. P. DUBININ: Philosophische und soziale Aspekte der Genetik. Vopr. filos. (1973) 1 u. 2 (russ.); W. D. TIMAKOW/N. P. BOČKOW: Die sozialen Probleme der Genetik des Menschen. Vopr. filos. (1973) 6 (russ.)

11) P. RAMSEY: Fabricated man. The ethics of genetic control. New Haven—London: 1971, S. 22—59

12) J. FLETCHER: The ethic of genetic control. Ending reproductive roulette, New York 1974

13) Ebd., S. 36

14) Ebd., S. 194

15) A. ETZIONI: Genetic fix, New York—London 1973

16) Vgl. auch N. W. TURBIN: Genetic engineering — Realität, Perspektiven und Befürchtungen, a. a. O.

17) P. BERG u. a.: NAS ban on plasmid engineering. Nature **250** (1974) S. 175

18) W. A. ENGEL'GARDT: Zwei Aspekte des „genetic engineering" — Za rubezom (1964) 36 (russ.), S. 20

19) Summary Statements of the Asilomar Conference on Recombinant DNA molecules, in „The Proceedings of the National Academy of Sciences of the United States of America" **72** (1975) 6 (June)

20) Science **187** (1975) 14, S. 3

21) Science News **107** (1975) S. 156

22) New York Times, 11. III. 1975

23) A. I. MATULSKI: Brave New World? Current Approaches to Prevention. Treatment and Research of Genetic Diseases Raise Ethi cal Issues. Science **185** (1974) S. 653—654

24) Ebd.

25) Über den Charakter des Stellens und Lösens von ethischen Problemen der Wissenschaft kann man vor allem aufgrund

von Materialien des Rundtischgesprächs der Zeitschrift „Voprosy filosofii“ urteilen, das diesem Thema gewidmet ist (Vopr. filosof., (1973) 6 u. 8); vgl. auch: Wissenschaft und Sittlichkeit, Moskau und Berlin 1976; Ethische Probleme der Wissenschaft, hrsg. von D. WAHL, Berlin 1978

26) J. MONOD: Le hasard et la nécessité. Paris 1970

27) Ein Versuch, diese Fragen zu behandeln, wird in dem Buch von I. T. FROLOW: Wissenschaftlicher Fortschritt und Zukunft des Menschen, Berlin 1978, gemacht.

Anmerkungen zu „Anstelle eines Schlußwortes“

1) Vgl. dazu P. F. ROKICKIJ: Einführung in die statistische Genetik, Moskau 1974 (russ.)
2) W. I. LENIN: Werke, Bd. 33, S. 219
3) Ebd., S. 220
4) Ebd.

Anmerkungen zum Nachwort

1) Zu den Diskussionen über die Genetik in Verbindung mit der Dialektik vgl. I. T. FROLOW: Genetik und Dialektik, Moskau 1968 (russ.)
2) W. I. LENIN: Werke Bd. 14, S. 131f.
3) Streitfragen der Genetik und der Selektion. Arbeiten der 4. Session der VASCHNIL (19.—24. Dezember 1936), Moskau—Leningrad 1937 (russ.), S. 113

Literaturverzeichnis[1])

ALEXEJEW, P. W., ILJIN, A. J., Das Prinzip der Parteilichkeit. Berlin 1975.

ALEXEJEW, P. W., ILJIN, A. J., Parteilichkeit und Wissenschaftlichkeit. — Der dialektische Materialismus und seine Kritiker, hrsg. von H. HÖRZ und A. J. ILJIN. Berlin 1975.

Autorenkollektiv unter Leitung von R. LÖTHER, Medizin, Menschenbild und sozialbiologisches Problem, Berlin 1974.

BAEV, A. A., Manipulationen des genetischen Materials. — Wissenschaft und Fortschritt, 27 (1977) 2.

BARTHELMESS, A., Vererbungswissenschaft. Freiburg/München 1952.

BATESON, W., Mendel's Principles of Heredity. Cambridge, 1909.

BATESON, W., Problems of Heredity as a Subject for Horticultural Investigation — „Modern Biology. Its sonseptual foundations". New York, 1967.

BAUR, E., Einführung in die experimentelle Vererbungslehre. Berlin 1919.

BECKNER, M., The Biological Way of Thonght. New York 1959.

DE BEER, Gavin, Mendel, Darwin and Fisher (1865—1965). — „Notes and Records of Royal Society of London". vol. 19, N 2, 1964.

DE BEER, Gavin, Mendel, Darwin and Fisher (1865—1965) (addended). Ibid., vol. 21, N 21, 1966.

Beiträge zur Genetik und Abstammungslehre, hrsg. von H. BÖHME, R. HAGEMANN und R. LÖTHER. Berlin 1978.

BELJAJEW, D. K./ BERG, G. L./WORONZEW, N. N. u. a., Allgemeine Biologie. Berlin 1969.

BERNAL, J. D., Die Wissenschaft in der Geschichte. Berlin 1967.

BERTALANFFY, L. v., Theoretische Biologie, Bd. 1, Berlin 1932, Bd. 2, Bern 1951.

[1]) ergänzt durch den Herausgeber

BERTALANFFY, L. v., Der Organismus als physikalisches System betrachtet. — Die Naturwissenschaften, 1940, 23.

BERTALANFFY, L. v., Vom Molekül zur Organismenwelt. Potsdam 1949.

BERTALANFFY, L. v., Problems of Life. New York 1960.

BERTALANFFY, L. v., Zur Geschichte theoretischer Modelle in der Biologie. — „Studium generale“, 1965, N 5.

BERTALANFFY, L. v./BEIER, W./LAUE, R., Biophysik des Fließgleichgewichts. Berlin 1977.

BÖHME, H., Gregor Mendel, die Chromosomentheorie der Vererbung und die moderne Genetik. — Wissenschaft und Fortschritt 15 (1965) 4.

BÖHME, H., Molekular- und Zellgenetik in der Gegenwart. — Einheit 28 (1973) 10.

BÖHME, H./GEISSLER, E., Gegen den Mißbrauch genetischer Erkenntnisse. — Abrüstung — Wissenschaft — Verantwortung, hrsg. von H. Meißner und K. Lohs. Berlin 1978.

BONHOEFFER, K. F., Über physikalisch-chemische Modelle von Lebensvorgängen. Berlin, 1948 (Deutsche Akademie der Wissenschaften zu Berlin. Vorträge und Schriften. H. 20).

BRESCH, C., Klassische und molekulare Genetik. Berlin, 1969.

CANISIO VAN LIERDE, P., Carattere e religiosita di Gregorio Mendel. — Gedda Luigi, Novant'anni delle Leggi Mendeliane. Roma 1956, p. 101—112.

CARLSON, E. A., The gene. A critical history. Philadelphia—London, 1966.

ČIŽEK, F./HODÁŇOVÁ, D., Evolution als Selbstregulation. Jena 1971.

COLEMAN, W., Ferdinand Schindler's Letters to William Bateson (1902—1909). — „Folia Mendeliana“, 1967, N 2, p. 2—15.

COLLINS, F. H., Epitome der Synthetischen Philosophie Herbert Spencer's. Mit einer Vorrede von Herbert Spencer. Leipzig 1900.

COOK, O. F., Mendelism and other methods of descent. Washington. 1907.

CORRENS, C., Gregor Mendel's Briefe an Carl Nägeli, 1886—1873. Leipzig 1905.

CORRENS, C., Gregor Mendels Briefe an Carl Nägeli. 1866—1873. — Abhandlungen der mathematisch-physikalischen Klasse der königl. Sächsischen Gesellschaft der Wissenschaften (Leipzig), 29 (1905) 3, S. 189—265.

CORRENS, C., Etwas über Gregor Mendels Leben und Wirken. – Die Naturwissenschaften 10 (1922) 29.

CZAPIK, R. Jàn, Grzegorz Mendel. W stuleçie jego dziela. Krakow, 1966.

DÄNZER, H., Die Rolle des Modelles und bildhaften Denkens in naturwissenschaftlicher Forschung. Physikalische Blätter, 1960, H. 6.

DARBISHIRE, A. D., Breeding and the Mendelian discovery. London, 1912.

DARLINGTON, C. D., The evolution of genetic systems. New York, 1958.

DARWIN, Ch., Die Entstehung der Arten durch natürliche Zuchtwahl. Leipzig 1951.

DARWIN, Ch., Das Variiren der Thiere und Pflanzen im Zustande der Domestication. Stuttgart 1878.

DESCARTES, R., Abhandlung über die Methode. Leipzig 1962.

Desoxyribonukleinsäure – Schlüssel des Lebens. hrsg. von E. GEISSLER. Berlin 1972.

DIETL, H.-M., GAHSE, H., KRANHOLD, H. G., Humangenetik in der sozialistischen Gesellschaft. Jena 1977.

DOBZHANSKY, Th., Evolution, genetics and man. New York, London, 1956.

DOBZHANSKY, Th., Genetics and the origin of species. New York, London, 1964.

DOBZHANSKY, Th./DRESCHER, W., Ein Beitrag zur genetischen Basis der Quanten-Evolution. Evolution and Hominisation, Stuttgart 1962.

DOBZHANSKY, Th., Determinism and indeterminism in biological evolution. – Philosophical problems in biology, New York 1966.

DOBZHANSKY, Th., Dynamik der menschlichen Evolution. Frankfurt/Main 1965.

DOBZHANSKY, Th., Vererbung und Menschenbild. München 1966.

DOBZHANSKY, Th., Mendelismus, Darwinismus und Evolutionismus. – Wissenschaft und Fortschritt 17 (1967) 6 und 7.

DUBININ, N. P., Molekulargenetik. Jena 1965.

DUBININ, N. P., Probleme der Genetik und die marxistisch-leninistische Philosophie. – Dialektik on der modernen Naturwissenschaft, hrsg. von S. WOLLGAST und K.-F. TEINZ. Berlin 1973.

DUBININ, N. P., Die moderne Genetik im Licht der marxistisch-leninistischen Philosophie. – Forschen – Vorbeugen – Heilen, hrsg. von R. LÖTHER und A. THOM. Berlin 1974.

DUBININ, N. P., Die Genetik und die Zukunft der Menschheit. – Ebd.

DUNN, L. C., Mendel, his work and place in history. – Proceedings of the american philosophical Society, 109 (1965) 4.

DUNN, L. C., A short history of genetics. New York 1965.

EICHLING, C. W., I talked with Mendel. – Journal of Heredity, (1942) 33, p. 243–246.

ELSASSER, W. M., The physical foundation of biology and analytical study. London 1958.

ENGELHARDT, V. A., Integratismus – der Weg vom Einfachen zum Komplizierten bei der Erkenntnis der Lebenserscheinungen. – Dialektik in der modernen Naturwissenschaft, hrsg. von S. WOLLGAST und K.-F. TEINZ. Berlin 1973.

ENGELHARDT, V. A., Projekt „Revertase“. – Wissenschaft und Fortschritt 27 (1977) 5.

ENGELGARDT, W., Über einige Attribute des Lebens. – Gesellschaftswissenschaften, 1978, 1.

ENGELS, F., Anti-Dühring. – K. Marx/F. Engels, Werke, Bd. 20.

ENGELS, F., Dialektik der Natur. – K. Marx/F. Engels, Werke, Bd. 20.

ENGELS, F., Ludwig Feuerbach und der Ausgang der klassischen deutschen Philosophie. – K. MARX/F. ENGELS, Werke, Bd. 21.

Ethische Probleme der Wissenschaft, hrsg. von D. WAHL. Berlin 1978.

FEDOSSEJEW, P., Soziales und Biologisches in Philosophie und Soziologie. – Gesellschaftswissenschaften, 1978, 3.

FERDINAND, O., Mendel's effort to find some mathematical laws in the derivation of names. – Folia Mendeliana, 1966, N 1.

FISHER, R. A., Has Mendel's work been rediscovered? – Annals of Science (London), vol. 2, N 1, 1936, p. 115–137.

„Folia Mendeliana Musei Moraviae“, 1966, N 1; 1967, Nr. 2; 1968, Nr. 3; 1969, Nr. 4; 1970, Nr. 6; 1971, Nr. 6; 1972, Nr. 7; 1973, Nr. 8; 1974, Nr. 9; 1975, Nr. 10; 1976, Nr. 11; 1977, Nr. 12; 1978, Nr. 13.

FORD, E. B., Mendelism and evolution. London, New York, 1960.

FRANKEL, Ch., The Specter of Eugenics. — Commentary, New York, vol. 57, Nr. 3, 1974.
FROLOW, I. T., Kausalität und Zweckmäßigkeit in der lebenden Natur. Berlin 1963.
FROLOW, I. T., Ethische Probleme der Genmanipulation. — Wissenschaft und Fortschritt, 27 (1977) 2.
FROLOW, I. T., Wissenschaftlicher Fortschritt und Zukunft des Menschen. Berlin 1978.
FROLOW, V./PASTUSZNYI, S., Metodologia mendelizmu a filozofia. — Czlowiek i swiatopoglad. 1972, Nr. 9.
FUCHS-KITTOWSKI, K., Probleme des Determinismus und der Kybernetik in der molekularen Biologie. Jena 1976.
„Fundamenta Genetica". Brno—Praha, 1965.
GABRIEL, L., Integrale Logik. Die Wahrheit des Ganzen. Wien, 1965.
GARRISON, W. B., The man who found out why. The story of Gregor Mendel. London, 1968.
Gegen den Mißbrauch des „genetic engineering". — Spektrum 1977, 6.
GEISSLER, E., Viren als Objekte der molekularbiologischen Forschung. — Virus, Teil I. Berlin 1977 (Urania-Schriftenreihe für den Referenten, Heft 2/1977).
GEISSLER, E., Die Gentheorie ist mit der materialistischen Dialektik vereinbar. — Deutsche Zeitschrift für Philosophie 26 (1978) 6.
GICKLHORN, R., Gregor Mendels Lehramtsprüfung und Studienzeit in Wien. — Biologische Rundschau 7 (1969) 4.
GLASS, B., A century biochemical genetics. — Proceedings of the american philosophical Society, vol. 109, N 4, 1965.
GOLDSCHMIDT, R. B., Der Mendelismus. Berlin 1920.
GOLDSCHMIDT, R., Einführung in die Vererbungswissenschaft. Berlin 1928.
GOLDSCHMIDT, R., Theoretische Genetik. Berlin 1961.
Gregor Johann Mendel 1822—1884. Texte und Quellen zu seinem Wirken und Leben, zusammengestellt und kommentiert von J. KŘIŽENECKÝ. Leipzig 1965.
GÜNTHER, E., Informationstheorie und Genetik. — Einige Beiträge zu Fragen der Kybernetik, Berlin 1963.
HALDANE, J. B. S., The Biochemistry of Genetics. London 1956.
HALDANE, J. B. S., Die Zeit in der Biologie. — Wissenschaftliche Welt 9 (1965) 4.

HARTMANN, M., Die philosophischen Grundlagen der Naturwissenschaften. Jena 1948.

HARTMANN, M., Allgemeine Biologie. Eine Einführung in die Lehre vom Leben. Stuttgart 1953.

HEGEL, G. W. F., Wissenschaft der Logik, 1. und 2. Teil. Leipzig 1951.

HEGEL, G. W. F., Die Naturphilosophie. Sämtliche Werke, Bd. 9, Stuttgart 1958.

HEPACH, H./KÖRNER, U./LÖTHER, R., Richtigstellungen über „Zufall und Notwendigkeit". – Z. ärztl. Fortbild. 68 (1974) 2.

HERSKOWITZ, J. H., Principles of genetics. N. Y., 1973.

„Iconographia Mendeliana". Moravske museum v Brno. 1965.

ILTIS, ANNI, Gregor Mendel's Autobiography. – Journal of Heredity, vol. 5, M 45. 1954, p. 231–234.

ILTIS, HUGO, Gregor Johann Mendel, Leben, Werk und Wirkung. Berlin 1924.

JACOB, F., Die Logik des Lebenden. Frankfurt/Main 1972.

JAHN, I., O. FOCKE, M. W. Beijerinck und die Geschichte der Wiederentdeckung Mendels. – Biologische Rundschau 3 (1965) 1.

JAKUBIČEK, M./KUBIČEK, J., Bibliographia Mendeliana. Brno 1965.

JAKUBIČEK, M., Bibliographia Mendeliana. Suplementum 1965 bis 1969. Brno 1965.

JOHANNSEN, W., Elemente der exakten Erblichkeitslehre. Jena 1926.

JORDAN, P., Die Physik und das Geheimnis des organischen Lebens. Braunschweig 1947.

JOUNG, I., Memory, heredity and information. – Evolution as a process. London 1954.

KAISER, H./VOIGT, W., Probleme einer Allgemeinen oder Theoretischen Biologie. – Deutsche Zeitschrift für Philosophie, 1967, N 4.

KANT, I., Kritik der reinen Vernunft. Leipzig 1960.

KANT, I., Kritik der Urteilskraft. Leipzig 1948.

KARPINSKAJA, R. S., Philosophie und Molekularbiologie. Berlin 1974.

KARPINSKAJA, R., Dialektik und biologischer Reduktionismus. – Gesellschaftswissenschaften, 1975, 4.

KLAUS, G., Kybernetik in philosophischer Sicht. Berlin 1961.

KOPNIN, P. V., Dialektik – Logik – Erkenntnistheorie. Berlin 1970.

KRIZENECKY, J., G. J. Mendel (Jeno zivot a dilo. K jeho stoletym narozeninam napsal ... Chov hospodarskych zvirat (Praha) 21, 1922, t. 8, S. 89–90; t. 9, S. 105–108.

KRIZENECKY, J., Mendels zweite erfolglose Lehramtsprüfung im Jahre 1856. Sudhoff's Archiv für Geschichte der Medizin und der Naturwissenschaften (Wiesbaden), Bd. 47, H. 3, 1963, S. 305–310.

KRUMMBIEGEL, I., Gregor Mendel und das Schicksal seiner Entdeckung. Stuttgart 1967.

LAMARCK J., Zoologische Philosopie. Leipzig o. J.

LEGAY, J. M., Die Wende in der Geschichte der Biologie durch Mendel. – Wissenschaftliche Welt 12 (1978) 2.

LENIN, W. I., Materialismus und Empiriokritizismus. – Werke, Bd. 14.

LENIN, W. I., Karl Marx. – Werke, Bd. 21.

LENIN, W. I., Über die Bedeutung des streitbaren Materialismus. – Werke, Bd. 33.

LENIN, W. I., Philosophische Hefte. – Werke, Bd. 38.

LIZNAR, J., Über die Änderungen des Grundwasserstandes nach den vom Prälaten Gregor Mendel in den Jahren 1865–1880 in Brünn ausgeführten Messungen. – „Festschrift zur Erinnerung an die Feier des fünfzigjährigen Bestandes des deutschen Staates – Oberrealschule in Brünn". Brünn, 1902, S. 225–233.

LÖTHER, R., Biologie und Weltanschauung. Leipzig–Jena–Berlin 1974.

LÖTHER, R., Mutation – Zufall und Gesetzmäßigkeit. – Mitteilungsblatt der Gesellschaft für experimentelle Medizin, 1974, 2.

LÖTHER, R., Vom „Redischen Prinzip" zum „Zentraldogma der Molekularbiologie". – Struktur und Prozeß, hrsg. von K.-F. Wessel. Berlin 1977.

LÖTHER, R., Das Reduktionismusproblem in der Biologie. Berlin 1979 (Sitzungsberichte der Akademie der Wissenschaften der DDR, Nr. 5 N).

LÖTHER, R./KÖRNER, U., Zu einigen weltanschaulich-ethischen Aspekten des biomedizinischen Fortschritts. – Autorenkollektiv unter Leitung von R. Löther und H. Spaar, Marxistisch-leninistische Weltanschauung und Probleme des Gesundheitsschutzes. Jena 1978 (Medizin und Gesellschaft, Bd. 3).

LOUZIL, J., Bratranek a Mendel. – Sbornik praci filosofické fakulty Brnénské university/studia minora fakultatis philosophical universitatis, Brunensis. 1972, B. 19.
MARKERT, C. L./URSPRUNG, H., Entwicklungsbiologische Genetik. Jena 1974.
MARVANOVA, L./OREL, V., Mendel in the History of the Moravian Museum. Folia Mendeliana, 1968, N 3, p. 9–11.
MARVANOVA, L., Le centenaire de l'election abbatiale de Mendel. Folia Mendeliana, 1968, N 3, p. 13–20.
MARX, K./ENGELS, F., Ausgewählte Briefe. Berlin 1953.
MARX, K., Thesen über Feuerbach. – K. Marx/F. Engels, Werke, Bd. 3.
MARX, K., Zur Kritik der Politischen Ökonomie. – K. Marx/F. Engels, Werke, Bd. 13.
MARX, K., Das Kapital, Bd. 1–3. – K. Marx/F. Engels, Werke, Bd. 23–25.
MAYR, E., Cause und Effect in Biology. – Science (New York), vol. 134, N 3489, 1961.
MENDEL, G., Versuche über Pflanzenhybriden. Leipzig 1940 (Ostwald's Klassiker der exakten Wissenschaften, Nr. 121).
MILOVIDOV, P. F., Mendel as a microscopist. – Journal of Heredity, 1935, N 26, p. 9, 337–348.
Molekulargenetik. Beiträge zu ihrer Entwicklung, ausgewählt, eingeleitet und kommentiert von E. GEISSLER. Leipzig 1975 (Ostwalds Klassiker der exakten Wissenschaften, Bd. 254).
MONOD, J., Zufall und Notwendigkeit. München 1971 (le hasard et la nécessité, Paris 1970).
MÜLLER, A. J./HOFEMEISTER, J./BECKER, K., Aktuelle Probleme der Genetik. – Wissenschaft und Fortschritt 28 (1978) 11.
NÄGELI, C. V., Mechanisch-physiologische Theorie der Abstammungslehre. München und Leipzig 1884.
NILSSON, E., Ärftlighetslärans urkunder Mendelismens födelse och panyttfödelse. Lund, Corona, 1967.
OREL, V./ROZMAN, I./VESELY, V., Mendel as a beekeeper. Brno 1965.
OREL, V., Mendel's elder friar and teacher, Matthew Klacel (1808–1882). The Quarterly Review of Biology, 1972, vol. 47, N 4.
OREL, V., Interest in hybridization in Moravia before Mendel came to Brno. – Journal of Heredity, 1973, vol. 64, N 1.
OLBY, B. C., Origins of Mendelism. London 1966.

Philosophische und ethische Probleme der modernen Genetik, hrsg. von E. Geissler und H. Ley, Berlin 1972.

Philosophische und ethische Probleme der Molekularbiologie, hrsg. von E. Geissler, A. Kosing, H. Ley und W. Scheler. Berlin 1974.

Piquemal, J., Aspects de la pensée de Mendel. Paris 1965.

Pontecorvo, G., Trends in genetic analysis. New York 1958.

Popivanov, R., Genetika Mendeltöl napjaikig. Budapest 1967.

Rapoport, S./Rosenthal, S./Rosenthal, H. A./Fuchs-Kittowski, K., Molekularbiologie — Medizin — Philosophie — Wissenschaftsentwicklung. Berlin 1978.

Ratner, V. A., Molekulargenetische Steuerungssysteme. Berlin 1977.

Richter, O., Gregor Johann Mendel, wie er wirklich war. Neue Beiträge zur Biographie des berühmten Biologen aus Brünns Archiven. Verhandlungen des naturforschenden Vereines in Brünn etc. 74. Band für das Jahr 1942. 2. Teil. Brünn 1943.

Rosenblueth, A./Wiener, N., Role of Models. — Philosophy of science, 12, (1945) 4.

Rokizki, P., Grundlegende Fragen der Genetik. — Sowjetwissenschaft — Gesellschaftswissenschaftliche Beiträge 1978, 12.

Sajner, J., Johann Gregor Mendel. Leipzig 1973.

Scheler, W., Herausforderung der Molekularbiologie. — Wissenschaft und Fortschritt 28 (1978) 1.

Schmalhausen, I. I., Friedrich Engels über die Darwinsche Lehre. — Biologie in der Schule 19 (1970) 12.

Schrödinger, E., Was ist Leben? München 1951.

Schurig, V., Philosophische und naturwissenschaftliche Kriterien des Ganzen. — Deutsche Zeitschrift für Philosophie, 15 (1967) 11.

Schwarz, S. S., Populationsgenetik, Ökologie und Entwicklungslehre. — Wissenschaft und Fortschritt 17 (1967) 11 und 12.

Sershantow, W. F., Einführung in die Methodologie der modernen Biologie. Jena 1978.

Sewertzoff, A. N., Morphologische Gesetzmäßigkeiten der Evolution. Jena 1931.

Shappere, D., Philosophical problems of natural science. New York, 1965.

Soifer, W. N., Molekulare Mechanismen der Mutagenese und Reparatur. Berlin 1976.

SOOTIN, H., Gregor Mendel: father of the science of genetics. New York 1959.

SPENCER, H., Die Principien der Biologie. 1. Bd. (System der Synthetischen Philosophie, 2. Bd.). Stuttgart 1876.

STAHL, F. W., Mechanismen der Vererbung. Jena 1969.

STRAASS, G., Sozialanthropologie. Jena 1976.

Struktur und Formen der Materie. Berlin 1969.

STUBBE, H., Kurze Geschichte der Genetik bis zur Wiederentdeckung der Vererbungsregeln Gregor Mendels. Jena 1965.

STUBBE, H., Zum 150. Geburtstag von Gregor Mendel. — Wissenschaft und Fortschritt 22 (1972) 7.

STUBBE, H./SCHÖNEICH, J., Moderne Genetik und ihre Bedeutung für die Menschheit. — Wissenschaft und Fortschritt 19 (1969) 8.

STURTEVANT, A. H., A history of genetics. New York 1965.

TEILHARD DE CHARDIN, P., Der Mensch im Kosmos. Berlin 1966.

THOMAS, E., Philosophisch-methodologische Probleme der Molekulargenetik. Jena 1966.

TIMIRJASEW, K. A., Charles Darwin und seine Lehre. — Ausgewählte Werke, Bd. 2, Berlin 1954.

TIMIRJASEW, K. A., Die historische Methode in der Biologie. — Ebd.

TURBIN, N. W., Genetik und Gesellschaft. — Sowjetwissenschaft — Gesellschaftswissenschaftliche Beiträge 1974, 7.

TURBIN, N. W., „Genetical engineering" — Realität, Perspektiven und Befürchtungen. — Sowjetwissenschaft — Gesellschaftswissenschaftliche Beiträge, 1975, 7.

UEBERSCHÄR, K., Der Einfluß von reduktiver und integrativer Methode auf die Veränderung der methodologischen Struktur der modernen Genetik. — Deutsche Zeitschrift für Philosophie 26 (1978) 6.

VRIES, H. de, Die Mutationstheorie. Bd. 1, Leipzig 1901, Bd. 2, Leipzig 1903.

VYBRAL, Vladimir, Die leitende Funktion des Abtes Gregor Mendel in der Mährischen Hypothekenbank und ihr politischer Hintergrund. — Folia Mendeliana, 1968, N 8, S. 21—33.

WALKER, M., The Nature of Scientic Thought. New York 1963.

WAPPLER, S., Philosophische Studien zum Problemkreis Genetik und Evolution. Zur Kritik makroevolutionistischer Theorien. Jena 1973.

WEILING, F., Johann Gregor Mendels Versuche über Pflanzen. – Hybriden und ihre Würdigung in der Zeit bis zu ihrer Wiederentdeckung. Der Züchter, Bd. 36, H. 6, 1966.

WEILING, F., Hat J. G. Mendel bei seinen Versuchen „zu genau" gearbeitet? – Der X^2-Test und seine Bedeutung für die Beurteilung genetischer Spaltungsverhältnisse. Der Züchter, Bd. 36, H. 8, 1966.

WEISMANN, A., Vorträge über Deszendenztheorie. Jena 1913.

WERNECKE, A., Biologismus und ideologischer Klassenkampf. Berlin 1976.

WESSEL, H., Viren – Wunder – Widersprüche. Berlin 1961.

WIENER, N., Kybernetik. Regelung und Nachrichtenübertragung in Lebewesen und Maschine. Reinbek bei Hamburg 1968.

Wissenschaft und Sittlichkeit. Berlin und Moskau 1976.

WOOD, R., Robert Bakewell (1725–1795) pioneer animal breeder, and his influence on Charles Darwin. – Folia Mendeliana, 1973, N 8.

Азбукин Д. И. Принципы Менделя и материалы к применению их в учении о наследственности. М., 1914.

Актуальные вопросы современной генетики. Под ред. и с предисл. проф. С. И. Алиханяна. М., 1966.

Алиханян С. И. Современная генетика. М., 1967.

Алиханян С. И. Методологические проблемы генетики. – «Вопросы философии», 1967, № 12.

Астауров Б. Л. Прямое доказательство ядерной природы биологического эффекта Х-лучей и независимости конечных последствий рентгенизации от первичных изменений цитоплазмы. – «Журнал общей биологии», 1947, т. VIII, № 6.

Астауров Б. Л. Ионизирующие излучения и наследственность. – «Природа», 1962, № 4.

Астауров Б. Л. Сущность жизни и некоторые проблемы индивидуального развития и наследственности. – «О сущности жизни». М., 1964.

Астауров Б. Л. О научном наследии Грегора Менделя. – «Журнал общей биологии». 1965, т. XXVI, № 5.

Астауров Б. Л. Генетика пола. – «Актуальные вопросы современной генетики». М., 1966.

Астауров Б. Л. Наследственность и развитие – старые проблемы сегодня и завтра. – «Генетика», 1967, № 10.

Ауэрбах Ш. Генетика. М., 1968.

Афанасьев В. Г. Проблема целостности в философии и биологии. М., 1964.

Баев А. А. Генная инженерия: реальность и перспективы. — «Наука и жизнь», 1974, № 5.

Баур Э. Понятие о наследственном факторе. — «Генетика. Этапы менделизма». Одесса, 1923.

Бауэр Э. С. Теоретическая биология. М.—Л., 1935.

Беклемишев В. Н. Об общих принципах организации жизни. — «Бюллетень МОИП», отд. биол., 1964, т. 63, вып. 2.

Белозерский А. Н. Нуклеопротеиды и нуклеиновые кислоты растений и их биологическое значение. М., 1969.

Белозерский А. Н., *Микулинский С. Р*. Успехи советской биологии. М., 1967.

Бензер С. Тонкая структура гена. — «Молекулярная генетика». М., 1963.

Берг Л. С. Номогенез, или Эволюция на основе закономерностей. Пг., 1922.

Берг Р. Л. Проблема целостности живых систем в трудах И. И. Шмальгаузена. — «Проблемы кибернетики», 1966, вып. 16.

Берг Р. Л., *Тимофеев-Ресовский Н. В*. О путях эволюции генотипа. — «Проблемы кибернетики», 1961, вып. 5.

Берман З. И. Путь классической генетики от антидарвинизма к дарвинизму. — «Ученые записки Смоленского гос. пед. ин-та», 1967, вып. 17.

Берман З. И., *Зеликман А. Л*., *Полянский В. И*., *Полянский Ю. И*. История эволюционных учений в биологии. М.—Л., 1966.

Бернал Дж. Молекулярные матрицы живых систем. — «Происхождение предбиологических систем». М., 1966.

Боннер Д. Молекулярная биология развития. М., 1967.

Бреславец Л. Менделизм. М., 1928.

Бреслер С. Е. Введение в молекулярную биологию. М.—Л., 1966.

Бриллюэн Л. Научная неопределенность и информация. М., 1966.

Бунге М. Причинность. Место принципа причинности в современной науке. М., 1962.

Вавилов Н. И. Пути советской селекции. — «Спорные вопросы генетики и селекции». М.—Л., 1937.

Вавилов Н. И. Избр. труды в пяти томах. М.—Л., 1960 до 1965.

Вавилов Н. И. Избр. соч. Генетика и селекция. М., 1966.

Ватти К. В. Некоторые проблемы генетики животных. — «Актуальные вопросы современной генетики». М., 1966.

Веденов М. Ф., Кремянский В. И. О специфике биологических структур. — «Вопросы философии», 1965, № 1.

Веденов М. Ф., Кремянский В. И. Соотношения структуры и функции в живой природе. М., 1966.

Векилов Г. Философия и генетика. — «Вестник АМН СССР», 966, № 1.

Векилов Г. Философия и генетика. София, 1970.

Вижье Ж. П. Теория уровней и диалектика природы. — «Вопросы философии», 1962, № 10.

Вилли К. Биология. М., 1966.

Винер Н. Кибернетика, или управление и связь в животном и машине. М., 1968.

Винчестер А. Основы современной биологии. М., 1967.

Володин Б. Боги Грегора Менделя. — «На пути к невероятному». М., 1967.

Володин Б. Мендель. М., 1968.

Володин Б. Мое время еще придет. (Заметки биографа). 150 лет со дня рождения Г. Менделя. — «Наука и религия», 1972, № 8.

Волькенштейн М. В. Молекулы и жизнь. Введение в молекулярную биофизику. М., 1965.

Гайсинович А. Грегор Мендель и его предшественники. — *Сажрэ О., Нодэн Ш., Мендель Г.* Избранные работы о растительных гибридах. М., 1935.

Гайсинович А. Грегор Мендель. — *Г. Мендель.* Опыты над растительными гибридами. М., 1965.

Гайсинович А. Возникновение и развитие менделизма. — *Г. Мендель, О. Сажрэ, Ш. Нодэн.* Избранные работы. М., 1967.

Гайсинович А. Зарождение генетики. М., 1967.

Гайсинович А. Грегор Мендель и судьба его открытия. К 150-летию со дня рождения. — «Вопросы философии», 1972, № 7.

Гаузе Г. Г. Американские исследования в области «генетической инженерии». — «США. Экономика, политика, идеология», 1973, № 1.

Гексли Д. Естественный отбор и эволюционный прогресс. — «Успехи современной биологии», т. 3, вып. 1, 1937.

Гептнер В. Г. Вступительная статья в кн.: *Э. Майр.* Зоологический вид и эволюция. М., 1968.

Гершкович И. Генетика. М., 1968.

Гофман-Кадошников П. Б., Петров Д. Ф. Биология с общей генетикой. М., 1966.

Грушин Б. А. Очерки логики исторического исследования (процесс развития и проблемы его научного воспроизведения). М., 1961.

Давиташвили Л. Ш. Современное состояние эволюционного учения на Западе. М., 1966.

Дарвин Ч. Избранные письма. М., 1950.

Джинкс Дж. Нехромосомная наследственность. М., 1966.

Дубинин Н. П. Природа и строение гена. — «Естествознание и марксизм», 1929, № 1.

Дубинин Н. П. Генетика и неоламаркизм. — «Естествознание и марксизм», 1929, № 4.

Дубинин Н. П. Методы физики, химии и математики в изучении проблемы наследственности. — «Вопросы философии», 1957, № 7.

Дубинин Н. П. Проблемы радиационной генетики. М., 1961.

Дубинин Н. П. Генетика: достижения и перспективы. — «Коммунист», 1965, № 15.

Дубинин Н. П. О некоторых узловых вопросах современной теории мутации. — «Генетика», 1966, № 7.

Дубинин Н. П. Генетика: прошлое, настоящее и будущее. — «Будущее науки». М., 1966.

Дубинин Н. П. Эволюция популяций и радиация. М., 1966.

Дубинин Н. П. Общая генетика. М., 1970.

Дубинин Н. П. Горизонты генетики. М., 1970.

Дубинин Н. П. Проблемы генетики и развитие марксистской философии. — «Генетика», 1970, № 4.

Дубинин Н. П. Ленинские философские идеи и проблемы генетики. — «Вопросы философии», 1970, № 4.

Дубинин Н. П. Философия диалектического материализма и проблемы генетики. — «Вопросы философии», 1973, № 4.

Дубинин Н. П. Проблемы современной генетики. — «Коммунист», 1973, № 8.

Дубинин Н П. Социальная и генетическая программа человека в свете задач научно-технической революции. — «Философия и естествознание». М., 1974.

Дубинин Н. П., Глембоцкий Я. Л. Генетика популяций и селекция. М., 1967.

Дубинин Н. П., Губерев В. С. Нить жизни. М., 1966.

Дэвидсон Э. Действие генов в раннем развитии. М., 1972.

Жакоб Ф., Моно Ж. Регуляция активности генов. — «Регуляторные механизмы клетки». М., 1964.

Жданов В. М. Вирусы и генетика. — «Вопросы философии», 1965, № 9.

Жебрак А. Р. Грегор Мендель и законы наследственности. — «Генетика», 1965, № 1.

Завадовский М. Гены и их участие в осуществлении признака (механика развития и генетика). — «Естествознание и марксизм», 1929, № 3.

Завадский К. М., Берман З. И. Об одной из форм антидарвинизма. — «Вестник ЛГУ». Серия биологии, 1966, вып. 2, № 9.

Зих О. Логические и методологические аспекты эксперимента. — «Мировоззренческие и методологические проблемы научной абстракции». М., 1960.

Ильин А. Я. К вопросу о соотношении необходимости и случайности на разных уровнях организации живого. — «Вестник МГУ». Серия философии, 1966, № 1.

Ильин А. Я. О теоретическом значении закона гомологических рядов Н. И. Вавилова. — «Вопросы философии», 1966, № 5.

Иогансен В. Л. Элементы точного учения об изменчивости и наследственности с основами биологической вариационной статистики. М.—Л., 1933.

Иогансен В. Л. О наследовании в популяциях и чистых линиях. М.—Л., 1935.

Исследования над гибридами растений. СПБ., 1912.

Ичас М. Биологический код. М., 1971.

Кайданов Л. З. У истоков генетики (О книге «Финдамент генетики». Брно—Прага, 1965 г.). — «Генетика», 1966, № 5.

Камерер П. Загадка наследственности. Основы учения о наследственности. М.—Л., 1927.

Каетлер Г. Возникновение биологической организации. М., 1967.

Кедров Б. М. Историческое и логическое в развитии научного познания. — «Вопросы философии», 1960, № 12.

Кедров Б. М. О повторяемости в процессе развития. М., 1961.

Кедров Б. М. Единство диалектики, логики и теории познания. М., 1963.

Кедров Б. М. Пути познания истины. — «Новый мир», 1965, № 1.

Кедров Б. М. Общий ход познания вещества. — «Вопросы философии», 1965, № 4.

Кедров Б. М. Взаимодействие наук и некоторые философские вопросы биологии. — «Актуальные вопросы современной генетики». М., 1966.

Кедров Б. М. О диалектике научных открытий. — «Вопросы философии», 1966, № 12.

Кедров Б. М. Философия — естествознанию. — «Молодой коммунист», 1966, № 11.

Келдыш М. В. Проблемы методологии и прогресс науки. — «Методологические проблемы науки». М., 1964.

Козо-Полянский Б. М. Диалектика в биологии. М., 1925.

Кольцов Н. К. Организация клетки. — «Сборник экспериментальных исследований, статей и речей. 1903—1935 гг.». М.—Л., 1936.

Кольцов Н. К. Структура хромосом и обмен веществ в них. — «Биологический журнал», т. VII, вып. 1, 1938.

Копнин П. В. Диалектика как логика. Киев, 1961.

Копнин П. В. Гипотеза и познание действительности. Киев, 1962.

Копнин П. В. Введение в марксистскую гносеологию. Киев, 1966.

Корренс К. Новые законы наследственности, М., 1913.

Корренс К. О жизни и работе Грегора Менделя. — *Г. Мендель.* Опыты над растительными гибридами. М., 1923.

Кремянский В. И. К обсуждению философских вопросов современной генетики. — «Вопросы философии», 1960, № 9.

Крик Ф. Строение вещества наследственности. — «Физика и химия жизни». М., 1960.

Крик Ф. Структура ДНК. — «Химические основы наследственности». М., 1960.

Крик Ф., Бернетт Л., Бреннер С., Уоттс-Тобин Р. Общая природа генетического кода для белков. — «Молекулярная генетика». М., 1963.

Кушев В. В. Механизмы генетической рекомбинации. М., 1971.

Левитский В. А. Материальные основы наследственности. Киев, 1924.

Лобашев М. Е. Генетика и естествознание. — «Журнал общей биологии», 1965, т. XXVI, № 5.

Лобашев М. Е. Томас Гент Морган — основатель теории гена. — «Генетика», 1966, № 11.

Лобашев М. Е. Принципы генетического анализа. — «Актуальные вопросы современной генетики». М., 1966.

Лобашев М. Е. Полвека советской генетики. — «Генетика», 1967, № 10.

Лобашев М. Е., Астауров Б. Л., Дубинин Н. П. Итоги и перспективы развития генетики. — «Генетика», 1966, № 10.

Лункевич В. В. От Гераклита до Дарвина. Очерки по истории биологии, т. I, II. М., 1960.

Ляпунов А. А. Об управляющих системах живой природы. — «О сущности жизни». М., 1964.

Ляпунов А. А. О математическом подходе к изучению жизненных явлений. — «Математическое моделирование жизненных процессов». М., 1968.

Ляпунов А. А., Маленков А. Г. Логический анализ строения наследственной информации. — «Проблемы кибернетики», 1962, вып. 8.

Майр Э. Человек как биологический вид. — «Природа», 1973, № 12; 1974, № 2.

Малиновский А. А. Некоторые вопросы организации биологических систем. — «Организация и управление (вопросы теории и практики)». М., 1968.

Малиновский А. А. Пути теоретической биологии. М., 1969.

Малиновский А. А. Незавершенные идеи некоторых советских генетиков. Из воспоминаний о докладах и дискуссиях. — «Природа», 1970, № 2.

Мамзин А. С. Очерки по методологии эволюционной теории. Л., 1974.

Меллер Г., Избранные работы по генетике. М.—Л., 1937.

Меллер Г. Современное состояние экспериментальных данных о природе гена. — «Спорные вопросы генетики и селекции». М.—Л., 1937.

Мейстер К. Г. Критический очерк основных понятий генетики. М.—Л., 1934.

Меттлер Л., Грегг Т. Генетика популяций и эволюция. М., 1972.

Мичурин И. В. О некоторых методических вопросах. — Соч., т. I. М., 1948.

Мичурин И. В. Принципы и методы работы. — Соч., т. I.

Мичурин И. В. 60-летние итоги и перспективы моих работ. — Соч., т. I.

Молекулярные механизмы генетических процессов. М., 1972.

Морган Т. Структурные основы наследственности. М.—Пг., 1924.

Морган Т. Теория гена. Л., 1927.

Морган Т. Экспериментальные основы эволюции. М.—Л., 1936.

Морган Т. Избранные работы по генетике. М.—Л., 1937.

Морган Т. Развитие и наследственность. М.—Л., 1937.

Москович В. А. Лингвистические опыты Иоганна Грегора Менделя. — «Вопросы языкознания», 1968, № 6.

Мюнтцинг А. Генетические исследования. М., 1963.

На пути к теоретической биологии. М., 1970.

Навашин С. Г. Неоменделизм. Вологда, 1926.

Натали В. Ф. Генетика. М., 1937.

Негели К. Происхождение естественноисторического вида и понятие о нем. М., 1866.

Нейфах А. А. Ген и признак. — «Общая генетика». М., 1965.

Ниренберг М. Генетический код. — «Структура и функции клетки». М., 1964.

Общая генетика. Под ред. Н. И. Шапиро. М., 1965.

Оленов Ю. М. Некоторые проблемы эволюционной генетики и дарвинизм. М.—Л., 1961.

Оленов Ю. М. Клеточная наследственность, дифференцировка клеток и канцерогенез как проблемы эволюционной генетики. Л., 1967.

Оно С. Генетические механизмы прогрессивной эволюции. М., 1973.

«Опыты над растительными гибридами». Перевод проф. *К. А. Фляксбергера*. Вводная статья и общая редакция акад. *Н. И. Вавилова*. М. 1935 (серия «Классики естествознания»).

«Опыты над растительными гибридами». Перевод *Л. Бреславец*, под редакцией *Н. К. Кольцова*. М., 1923 (серия «Классики естествознания»).

«Опыты над растительными гибридами». Сокр. текст. — «Генетика. Этапы менделизма». Одесса, 1923, стр. 7—35.

«Опыты над растительными гибридами». Перевод с немецкого *К. Фляксбергера*. — «Труды Бюро по прикладной ботанике», т. XI, 1910, стр. 479—529, и отдельный выпуск. СПб., 1910.

Орел В. Как родилась теория Менделя. — «Природа», 1972, № 5.

Орел В. Селекционная практика на родине Грегора Менделя и пробуждение его научных интересов. — «Из истории биологии». М., 1973.

Орел В. Учитель Менделя. — «Вопросы философии,» 1973, № 12.

Павлов Т. К диалектическому единству дарвинизма и генетики. М., 1970.

Парамонов А. А. Основы дарвинизма. М., 1946.

Парамонов А. А. Современные проблемы эволюционной теории. М., 1967.

Пастушный С. А. Принцип историзма и современная генетика. — «Вопросы философии», 1969, № 4.

Пастушный С. А. О некоторых методологических особенностях математизации генетики. — «Философские науки», 1971, № 1.

Пастушный С. А. Отношение эволюционной теории к генетике как проблема соотношения исторического и экспериментального методов. — «Философские проблемы эволюционной теории». (материалы к симпозиуму), ч. 1. М., 1971.

Пастушный С. А. Содержание и место конкретно-исторического подхода в генетике. — «Вопросы философии», 1971, № 10.

Пеннетт Р. К. Менделизм. М., 1913.

Петров Д. Ф. Цитологические основы наследственности. М., 1973.

Пехов А. П. Введение в молекулярную генетику. М., 1973.

Пилипенко Н. В. Необходимость и случайность. М., 1965.

Плохинский Н. А. Биометрические методы в генетических исследованиях. — «Актуальные вопросы современной генетики». М., 1966.

Полное собрание биологических работ. Л., 1929 (серия «Классики мировой науки». Приложение к журналу «Вестник знания», кн. 6).

Проблемы генетики развития. М., 1972.

Прозоров А. А. Тонкая структура гена. — «Общая генетика». М., 1965.

Прокофьева-Бельговская А. А. Материальные основы наследственности. — «Актуальные вопросы современной генетики». М., 1966.

Промптов А. Н. Ген и признак в онтогенезе. — «Успехи современной биологии», 1934, т. III, вып. 2.

Раппопорт И. А. Микрогенетика. М., 1965.

Ратнер В. А. Принципы организации и механизмы молекулярногенетических процессов. Новосибирск, 1972.

Рейвин А. Эволюция генетики. М., 1967.

Ригер Р., Михаэлис А. Генетический и цитогенетический словарь. М., 1967.

Рокицкий П. Ф. Введение в статистическую генетику. М., 1974.

Рокицкий П. Ф. С. С. Четвериков и эволюционная генетика. — «Природа», 1974, № 2.

Рыжков В. Л. Об основных понятиях генетики. — «Ботанический журнал», 1956, т. XLI, № 2.

Рыжков В. Л. Что нового в новой генетике? — «Вопросы философии», 1967, № 12.

Сахаров В. Изменчивость. — «Философская энциклопедия», т. 2, М., 1962.

Сахаров В. В. Грегор Мендель — основоположник науки о наследственности. — «Биология в школе», 1965, № 4.

Свирежев Ю. М., Тимофеев-Ресовский Н. В. О равновесии генотипов в модельных популяциях. — «Проблемы кибернетики», 1966, вып. 16.

Северцов А. Н. Общие вопросы эволюции. — Собр. соч., т. III. М.—Л., 1945.

Северцов А. Н. Морфологические закономерности эволюции. — Собр. соч., т. V. М.—Л., 1949.

Семенов Н. Н. Наука не терпит субъективизма. — «Наука и жизнь», 1965, № 4.

Серебровский А. С. Генетика и животноводство. — «Спорные вопросы генетики и селекции». М.—Л., 1937.

Сержантов В. Ф. Философские проблемы биологии человека. Л., 1974.

Сетлоу Р., *Поллард Э.* Молекулярная биофизика. М., 1964.

Синнот Э. и *Денн Л.* Курс генетики. Теория и задачи. М.—Л., 1934.

Системные исследования. Ежегодник. М., 1972, 1973, 1974.

Смирнов В. А. Генетический метод построения научной теории. — «Философские вопросы современной формальной логики». М., 1962.

Соболев С. П., *Ляпунов А. А.* Кибернетика и естествознание. — «Философские проблемы современного естествознания». М., 1959.

Сойфер В. Н. Очерки истории молекулярной генетики. М., 1970.

Стент Г. Молекулярная генетика. М., 1974.

Столетов В. Н. Некоторые методологические вопросы генетики. — «Актуальные вопросы современной генетики». М., 1966.

Сукачев В. Н. Структура биогеоценозов и их динамика. — «Структура и формы материи». М., 1967.

Сэджер Р., *Райн Ф.* Цитологические и химические основы наследственности. М., 1964.

Сэджер Р. Гены вне хромосом. — «Природа», 1965, № 10.

Тимаков В. Д., *Бочков Н. П.* Социальные проблемы генетики человека. — «Вопросы философии», 1973, № 6.

Тимирязев К. А. Насущные задачи современного естествознания. — Соч., т. V. М., 1938.

Тимофеев-Ресовский Н. В., *Яблоков А. В.* Фены, фенетика и эволюционная биология. — «Природа», 1973, № 5.

Уоддингтон К. Организаторы и гены. М., 1947.

Уоддингтон К. Морфогенез и генетика. М., 1964.

Уотсон Дж. Молекулярная биология гена. М., 1967.

Филипченко Ю. А. Изменчивость и ее значение для эволюции. Л., 1924.

Филипченко Ю. А. Фрэнсис Гальтон и Грегор Мендель. Л., 1925.

Филипченко Ю. А. Наследственность. М.—Л., 1926.

Филипченко Ю. А. Изменчивость и методы ее изучения. М.—Л., 1929.

Философия и современная биология. Под ред. И. Т. Фролова. М., 1973.

Фриз Г. де. Мутация и периоды мутаций при происхождении видов. СПб., 1912.

Фриз Г. де. Избр. произв. М., 1932.

Фролов И. Т. Детерминизм и телеология. — «Вопросы философии», 1958, № 2.

Фролов И. Т. О причинности и целесообразности в живой природе (философский очерк). М., 1961.

Фролов И. Т. Очерки методологии биологического исследования (система методов биологии). М., 1965.

Фролов И. Т. Методологические проблемы генетики. М., 1967.

Фролов И. Т. Генетика и диалектика. М., 1968.

Фролов И. Т., Пастушный С. А. Мендель, менделизм и диалектика. М., 1972.

Фролов И. Т. Современная наука и гуманизм. М., 1974.

Харрис Г. Ядро и цитоплазма. М., 1973.

Хартман Ф., Саскайнд З. Действие гена. М., 1966.

Холдэн Дж. Б. С. Время в биологии. — «Мир науки», 1965, № 4.

Четвериков С. С. О некоторых моментах эволюционного процесса с точки зрения современной генетики. — «Журнал экспериментальной биологии», 1926, т. 2, вып. 1.

Шапиро Н. И. Современное учение о мутациях и дарвинизм. — «Успехи современной биологии», 1940, т. XII, вып. 2.

Шапиро Н. И. Введение к книге «Общая генетика». М., 1965.

Шапиро Н. И. Новое направление генетики. — «Природа», 1973, № 12.

Шмальгаузен И. И. Организм как целое в индивидуальном и историческом развитии. М.—Л., 1938.

Шмальгаузен И. И. Пути и закономерности эволюционного процесса. М.—Л., 1940.

Шмальгаузен И. И. Проблемы дарвинизма. М., 1946.

Шмальгаузен И. И. Факторы эволюции (теория стабилизирующего отбора). М.—Л., 1946.

Шмалгаузен И. И. Представления о целом в современной биологии. — «Вопросы философии», 1947, № 2.

Шмальгаузен И. И. Контроль и регуляция в эволюции. — «Бюллетень МОИП», отд. биол., 1958, т. 63, вып. 5.

Шмальгаузен И. И. О детерминизме и статистических законах в учении о наследственности. — «Ботанический журнал», 1958, т. XLIII, № 8.

Шмальгаузен И. И. Основы эволюционного процесса в свете кибернетики. — «Проблемы кибернетики», 1960, вып. 4.

Шмальгаузен И. И. Регуляция формообразования в индивидуальном развитии. М., 1964.

Шмальгаузен И. И. Что такое наследственная информация? — «Проблемы кибернетики», 1966, вып. 16.

Шмальгаузен И. И. Проблема приспособления у Дарвина и у антидарвинистов. — «Философские проблемы современной биологии». М.—Л., 1966.

Шредингер Э. Что такое жизнь с точки зрения физики? М., 1947.

Энгельгардт В. А. Перспективы молекулярной генетики. — «Актуальные вопросы современной генетики». М., 1966.

Энгельгардт В. А. Химия исследует живое. М., 1966.

Энгельгардт В. А. Молекулярная инженерия: надежды и опасения. — «Наука и жизнь», № 10, 1974.

Эрлих П., Холм Р. Процесс эволюции. М., 1966.

Эфроимсон В. П. Введение в медицинскую генетику. М., 1964.

Эфроимсон В. П. Медицинская генетика. — «Актуальные вопросы современной генетики». М., 1966.

Яблоков А. В. Актуальные проблемы эволюционной теории. М., 1966.

Personenregister

Sachregister

MICHAEL THEILE / SIEGFRIED SCHERNECK

Zellgenetik

(Wissenschaftliche Taschenbücher, Reihe Biologie)

1978. 282 Seiten — 70 Abbildungen auf 11 Tafeln
13 Tabellen — kl. 8° — 12,50 M
Bestell-Nr. 762 352 0 (7201)

Die Verfasser stellen die in vitro kultivierte somatische Säugerzelle als Objekt der genetischen Forschung in den Mittelpunkt ihrer Betrachtungen. Sie beschreiben das Spektrum der gegenwärtig verfügbaren Säugerzellmutanten, ihre Entstehung, ihren Nachweis und Möglichkeiten ihres Einsatzes, untersuchen die Bedeutung der DNA-Reparatur für die Zelle in Zusammenhang mit anderen molekulargenetischen Mechanismen, befassen sich mit der malignen Transformation tierischer Zellen, mit der Wirkungsweise und grundlegenden Bedeutung daran beteiligter Prozesse, behandeln die Hybridisierung tierischer somatischer Zellen und ihre weitreichenden Anwendungen bei der Chromosomenkartierung, dem Studium der Regulation der Genexpression und anderen Fragestellungen, geben einen Überblick über die Bedeutung des Gentransfers bei tierischen somatischen Zellen und diskutieren gangbare Methoden.

Ihr Buchhändler
hält alle Wissenschaftlichen Taschenbücher für Sie bereit!

A K A D E M I E - V E R L A G · B E R L I N

Die Verfasser

- **analysieren und werten den philosophischen Gehalt der wissenschaftlichen Leistungen Gregor Mendels und des Mendelismus**

- **untersuchen die Entwicklung der Methodologie der Vererbungs- und Mutationsforschung von der klassischen Genetik bis zur Molekulargenetik**

- **nehmen zu aktuellen weltanschaulichen, moralischen und sozialen Problemen Stellung, die von der modernen Genetik aufgeworfen worden sind**

- **setzen sich streitbar mit antidialektischen und antihumanistischen Auffassungen zu den philosophischen Problemen der modernen Genetik auseinander**

- **wenden sich an Biologen, Philosophen, Mediziner, Lehrer und alle an philosophischen Problemen der Wissenschaftsentwicklung Interessierten**

WISSENSCHAFTLICHE TASCHENBÜCHER

FSC
www.fsc.org
MIX
Papier | Fördert gute Waldnutzung
FSC® C083411

Zeittracht Medien GmbH
Ferdinand-Jühlke-Straße 7
99095 Erfurt, Deutschland
produktsicherheit@kolibri360.de